Prüfungs= und Übungsaufgaben aus der Mechanik des Punktes und des starren Körpers

Von

Karl Federhofer
o. Professor an der Technischen Hochschule Graz

In drei Teilen

III. Teil:
Kinematik und Kinetik starrer Systeme

149 Aufgaben nebst Lösungen

Mit 191 Textabbildungen

Springer-Verlag Wien GmbH
1951

ISBN 978-3-211-80202-1   ISBN 978-3-7091-3430-6 (eBook)
DOI 10.1007/978-3-7091-3430-6

Vorwort

Die Anwendung der Lehren der Mechanik auf konkrete Aufgaben bereitet den Studierenden erfahrungsgemäß zumeist beträchtliche Schwierigkeiten, die nur durch die selbständige Bearbeitung von Beispielen an Hand einer Aufgabensammlung überwunden werden können. Das hiefür besonders geeignete Aufgabenwerk meines Lehrers und Vorgängers im Lehramte für Mechanik an der Technischen Hochschule Graz, F. Wittenbauer, das 1907 erschienen und nach dem Tode des Verfassers von Th. Pöschl in vollständig umgearbeiteter 6. Auflage 1929 herausgegeben worden ist, ist schon seit langem vergriffen.

Da das Fehlen dieses Übungsbehelfes von den Studierenden als große Erschwerung beim Studium für die vorgeschriebenen Prüfungen empfunden wird, so glaube ich, die immer wieder gewünschte Herausgabe meiner im Laufe von drei Jahrzehnten entstandenen Beispielsammlung, die auch einen Teil meiner Prüfungsaufgaben umfaßt, nicht länger hinausschieben zu dürfen.

Diese Sammlung enthält vorwiegend einfache Aufgaben aus der Mechanik des Punktes und starrer Systeme nebst den Lösungen; sie erscheint in drei Teilen: I. Statik, II. Kinematik und Kinetik des Massenpunktes, III. Kinematik und Kinetik starrer Systeme. Bei den meisten Beispielen sind nicht nur ihre Lösungsergebnisse, sondern auch je nach dem Schwierigkeitsgrade mehr oder minder ausführliche Erläuterungen zum einzuschlagenden Lösungswege angegeben.

Der vorliegende dritte Teil hat stellenweise lehrbuchartigen Charakter erhalten. Vor allem erschien dies nötig in den Abschnitten Kinematik und Kinetostatik ebener Systeme, und zwar deshalb, weil jene Lehrbücher, die diese für den Ingenieur wichtigen Gebiete in der anschaulichen und bequemen zeichnerischen Darstellung behandeln, meist vergriffen sind.

Ebenso wurden in den Abschnitten Kleine Schwingungen und Bewegung veränderlicher Massen einige Lösungen ausführlich erläutert. Reichlicher Gebrauch wurde von den Elementen der Vektorrechnung gemacht. Zur Lösung räumlicher Aufgaben wurde dort, wo es besonders zweckmäßig erschien, das Mayor-v. Misessche Abbildungsverfahren benutzt.

Eine ansehnliche Zahl der Aufgaben in dem nun abgeschlossenen Aufgabenwerke gehört zu jenen, denen der entwerfende Ingenieur häufig begegnet. Da deren Lösungen stets hinzugefügt sind, so wird dieses Übungsbuch auch als kleines Nachschlagebuch dienen können. Ich hoffe, daß aber auch Lehrende aus dem Buche manche Anregung für den Unterricht empfangen werden.

Die binnen drei Semestern erfolgte Abfassung des dreiteiligen Werkes hat nicht wenig Mühe gekostet, zumal ich meiner eigenen Forschungsarbeit während dieser Zeit keine erhebliche Einschränkung auferlegte. Möge diese Mühe aufgewogen werden dadurch, daß mit den drei Übungsbüchern den Studierenden bei den ersten Gehversuchen in der Mechanik der Zugang zu ihren vielfältigen Anwendungen erleichtert und die Freude an der weiteren Beschäftigung mit diesem Gegenstande erschlossen werde.

Meinen Mitarbeitern, den Herren Hans Egger und Gaston Reyl, habe ich zu danken für ihre Unterstützung bei der Ausarbeitung der Lösungen; beide haben mir viel Rechenarbeit erspart und einen großen Teil der Reinzeichnungen nach meinen Skizzen angefertigt. Ersterer hat auch alle Korrekturen mit mir gelesen.

Schließlich gebührt mein aufrichtiger Dank dem Springer-Verlag in Wien für die allen meinen Wünschen entsprechende Ausstattung und für die rasche Drucklegung der Aufgabensammlung.

Graz, im Juni 1951.   **K. Federhofer**

Inhaltsverzeichnis

Aufgaben

I. Kinematik der ebenen Systembewegung

a) Freies System

1. Welche Eigenschaften besitzt der Geschwindigkeits- und Beschleunigungszustand der ebenen Bewegung eines freien ebenen Systems?

2. Es sind die Beschleunigungen zweier Punkte A und B einer Geraden gegeben. Man suche jenen Punkt der Geraden, welcher die kleinste Beschleunigung hat und bestimme deren Größe und Richtung.

3. Man beweise: (a) daß sich alle Kreise, die über den in den Systempunkten angesetzten reduzierten Beschleunigungen als Durchmesser beschrieben werden, im Beschleunigungspole schneiden; (b) daß die Endpunkte der reduzierten Beschleunigungsvektoren eine zur Figur der Systempunkte ähnliche Figur bilden und daß beide Figuren in orthogonaler Lagenbeziehung stehen (F. Foschi).

4. Bestimme den Ort aller Systempunkte mit konstanter Normalbeschleunigung c.

5. Man suche den Ort aller Systempunkte mit gleicher Tangentialbeschleunigung.

6. Warum liegen alle Systempunkte, deren Beschleunigungen sich in einem gegebenen Punkte F schneiden, auf einem Kreise?

Man bestimme seinen Mittelpunkt M.

7. Beschreibt der Punkt F in Aufg. 6 einen durch den Beschleunigungspol G gelegten Kreis k_F (Mittelpunkt Ω), dann liegen die nach Aufg. 6 bestimmten Mittelpunkte M der Systempunktkreise k auf einem Kreise k_M, der die Punkte G und Ω enthält; wie wird dies bewiesen?

8. Man bestimme die Einhüllende aller Systempunktkreise k, deren Mittelpunkte auf dem in der vorstehenden Aufgabe bestimmten Kreise k_M liegen.

9. Sind M, N zwei Punkte eines eben bewegten Systems, dessen Beschleunigungszustand durch den Beschleunigungspol G und durch ω, $\dot{\omega}$ gegeben ist, so läßt sich die Beschleunigung jedes Systempunktes A zerlegen in eine relative Normalbeschleunigung von A gegen M und in eine relative Tangentialbeschleunigung von A gegen N, wobei sich die Punkte M, N in ganz bestimmter Lagenzuordnung befinden müssen; man ermittle diese Zuordnung.

Wo liegt Punkt N, wenn dem Punkte M folgende Sonderlagen erteilt werden: 1. Drehpol, 2. Wendepol, 3. Mittelpunkt des Wendekreises?

10. Von der ebenen Bewegung eines starren Systems sei der Beschleunigungszustand durch den Beschleunigungspol G und durch ω, $\dot{\omega}$ gegeben; wie kann die Einhüllende e der Beschleunigungen aller jener Systempunkte *kinematisch* erzeugt werden, die auf einer beliebig ge-

1*

gebenen Systemkurve a liegen? Welche Kurven ergeben sich für e, wenn die Systemkurve a eine Gerade, ein Kreis oder eine logarithmische Spirale ist?

11. Bei gegebenem Drehpol P, Wendepol J und bekannter Beschleunigung $\mathfrak{b}_A = \overrightarrow{A\,a}$ eines Systempunktes A kann der Beschleunigungspol G durch folgende lineare Konstruktion (Abb. 1) ermittelt werden: Man ziehe $a\,i \perp A\,P$ bis zum Schnitte i mit $A\,J$, ferner $i\,p \parallel J\,P$ bis zum Schnitte p mit $A\,P$; dann liegt der Tangentialpol T im Schnitte der durch A zu $a\,p$ gezogenen Senkrechten mit der Polbahntangente $P\,T$ $(\perp P\,J)$. Der Beschleunigungspol G ist der Fußpunkt des von P auf $T\,J$ gefällten Lotes.

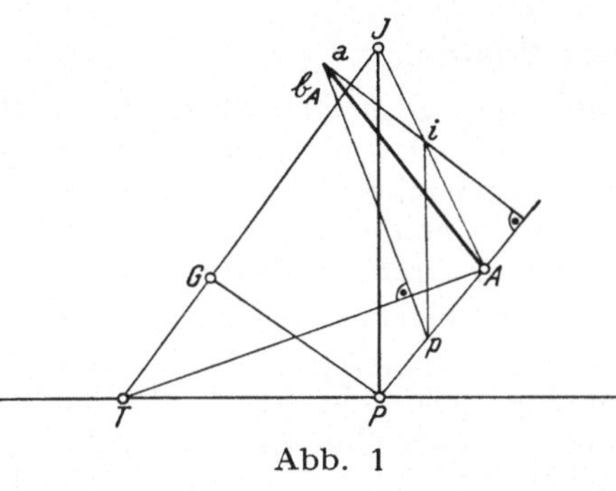

Abb. 1

Man beweise die Richtigkeit der Konstruktion. (K. Federhofer.)

b) Zwangläufiges ebenes System

1. Der Punkt A einer Geraden g beschreibe einen Kreis um O vom Halbmesser a, während die Gerade stets durch einen festen Punkt H des Kreises hindurchgeht. Man bestimme die beiden Polbahnen der Bewegung der Geraden g (Abb. 2).

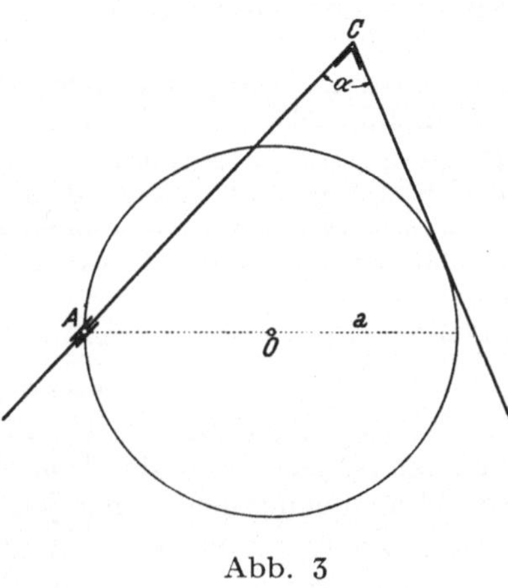

Abb. 2

Ermittle aus gegebenem v_A die Geschwindigkeit, mit der die Gerade g durch den Punkt H gleitet und ihren polaren Hodographen bei konstantem v_A.

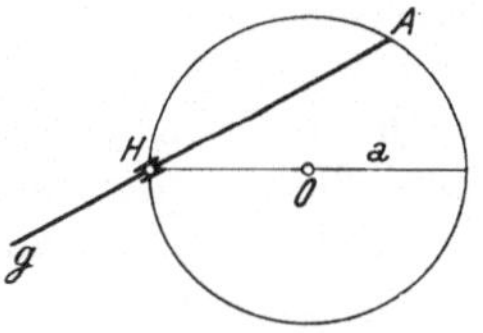

2. Der Schenkel $C\,A$ eines starren Winkels α (Abb. 3) gleitet in einer um das feste Gelenk A drehbaren Hülse, während der zweite Schenkel einen durch A gehenden Kreis vom Halbmesser a berührt. Man bestimme die feste und bewegliche Polbahn.

Welche Bahn beschreibt der Winkelscheitel C?

3. Ein gerader Stab falle nach dem Galileischen Gesetze frei herab; gleichzeitig drehe er sich mit konstanter Winkelgeschwindigkeit ω um eine horizontale Achse durch den Schwerpunkt. Man berechne die beiden Polbahnen dieser Bewegung.

Abb. 3

4. Von der Rollbewegung eines Kreises vom Halbmesser a auf einer Geraden sei die augenblickliche Winkelgeschwindigkeit ω und die Beschleunigung b_0 des Kreismittelpunktes O gegeben.

An welchen Stellen des Kreisumfanges tritt die größte und kleinste Beschleunigung auf; man bestimme diese nach Größe und Richtung.

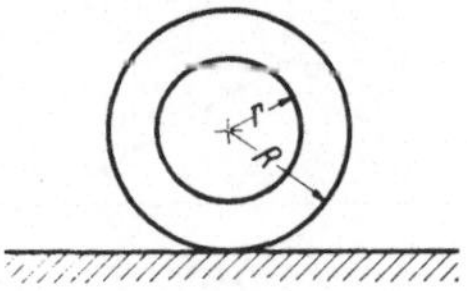

5. Zwei konzentrische Kreise mit den Halbmessern R und r (Abb. 4) sind fest miteinander verbunden. Wenn der größere Kreis auf einer Geraden rollt, so wickeln beide Kreise gleich lange Linien ab. Man gebe hiefür die Begründung. (Rad des Aristoteles.)

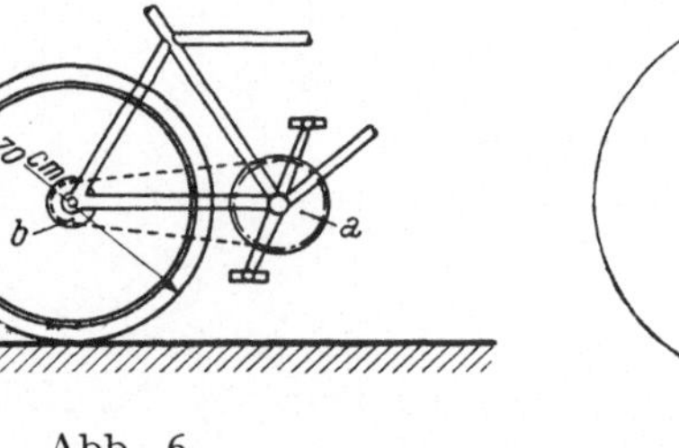

Abb. 4

6. Eine Walze vom Halbmesser a rollt auf waagrechtem Boden und schleppt einen im Zapfen B angelenkten Stab $\overline{AB} = l$ mit; es ist $\overline{OB} = b$ und $l > a + b$ (Abb. 5).

Man berechne bei gegebener Geschwindigkeit v_0 des Walzenmittelpunktes O die Winkelgeschwindigkeit ω des Stabes in Abhängigkeit vom Wälzungswinkel φ der Walze.

Für welche Winkel φ erreicht ω extreme Werte?

Abb. 5

7. Das Zahnrad a eines Fahrradantriebes habe 46 Zähne; seine Drehung wird durch eine Kette auf das mit 18 Zähnen ausgestattete Zahnrad b übertragen, das mit dem Hinterrade vom Durchmesser 70 cm fest verbunden ist (Abb. 6). Mit welcher Geschwindigkeit in km/h bewegt sich das Fahrrad, wenn die sekundliche Drehzahl des Antriebsrades gleich Eins ist?

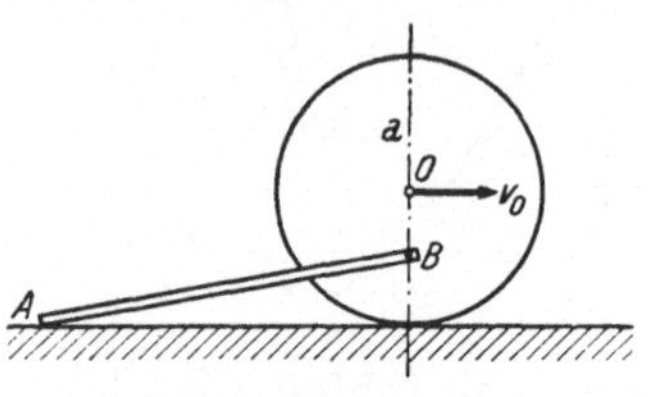

Abb. 6

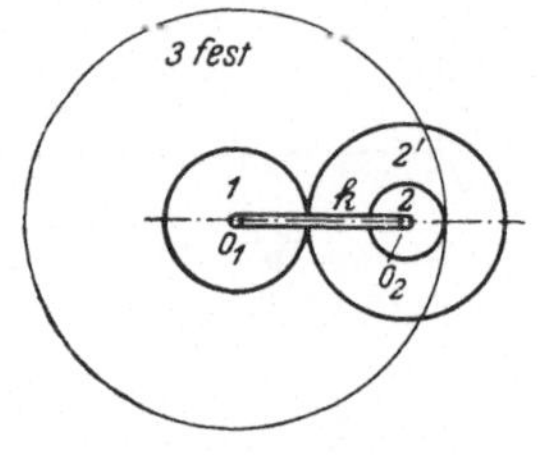

Abb. 7

8. Die Kurbel $k = \overline{O_1 O_2}$ eines Stirnrad-Umlaufgetriebes (Abb. 7) dreht sich um die feste Achse O_1 mit ω_0. In ihrem Endpunkte O_2 ist das Rad 2 drehbar gelagert, das auf dem festen Rade 3 innen abrollt; hiebei nimmt es durch ein mit ihm fest gekuppeltes koaxiales Rad 2′ das lose auf der Achse O_1 sitzende Rad 1 durch Verzahnung oder Reibungsschluß mit. Berechne die Winkelgeschwindigkeit ω_1 des Rades 1 und zeichne nach Kutzbach den Drehzahlplan des Getriebes.

Die Halbmesser der Räder sind r_1, r_2, r_2', r_3.

9. Von einem geschränkten Schubkurbelgetriebe (Abb. 8) kennt man die Beschleunigung $\mathfrak{b}_A$ des Kurbelzapfens A. Man konstruiere den Plan der Geschwindigkeiten und Beschleunigungen der Punkte A, B und des Gleitpunktes der Lenkerstange.

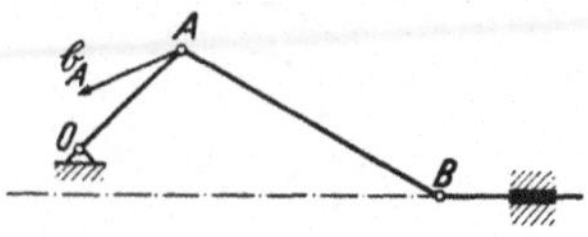

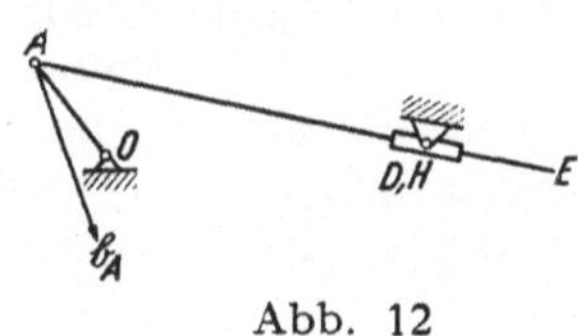

Abb. 8

10. Zwei starre Dreieckscheiben sind miteinander gelenkig in D sowie durch einen Zweischlag in B verbunden (Abb. 9). Das in den festen Punkten O und O_1 gelagerte Getriebe wird durch die Kurbel OC angetrieben; gegeben ist die Beschleunigung $\mathfrak{b}_A$ des Punktes A dieser Kurbel. Man entwerfe den Plan der Geschwindigkeiten und Beschleunigungen des Getriebes und konstruiere den Krümmungsmittelpunkt der Bahn des Gelenkes B.

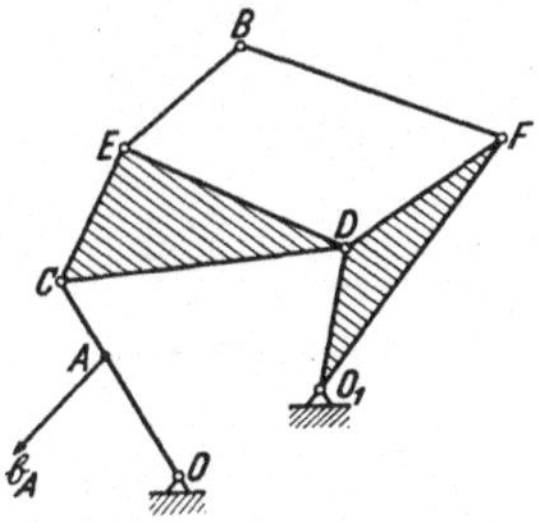

Abb. 9

11. Von der Bewegung eines Stabes $\overline{AB} = l$, dessen Enden auf zwei zueinander senkrechten Geraden geführt werden, sei die Beschleunigung der Stabmitte M bekannt (Abb. 10).

Man ermittle zeichnerisch Geschwindigkeit und Beschleunigung der geführten Punkte A und B.

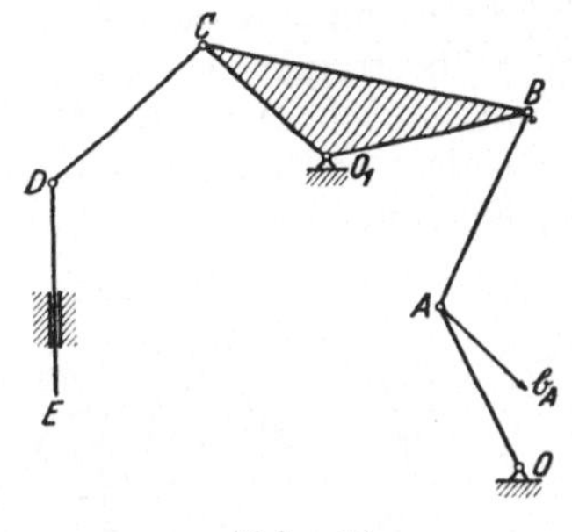

Abb. 10

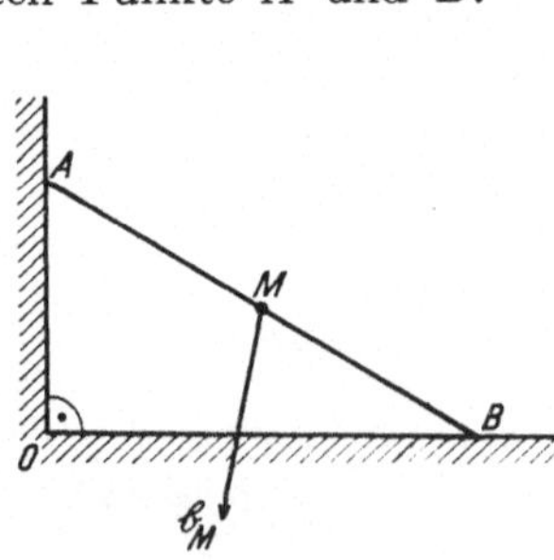

Abb. 11

12. Aus der gegebenen Beschleunigung $\mathfrak{b}_A$ des Kurbelzapfens A des obenstehenden Getriebes (Abb. 11) mit den festen Drehpunkten O und O_1 konstruiere man die Geschwindigkeit und Beschleunigung der gerade geführten Stange DE.

13. Es ist die Beschleunigung $\mathfrak{b}_A$ des Kurbelzapfens A einer schwingenden Kurbelschleife (Abb. 12) gegeben. Man suche auf zeichnerischem Wege die Geschwindigkeit von A sowie die Winkelgeschwindigkeit ω der Drehung des Stabes AE um H.

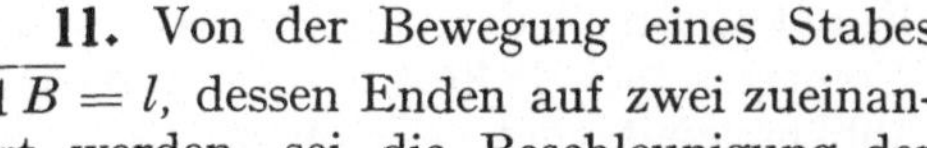

Abb. 12

Konstruiere die Beschleunigung jenes Punktes D der Stange AE, der augenblicklich mit dem Hülsenmittel H zusammenfällt.

Welche Vereinfachung ergibt sich für die beiden Totlagen der Kurbel OA im Falle reiner Normalbeschleunigung von A?

14. Beim Nockenantrieb (Abb. 13) wird durch die sich mit konstantem ω um O drehende Nockenscheibe eine Ventilstange MV in gerader Führung bewegt. Die An- und Ablaufflanken des Nockens schließen sich tangential an den Grundkreis vom Halbmesser r an und bestehen aus Geraden und der kreisförmigen Nase vom Halbmesser r_n. Die Übertragung der Bewegung von der unrunden Nockenscheibe auf die Ventilstange erfolgt durch eine Rolle vom Halbmesser ϱ, so daß ihr Mittelpunkt M eine Parallelkurve zum Nockenprofil beschreibt. Man berechne die Geschwindigkeit und Beschleunigung der Ventilstange, wenn die Rolle: (a) auf dem geraden Flankenteil, (b) auf der Nockennase läuft.

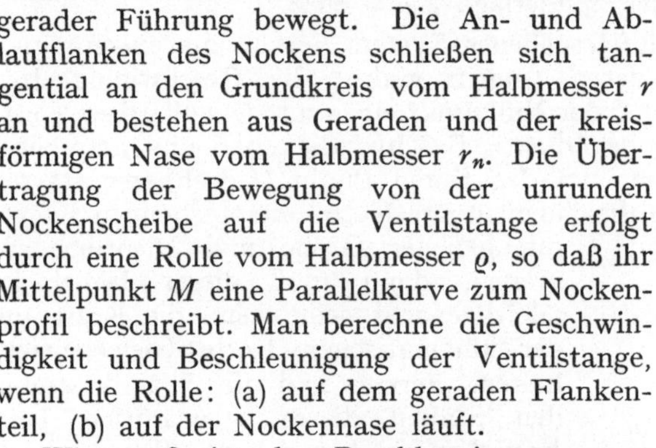

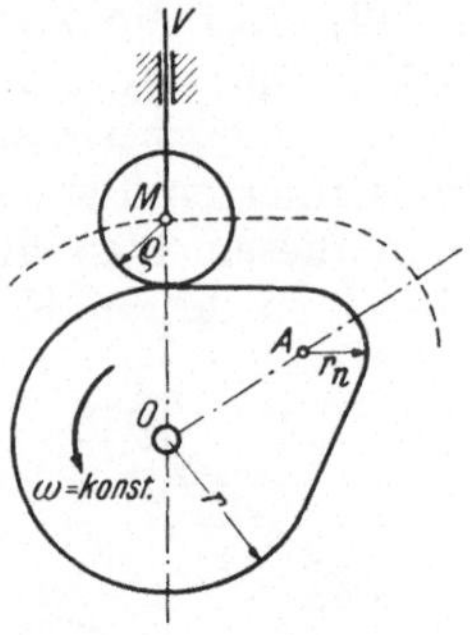

Abb. 13

Wie groß ist der Beschleunigungssprung beim Übergange der Rolle von der geraden in die gekrümmte Flanke?

15. Löse die vorstehende Aufgabe rein zeichnerisch.

16. Gegeben ist die Beschleunigung $\mathfrak{b}_c$ des Angriffspunktes C der Exzenterstange s_c eines kreisförmig gekrümmten Wälzhebels ABC, der sich auf einer Geraden g unter Gleiten abwälzt und in A durch die Ventilstange s_a gerade geführt wird (Abb. 14). Man konstruiere die Geschwindigkeiten und Beschleunigungen des Punktes A und des Berührungspunktes B.

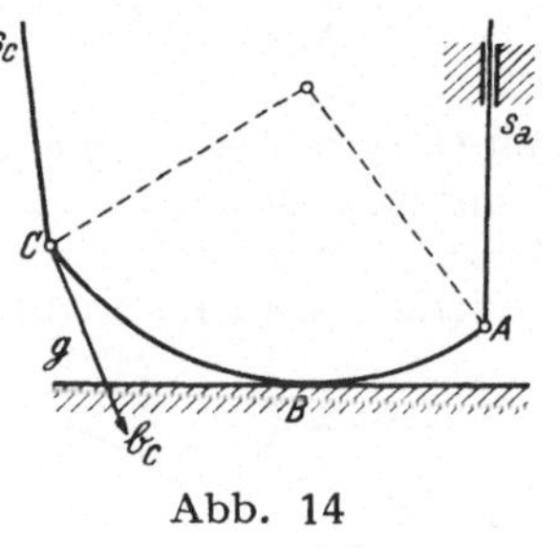

Abb. 14

17. Bei dem in Abb. 15 dargestellten sechsgliedrigen zwangläufigen Gelenkmechanismus, in welchem die Endpunkte C und D der beiden Kurbeln AD und BC durch den Zweischlag CPD verbunden sind und zwischen beiden Kurbeln das Glied EF gelenkig eingeschaltet ist, gilt für die Gliederabmessungen mit $\overline{BE} = l$:

$$\overline{AB} = \overline{AF} = \overline{FD} = \overline{DP} = l\sqrt{2},$$

$$\overline{BE} = \overline{EC} = \overline{EF} \quad \text{und} \quad \overline{BC} = \overline{CP} = 2l.$$

Man beweise, daß der Gelenkpunkt P

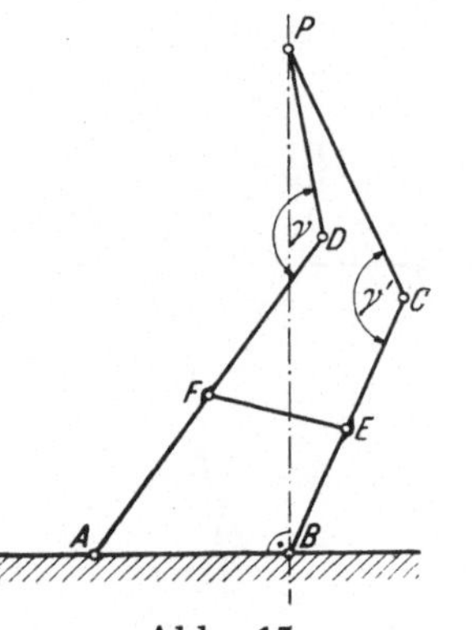

Abb. 15

bei der Bewegung des Getriebes die Gerade $PB \perp AB$ beschreibt und daß in jeder Getriebelage die Winkel γ und γ' einander gleich sind. (R. Kreutzinger.)

18. Im Gelenke P des zwangläufigen Getriebes der vorstehenden Aufgabe wirke eine Kraft Q in Richtung PB; welche in F senkrecht zur Kurbel AD wirkende Kraft R hält ihr das Gleichgewicht?

Wie groß ist R in der Sonderlage $2\varphi = 60^0$?

19. Auf ein zwangläufiges ebenes System wirken die eingeprägten Kräfte $\mathfrak{P}_1, \mathfrak{P}_2, \ldots \mathfrak{P}_n$, deren Angriffspunkte die Geschwindigkeiten $v_1, v_2, \ldots v_n$ besitzen. Ist O der Nullpunkt eines zur zwangläufigen Kette konstruierten Planes der *senkrechten* Geschwindigkeiten und betrachtet man diesen Plan als einen um den festen Punkt O drehbaren starren Hebel, in dessen Knoten die ihnen in der Kette entsprechenden Kräfte mit gleicher Größe und Richtung angreifen, dann muß dieser Hebel im Gleichgewicht sein, wenn die Kräfte an der kinematischen Kette Gleichgewicht halten. Ferner sind die Spannkräfte in den Stäben dieses sogenannten Joukowsky-*Hebels* gleich den Spannkräften in den Stäben der Kette. Man suche dies zu beweisen.

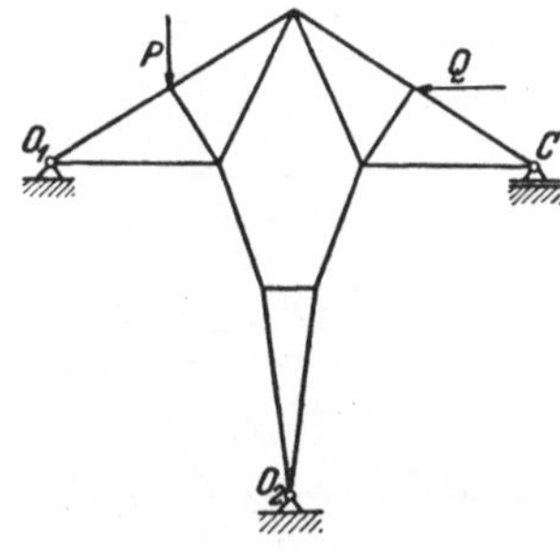

Abb. 16

20. An dem in Abb. 16 skizzierten Mechanismus mit den festen Gelenken O und O_1 wirke in C eine Kraft $\mathfrak{P}$ in beliebiger Richtung. Bestimme mit Benutzung des Satzes in Aufg. 19 die Größe jener in D angreifenden Kraft H mit der Wirkungslinie AD, die ihr Gleichgewicht hält und ermittle sämtliche Stabkräfte und die Gelenkdrücke in O und O_1.

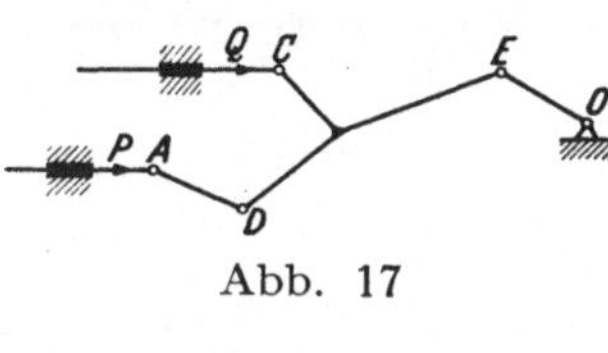

Abb. 17

21. Die Kolbenmaschine von F. Th. Goodmann ist durch das nebenstehende Getriebeschema (Abb. 17) gekennzeichnet. Man reduziere graphisch die gegebenen Kolbenkräfte P und Q auf den Kurbelzapfen E mit der Annahme, daß die reduzierte Kraft und das Wegelement des Reduktionspunktes E zusammenfallen.

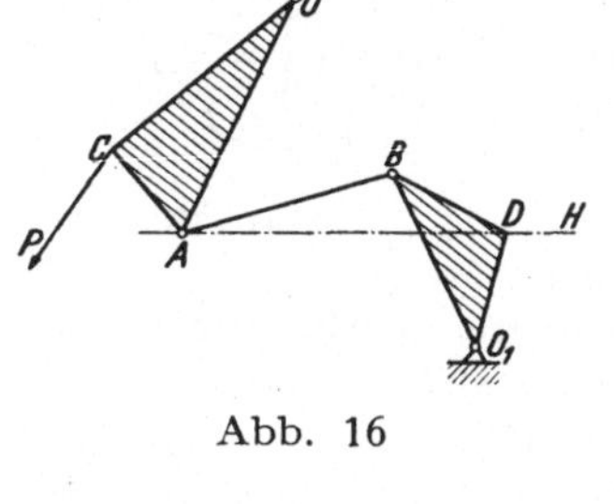

Abb. 18

22. Das nebenstehende Stabsystem (Abb. 18) besitzt in O_1 und O_2 unverschiebliche Gelenke und in C ein Gleitlager. Konstruiere auf kinematischem Wege die Lagerkraft in C für das mit den Kräften P und Q belastete Stabsystem und gebe an, bei welcher Richtung des Gleitlagers C das Stabsystem beweglich ist.

23. Man berechne für gleichförmigen Umlauf ω_0 der Kurbel $\overline{O_1 A} = a$ einer schwingenden Kurbelschleife (Abb. 19) die Winkelgeschwindigkeit und Winkelbeschleunigung der Schwinge $O_2 C$ in deren Abhängigkeit vom Drehwinkel φ der Kurbel. Es ist $\overline{O_1 O_2} = b > a$.

Für welche Lagen der Kurbel erreicht die Winkelgeschwindigkeit der Schwinge extreme Werte und wie groß sind diese?

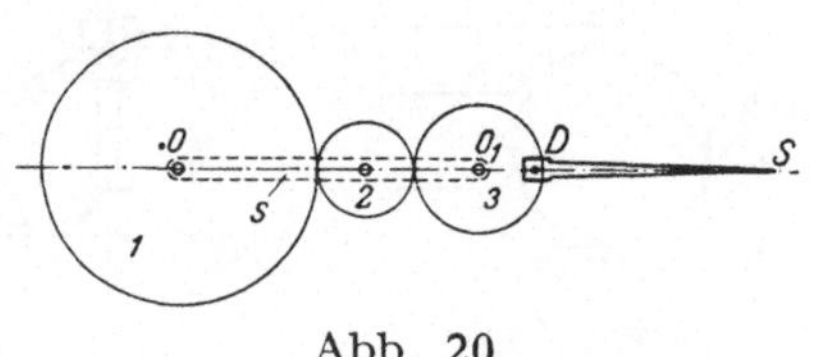

Abb. 19

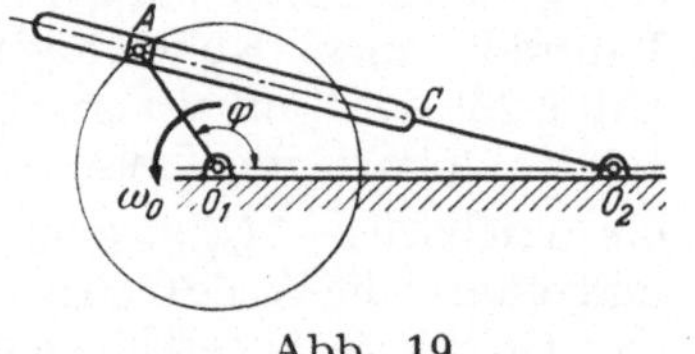

Abb. 20

24. Das feststehende Zahnrad 1 (Abb. 20) hat die doppelte Zähnezahl von jener des Rades 3, an welchem ein Zeichenarm DS befestigt ist, wobei $\overline{O_1 S} = \overline{OO_1} = l$. Wenn der Steg s um O gleichförmig rotiert, beschreibt der Punkt S auf der Geraden OS eine einfache harmonische Schwingung. Man gebe hiefür den Beweis.

25. Bedeuten $\mathfrak{b}_A{}^0$ und $\mathfrak{b}_A{}^1$ zwei von den ∞^1 Beschleunigungen, die ein Systempunkt A eines zwangläufigen ebenen Systems bei gegebenem Geschwindigkeitszustande ω besitzt, so besteht zwischen ihnen und der Geschwindigkeit $\mathfrak{v}_A$ die Beziehung $\mathfrak{b}_A{}^1 = \mathfrak{b}_A{}^0 + \lambda\, \mathfrak{v}_A$. Man beweise dies und gebe die Bedeutung des Proportionalitätsfaktors λ an. (E. Stübler.)

II. Kinematik des räumlichen Systems

1. Was sind die Eulerschen Winkel und wie drücken sich in diesen die Komponenten des Drehvektors der Kreiselbewegung in bezug auf ein raumfestes und auf ein körperfestes Achsensystem aus?

2. Beim Kardangelenk wird die Drehung um die Welle I auf die sie unter dem Winkel a schneidende Welle II dadurch übertragen, daß beide Wellen an den Enden mit Gabeln g_I, g_{II} versehen sind, die durch ein starres, rechtwinkliges Kreuz verbunden und dessen Arme in den Gabeln drehbar gelagert sind (Abb. 21). Der im Schnittpunkt der beiden Wellenachsen liegende Mittelpunkt O des Kreuzes bleibt demnach in Ruhe.

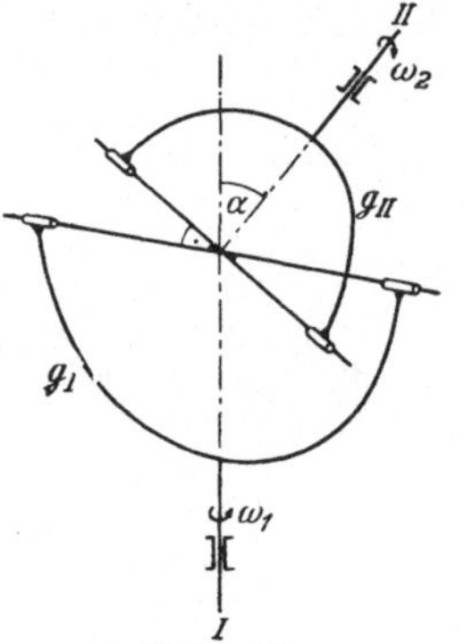

Abb. 21

Man bestimme das Verhältnis ω_2/ω_1 der Winkelgeschwindigkeiten der beiden Wellen in Abhängigkeit vom Drehwinkel φ der Welle I und beweise, daß dieses Verhältnis in den Grenzen $\cos a$ und $\dfrac{1}{\cos a}$ schwankt.

3. Der Spurzapfen Z laufe mit ω_0 in einem Kugellager (Abb. 22), dessen in einem Laufring R angeordnete Kugeln den Halbmesser r haben; wo muß die Achse des Zapfens Z liegen, damit die Kugeln eine nur rollende Bewegung ausführen? Man ermittle den Drehvektor der Rollbewegung.

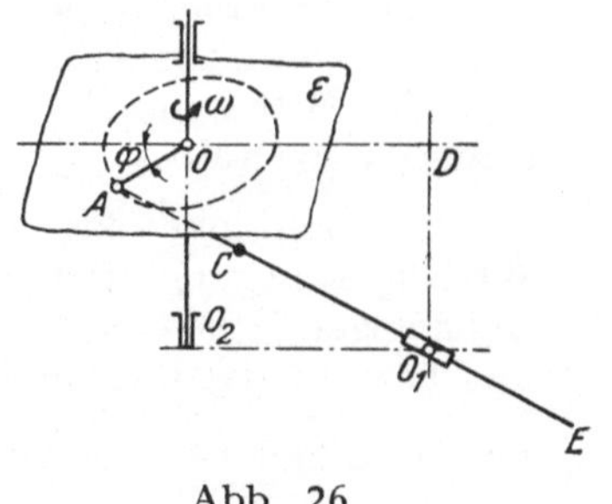

Abb. 22

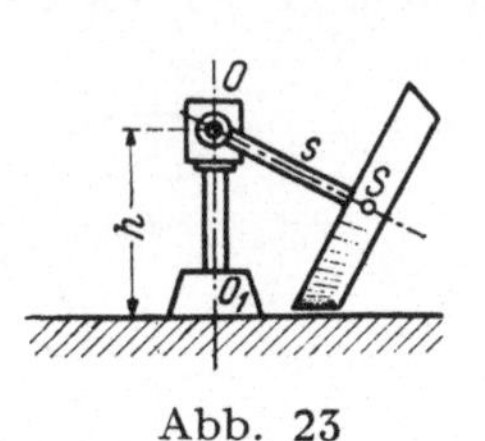

Abb. 23

4. Das um die Mittelachse $\overline{OS} = s$ drehbare konische Laufrad eines Kollerganges (Abb. 23) wird auf waagrechter Mahlplatte im Kreise um die Triebachse $\overline{OO_1} = h$ herumgeführt; die Welle OS ist an das Gelenk O angeschlossen.

Wenn T die Umlaufzeit um die Triebachse und r der mittlere Halbmesser des Laufrades ist, soll seine sekundliche Eigendrehzahl um OS berechnet werden. Wie sehen die Axoide dieser Bewegung aus?

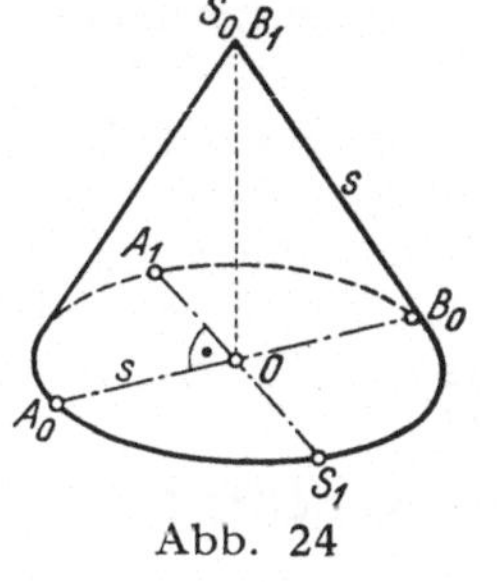

Abb. 24

5. Ein gleichseitiger Kegel von der Seitenlänge s (Abb. 24) bewegt sich derart, daß seine Spitze S_0 und die Basispunkte $A_0\, B_0$ in die neue Lage $S_1\, A_1\, B_1$ kommen. Durch welche einfachste Bewegung wird dies erreicht? Man suche die Elemente dieser Bewegung.

6. Für den Taumelscheibenantrieb nach Abbildung 25 wird die Zwangläufigkeit dadurch erreicht, daß ein Durchmesser $B\, B_1$ der Scheibe mittels zweier Stangen $B\, D,\ B_1\, D$ in einer Ebene geführt wird, die durch die Achse $M\, M_1$ hindurchgeht. Gegeben ist die Geschwindigkeit v_A des Punktes A. Man ermittle graphisch die Größe des Vektors $\mathfrak{w}$ der Winkelgeschwindigkeit und die Geschwindigkeiten v_B und v_C der Punkte B und C, wobei $CO \perp B\, B_1$ ist.

Zeichnerische Lösung mit Hilfe des Abbildungsverfahrens von Mayor und v. Mises.

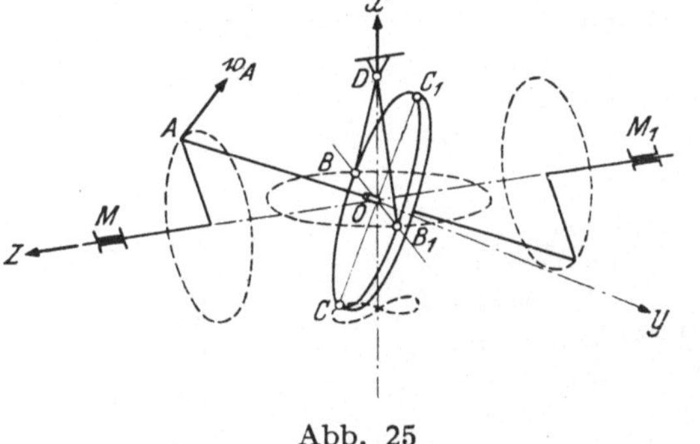

Abb. 25

Abb. 26

7. Die räumlich schwingende Kurbelschleife besteht aus einer Kurbel OA, die sich in der Ebene ε um die feste Achse OO_2 dreht und aus einer in A gelenkig angeschlossenen, in einer Hülse gleitenden Stange AE; die Hülse ist in O_1 drehbar gelagert, wobei O_1 *außerhalb* der Ebene ε liegt (Abb. 26). Es ist für einen gleichförmigen Umlauf der Kurbel der Verlauf der Geschwindigkeiten v_c und der Beschleunigungen b_c des beliebigen Punktes C der Stange graphisch darzustellen.

8. Löse die vorstehende Aufgabe auf analytischem Wege, das heißt ermittle v_c und b_c als Funktion des Drehwinkels φ der Kurbel $\overline{OA} = r$. Es ist $\overline{OD} = a$, $\overline{DO_1} = h$, $\overline{AC} = c$.

9. Ein starres Dreieck ABC (Abb. 27) bewege sich so, daß die Eckpunkte AB auf zwei windschiefen Geraden $g_1 g_2$ und der Punkt C auf einer Ebene gleiten. Man ermittle graphisch aus der gegebenen Geschwindigkeit des Punktes A jene der Punkte B und C sowie die Bestimmungsstücke der vorliegenden Schraubenbewegung (Lage der Achse, Schiebungs- und Drehvektor).

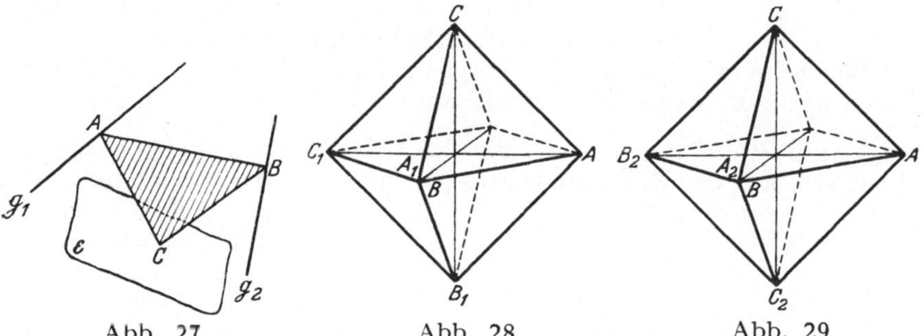

Abb. 27   Abb. 28   Abb. 29

10. Die Ecken ABC eines Oktaeders (Abb. 28) sollen in die Lage $A_1 B_1 C_1$ gebracht werden. Durch welche einfachste Bewegung ist dies möglich?

11. Man löse die vorstehende Aufgabe, wenn die Endlagen der Punkte ABC durch $A_2 B_2 C_2$ vorgeschrieben sind (Abb. 29).

12. In den beiden Aufg. 10 und 11 liegen die Ecken des Dreieckes ABC in der Anfangs- und Endlage auf einer Kugeloberfläche.

Trotzdem ist nur in der Aufg. 10 die gesuchte Bewegung eine sphärische Bewegung. Man begründe dies.

13. Die Endpunkte $A_0 B_0 C_0$ der Halbachsen eines Rotationsellipsoides $(\overline{OA_0} = a = \overline{OB_0},\ \overline{OC_0} = c)$ sollen in die Lage $A_1 B_1 C_1$ gebracht werden (Abb. 30). Durch welche einfachste Bewegung ist dies möglich?

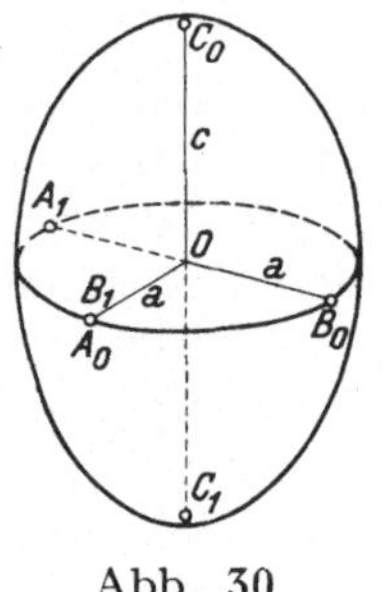

Abb. 30

III. Kinetik starrer Systeme

a) Drehung um eine feste Achse

1. Zwei gelenkig verbundene Stäbe von gleicher Länge l und gleichem Gewichte G sind an den freien Enden durch eine undehnbare Schnur von der Länge l verbunden (Abb. 31). Das System wird um die lotrechte Symmetrielinie mit konstanter Winkelgeschwindigkeit ω gedreht.

Wie groß muß ω mindestens sein, damit die Schnur gespannt wird? Wie groß ist die Spannung der Schnur, wenn die Winkelgeschwindigkeit auf das Doppelte gesteigert wird?

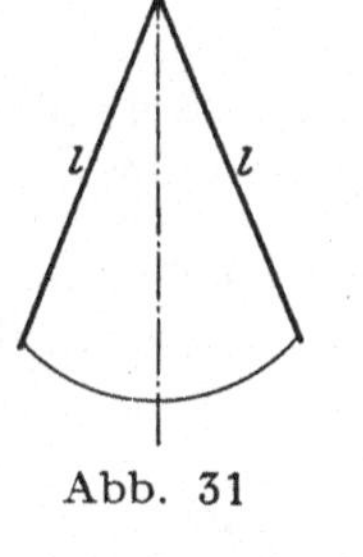

Abb. 31

2. Ein starrer Winkel $BCD = \alpha$ dreht sich mit konstanter Winkelgeschwindigkeit ω um die lotrechte Achse AB (Abb. 32). In welchem Abstande $l = \overline{CD}$ muß sich ein reibungsfrei auf der Stange verschieblicher Gleitkörper vom Gewichte G befinden, damit er während der Drehung in dieser Lage verharre?

Welche Kraft übt der Gleitkörper auf einen oberhalb angebrachten Stellring S aus, wenn die Drehzahl um die Hälfte erhöht wird?

3. Ein Stab $\overline{OB} = l$ vom Gewichte G ist in O gelenkig befestigt und dreht sich aus der Ruhelage heraus gleichmäßig beschleunigt mit $\dot\omega = c$ um eine lotrechte Spindel (Abb. 33). Nach welcher Zeit beginnt sich der am glatten waagrechten Boden in B gestützte Stab abzuheben? Wie groß ist in diesem Augenblicke der Gelenkdruck in O nach Größe und Richtung? Welche gesamte Arbeit mußte bis zum Eintritte des Abhebens des Stabes vom Boden zur Aufrechterhaltung dieser Bewegung geleistet werden?

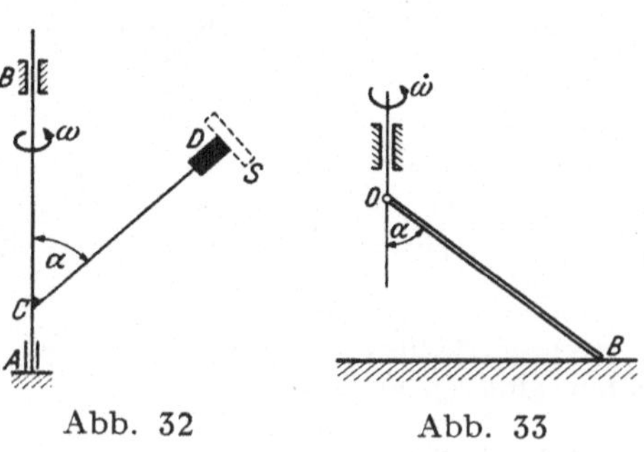

Abb. 32   Abb. 33

4. Der Stab OB in vorstehender Aufgabe drehe sich um die lotrechte Spindel mit konstanter Winkelgeschwindigkeit ω.

Wie groß darf ω sein, wenn der Druck in B gleich sein soll der Hälfte des dort in der Ruhelage wirkenden Druckes?

Welche Größe und Richtung hat dann der Gelenkdruck D in O?

5. Eine dünne, lotrechte Kreisscheibe vom Halbmesser a und Gewicht G wird mit ω_0 um den lotrechten Durchmesser in Drehung versetzt und erfährt einen Luftwiderstand, der für jedes Flächenelement proportional dem Quadrate seiner Geschwindigkeit ist. Nach welcher

Zeit T ist die Winkelgeschwindigkeit auf den halben anfänglichen Wert gesunken?

6. Eine homogene Platte von der Form eines gleichschenkligen Dreieckes hat das Gewicht G und die Höhe h und ist um die waagrechte Achse $A\,B$ reibungsfrei drehbar (Abb. 34). In ihrer lotrechten Ruhelage erhält die Platte in Höhenmitte durch einen Stoß die Geschwindigkeit v_0. Wie groß muß v_0 sein, damit die Platte eine halbe Umdrehung um $A\,B$ mache? Welche Lagerdrücke treten auf, wenn sich die Platte während ihrer Bewegung gerade in waagrechter Lage befindet?

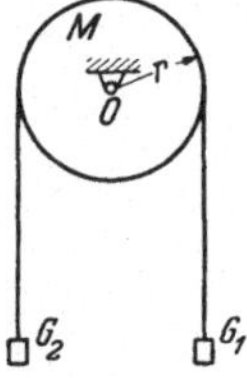

Abb. 34

7. Eine Kurbel rotiert in waagrechter Ebene unter der Wirkung eines konstanten Drehmomentes M_d um einen festen geschmierten Zapfen, dessen Reibungsmoment proportional der Winkelgeschwindigkeit der Kurbel ist. Die anfänglich ruhende Kurbel habe nach Ablauf der Zeit t_1 die Winkelgeschwindigkeit ω_1 erreicht; wie groß ist sie nach der Zeit $\beta\,t_1$?

(J_0 ist das Trägheitsmoment der Kurbel für die Zapfenmitte und c das Reibungsmoment für $\omega = 1$.)

Wie groß ist die Reibungsarbeit vom Beginn der Bewegung bis zur Zeit t_1?

8. Eine dünne rechteckige Platte mit den Abmessungen a, h und dem Gewichte G ist an einer lotrechten Welle $O_1\,O_2$ (Abb. 35) befestigt und anfangs in Ruhe. Auf der Welle ist eine kleine Scheibe (r) aufgekeilt, die durch ein mit Q belastetes Seil in Drehung versetzt wird. Der Drehung widersetzt sich der Luftwiderstand, der für ein Plattenteilchen proportional dem Quadrate der dort herrschenden Geschwindigkeit anzunehmen ist. Wie groß ist die bei Eintritt gleichförmiger Drehung der Platte erreichte Grenze ω_g der Winkelgeschwindigkeit? Berechne die Anlaufzeit τ, nach deren Ablauf die Winkelgeschwindigkeit nur mehr 1% von ω_g ist.

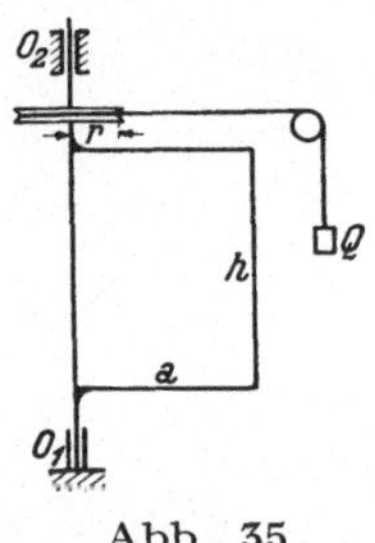

Abb. 35

Um wieviel ist das Gewicht Q in der Anlaufzeit gesunken?

9. Um ein reibungsfrei in O drehbares Rad vom Halbmesser r und der Masse M ist ein undehnbarer Faden geschlungen, an dessen Enden die Gewichte G_1 und G_2 ($G_1 > G_2$) in gleicher Höhenlage angehängt werden (Abb. 36). Die aus der Ruhelage eintretende Bewegung erfolgt in einem Mittel, dessen Widerstand proportional der jeweiligen Geschwindigkeit ist. Um welches Maß ist das Gewicht G_1 nach der Zeit t gesunken?

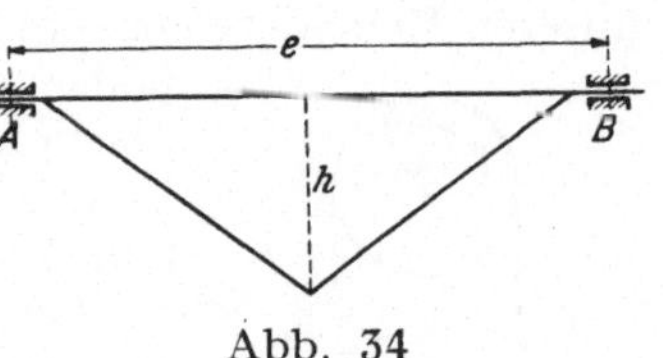

Abb. 36

Wie groß sind dann die Spannkräfte in den lotrechten Fadenstücken? (Es ist anzunehmen, daß der Faden nicht am Rade gleitet.)

10. Am oberen Ende des um eine Seilscheibe geschlungenen Seiles hängt ein unbelasteter Förderkorb G_2, während an dem um h tieferen unteren Ende der belastete Förderkorb $G_1 = (1 + \alpha)\, G_2$ auf dem Schachtboden ruht (Abb. 37). Durch das auf die Seilscheibe übertragene konstante Antriebsmoment M_0 wird G_1 hochgezogen. Wann und mit welcher Geschwindigkeit erreichen beide Förderkörbe gleiche Höhenlage?

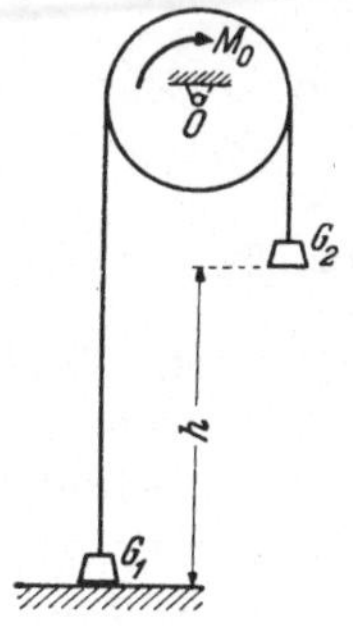

Bei welchem Mindestwerte von M_0 ist mit dem Eintritte von Seilrutsch zu rechnen? (Die Seilscheibe vom Halbmesser r hat das Gewicht Q, f ist die Ziffer der Seilreibung; das Gewicht des Seiles ist zu vernachlässigen.)

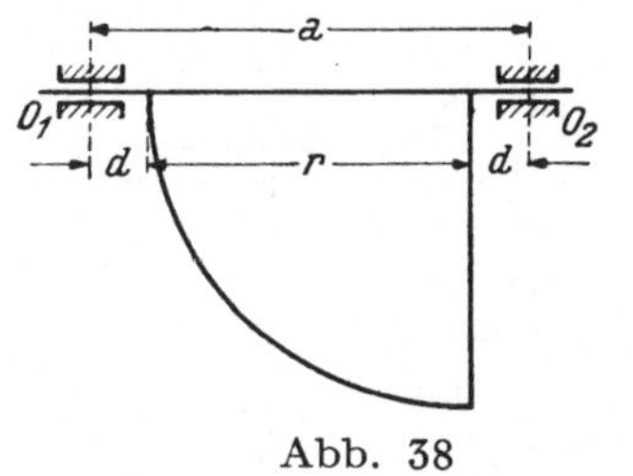

Abb. 37

11. Eine sehr dünne ebene Platte von der Masse m drehe sich mit ω um eine in ihrer Ebene liegende Achse, die nicht den Schwerpunkt enthält. Man beweise, daß sich das System der Trägheitskräfte auf eine Einzelkraft zurückführen läßt, deren Wirkungslinie durch den Antipol der Drehachse bezüglich der Zentralellipse hindurchgeht und den Betrag $m\, u_s\, \sqrt{\omega^4 + \dot{\omega}^2}$ besitzt, wo u_s den senkrechten Schwerpunktsabstand von der Drehachse bedeutet.

Abb. 38

12. Eine dünne Platte von der Form eines Kreisquadranten (Abb. 38) mit dem Halbmesser r und dem Gewichte G sci um die waagrechte Achse $O_1 O_2$ reibungsfrei drehbar und beginne ihre Bewegung aus der waagrechten Ruhelage. Man ermittle mit Benutzung des in der vorstehenden Aufgabe angeführten Satzes den Angriffspunkt e_g der resultierenden Trägheitskraft und die in O_1 und O_2 entstehenden Lagerdrücke nach Größe und Richtung beim Drehwinkel φ.

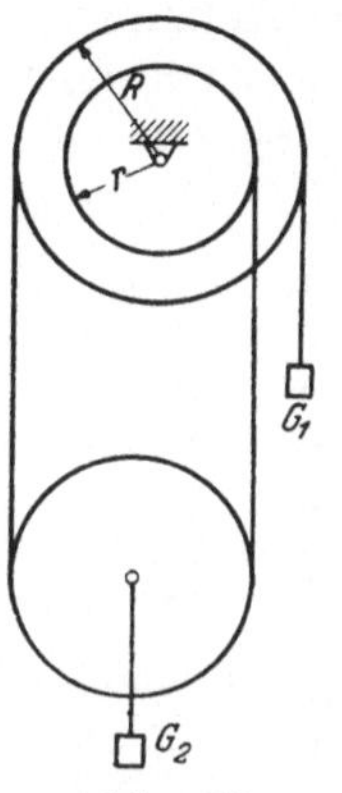

13. Der nebenstehend dargestellte Flaschenzug (Abb. 39) ist mit den Gewichten G_1 und G_2 belastet; man ermittle deren Beschleunigungen.

Die Massen der Rollen sind gegeben; von der Zapfenreibung und Seilsteifigkeit werde abgesehen und vorausgesetzt, daß die Seile nicht auf den Rollen gleiten und gewichtslos seien.

Wie groß sind die Spannkräfte in den einzelnen lotrechten Teilen der Seile?

14. Bei dem Fliehkraftregler in Abb. 40 sind vier gleiche Stäbe von der Länge l und dem Gewichte G in den Gelenken AA' an die lotrechte Spindel und in CC' an eine entlang der Spindel

Abb. 39

reibungsfrei gleitende Muffe vom Gewichte G_m angeschlossen. Die Stäbe sind in BB' durch je ein Gelenk verbunden, in welchem die Schwunggewichte Q sitzen. Bei federnder Aufhängung der Muffe ist sie mit der Federkraft $K = c(h_0 - h)$ belastet, worin h und h_0 die Längen der Feder im belasteten und unbelasteten Zustande bedeuten. Welche Beziehung besteht zwischen der Winkelgeschwindigkeit ω der Spindel und dem Winkel φ im Beharrungszustande des Reglers?

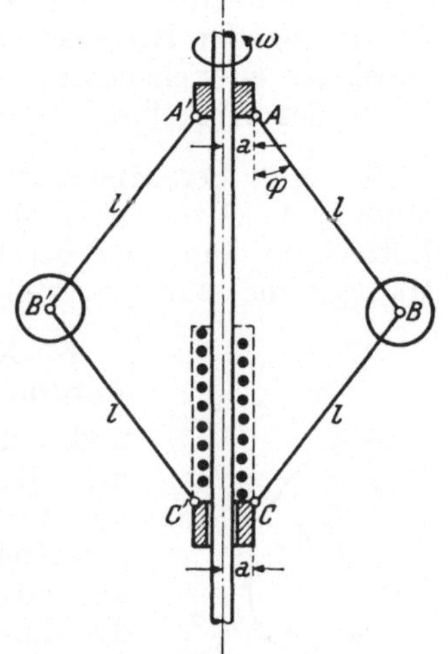

Abb. 40

b) Drehung um einen festen Punkt (Kreisel)

1. Man entwickle die Bewegungsgleichungen eines unter dem Einflusse eines Momentes $\mathfrak{M}$ um einen festen Punkt rotierenden starren Körpers (Eulersche Kreiselgleichungen).

2. Ein gerader Kreiskegel (Abb. 41) von der Masse m, dem Öffnungswinkel 2α und Basishalbmesser r läuft auf waagrechter Ebene im Kreise herum und benötigt zu einem Umlaufe die Zeit τ.

Wie groß ist die kinetische Energie des rollenden Kegels und sein Drall um die Spitze?

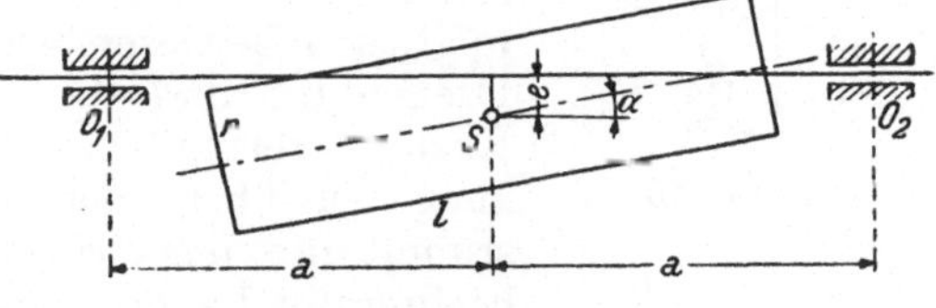

Abb. 41   Abb. 42

3. Ein um die Achse $O_1 O_2$ mit konstantem ω rotierender Kreiszylinder vom Gewichte G, Basishalbmesser r und der Länge l habe die Schwerpunktsexzentrizität e; Zylinderachse und Drehachse schneiden sich unter dem Winkel α (Abb. 42).

Welche Massenwirkung wird auf die Lagerstellen O_1 und O_2 ausgeübt?

4. Ein starres Winkelkreuz (Abb. 43), an dessen Enden zwei gleich schwere Kugeln vom Gewichte G sitzen, wird aus der Ruhelage durch ein konstantes Drehmoment M_a

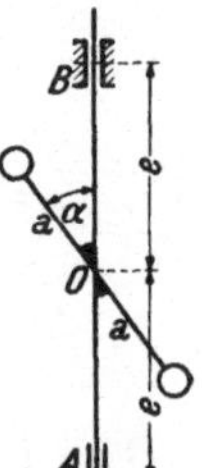

Abb. 43

um die lotrechte Achse AB in Drehung versetzt. Man ermittle mit Benutzung der Eulerschen Gleichungen die zur Zeit t im Spur- und Halslager entstehenden Lagerdrücke nach Größe und Richtung. (Die Masse des Winkelkreuzes bleibe unberücksichtigt.)

5. Man berechne für den Kollergang mit gelenkiger Achsenverbindung in O (Aufg. II 4) jenen Winkel ϑ der Mittelachse OS mit der Lotrechten durch O, bei welchem der Läufer auf das unterschobene Mahlgut die stärkste Preßwirkung ausübt. (R. Grammel.)

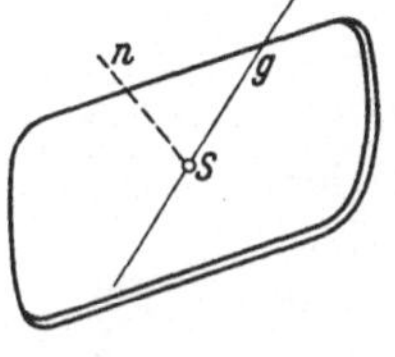

Abb. 44

6. Ein im Schwerpunkte S gelagertes schweres Rotationsellipsoid (Abb. 44) vom Gewichte $G = 0{,}5$ kg und dem Achsenverhältnisse $b/a = \sqrt{3}$ dreht sich mit $n_e = 1200$ Touren je Minute um die kleine Achse $a = 10$ cm. Der Kreisel soll zu einer langsamen regulären Präzession mit $n_0 = 20$ Touren je Minute um eine im Raume feste Achse gezwungen werden, die durch S geht und gegen die Figurenachse unter dem Winkel $\delta = 60^0$ geneigt ist. Welches Moment ist hiezu erforderlich?

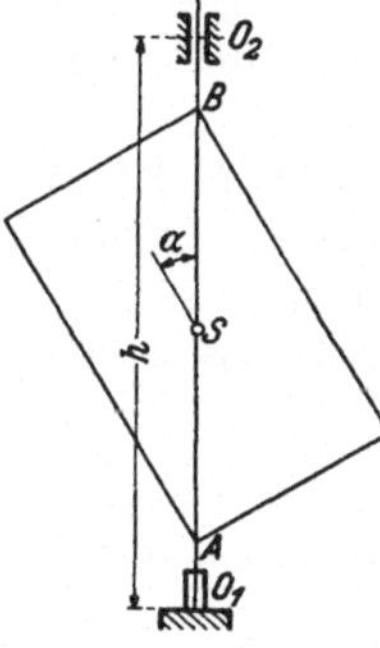

Abb. 45

7. Eine homogene rechteckige Platte vom Gewichte G rotiert mit konstanter Winkelgeschwindigkeit ω um die lotrechte Achse O_1O_2; man berechne die Lagerdrücke im Hals- und Spurlager $(\overline{O_1S} = \overline{SO_2} = h/2,\ \overline{AB} = e)$ (Abb. 45).

8. Eine in ihrem festgehaltenen Schwerpunkte S drehbar gelagerte Platte (Abb. 46) wird um eine in der Plattenebene liegende Achse g in Drehung versetzt. Wenn die weitere Bewegung kräftefrei erfolgt, soll bewiesen werden, daß die den jeweiligen Drehvektor und die Plattennormale n enthaltende Ebene ε relativ zur Platte eine schwingende Bewegung ausführt, deren Schwingungsdauer übereinstimmt mit jener eines mathematischen Pendels von bestimmter Länge l, und daß deren Amplitude gleich ist dem halben Pendelausschlag.
Wie groß ist l? (Newboult 1946).

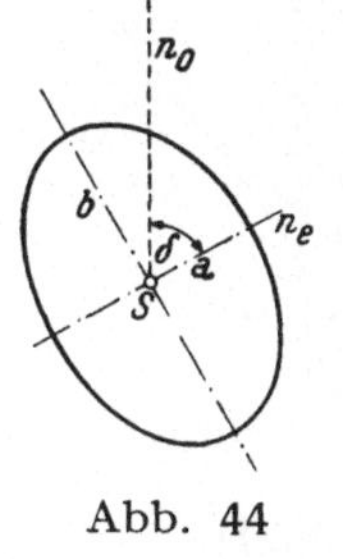

Abb. 46

9. In einem um die horizontale Achse AB (Abb. 47) drehbaren starren Rahmen ist ein Schwungrad K eingebaut, dessen Achse CD mit der Symmetralen von

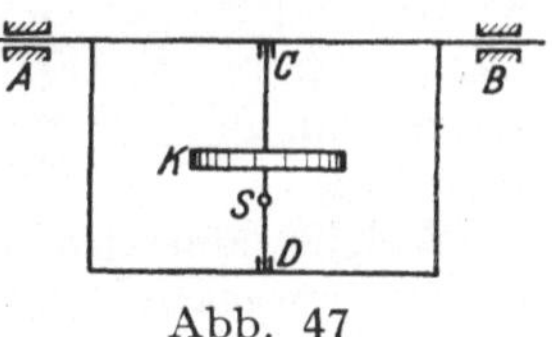

Abb. 47

$\overline{AB} = l$ zusammenfällt. Der gemeinsame Schwerpunkt S des Rahmens und Schwungrades (Kreiselpendel) sei von der Achse AB um s entfernt, das Gewicht des Verbandes sei Q.

In der Anfangslage des Rahmens sei seine Ebene unter a gegen die Lotrechte geneigt und das Schwungrad laufe mit n Touren/Minute.

Welchen Einfluß hat das rotierende Schwungrad auf die Pendelbewegung des Rahmens und welche Wirkung übt das rotierende Schwungrad auf die Lagerstellen A und B aus?

10. Ein stampfendes Schiff führe harmonische Schwingungen um die horizontale Querachse mit der Schwingungsdauer T [sec] und einer Amplitude a aus. Welches Moment wird auf die Lager der G [ton] schweren Schiffsschraube übertragen, wenn sie sich relativ zum Schiffe mit n Touren je Minute um dessen Längsachse dreht und ihr Trägheitshalbmesser i [m] ist?

11. Das Laufräderpaar einer Lokomotive fahre mit der Geschwindigkeit v durch eine Kurve vom Halbmesser R; der äußere Schienenstrang sei um h überhöht, die Spurweite beträgt s. Welche Wirkung übt das rollende Räderpaar auf die Schienen aus? (Ein einzelnes Laufrad werde als einfacher Reifen vom Halbmesser r und vom Gewichte G betrachtet.)

12. Welche zusätzliche Kreiselwirkung entsteht bei dem rollenden Räderpaar der vorstehenden Aufgabe in jenem Fahrbereiche, in welchem der äußere Gleisstrang aus der waagrechten Lage in die überhöhte Schienenlage h übergeführt wird? Die Länge der Übergangsstrecke sei l.

13. Ein aus einer 1 cm dicken zylindrischen Stahlscheibe vom Halbmesser $a = 5$ cm bestehender Kreisel rotiere um die Symmetrieachse kräftefrei mit 1500 Touren je Minute. Welchen Betrag hat der Drallvektor?

Die Kreiselbewegung erfahre durch einen am Scheibenrande in der Richtung der Kreiselachse ausgeübten Stoß eine Störung und es betrage der dabei während einer sehr kurzen Zeit $\varDelta t$ wirkende Kraftantrieb 0,03 kgsec. Welche Bewegung macht der Kreisel nach dem Stoße? (Die Verlagerung der Kreiselachse in der Zeit $\varDelta t$ kann wegen der Kleinheit von $\varDelta t$ vernachlässigt werden.)

c) Ebene Bewegung

1. Um einen schweren Kreiszylinder mit horizontaler Achse vom Gewichte G und Halbmesser a ist ein in A befestigtes biegsames Band geschlungen (Abb. 48). Anfänglich befinde sich der Zylinder in Ruhe und der abgewickelte Teil $A\,B$ des Bandes in lotrechter Lage. Der Zylinder wird sich selbst überlassen. Wie groß ist die Geschwindigkeit des Schwerpunktes des Zylinders, wenn dieser um s gesunken ist und wie stark ist dann das Band gespannt? (Die Masse des Bandes ist zu vernachlässigen.)

2. Zwei kreiszylindrische Walzen, von denen eine um eine waagrechte feste Achse drehbar gelagert ist, sind durch ein undehnbares Band verbunden, das jede der beiden Walzen mehrmals umschlingt (Abb. 49).

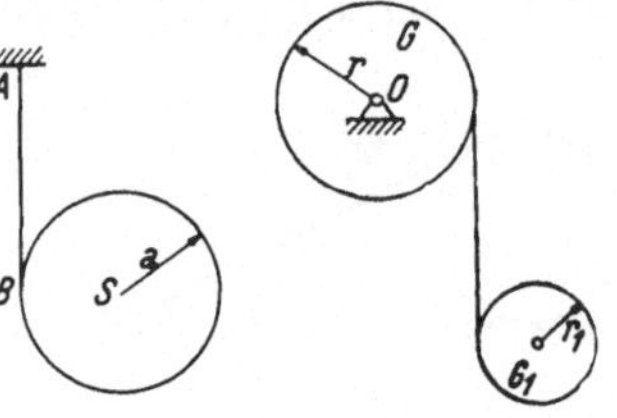

Abb. 48   Abb. 49

Sind G, r, G_1, r_1 die Gewichte und Halbmesser der Walzen, so soll die Geschwindigkeit von G_1 berechnet werden, wenn G_1 um s gesunken ist. Wie groß ist die Bandspannung?

3. Ein um O drehbarer Stab $\overline{OA} = l$ vom Gewichte G wird stoßlos an eine zylindrische Walze vom Gewichte Q und Halbmesser a gelegt, die auf rauhem Boden ruht (Abb. 50). Mit welcher Geschwindigkeit bewegt sich das Stabende A in der lotrechten Lage des Stabes, wenn die Bewegung der Walze eine rein rollende ist?

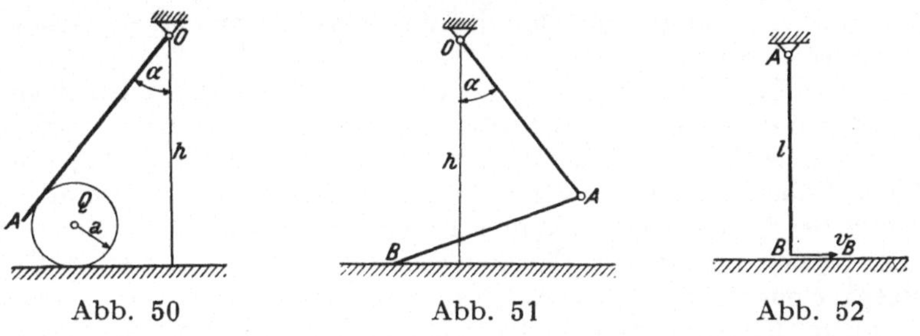

Abb. 50   Abb. 51   Abb. 52

4. Von zwei durch ein Gelenk A verbundenen gleich langen und gleich schweren Stäben $\overline{OA} = \overline{AB} = l$ ist der obere um O drehbar, der untere schleift auf glatter waagrechter Unterlage (Abb. 51). Wenn das Stäbepaar aus der anfänglichen Ruhelage a in lotrechter Ebene sich selbst überlassen wird, soll die Geschwindigkeit des Stützpunktes B in dem Augenblicke bestimmt werden, wo der obere Stab gerade durch die Lotrechte schwingt. Welche Drücke entstehen dann in O und B?

5. Ein lotrechter Stab $\overline{AB} = l$ ist am oberen Ende A um eine waagrechte Achse drehbar aufgehängt, das Ende B befindet sich dicht über einem waagrechten Boden (Abb. 52). Durch einen Stoß wird der Stab in Drehung versetzt und das Ende A in dem Augenblicke freigemacht, wo der Drehwinkel 90^0 beträgt. Welche Anfangsgeschwindigkeit muß der Endpunkt B erhalten, wenn der Stab den Boden in lotrechter Stellung erreichen soll?

6. An einen auf glattem, horizontalem Boden liegenden Kreiszylinder vom Gewichte G_1 und Halbmesser a (Abb. 53) wird ein homogener Stab $\overline{AB} = 2\,l$ vom Gewichte G_2 stoßlos unter der Neigung a gegen die Stützebene gelegt. Man bestimme die Winkelgeschwindigkeit der Bewegung des Stabes in Abhängigkeit vom jeweiligen Neigungswinkel φ gegen die Stützebene.

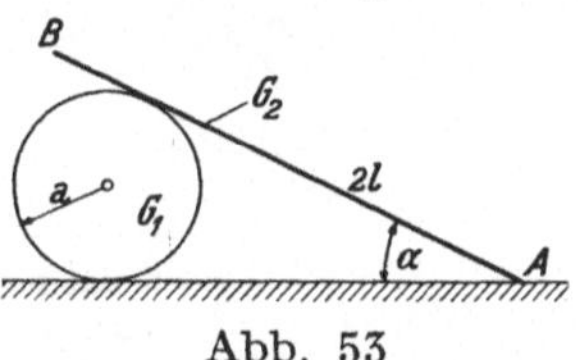

Abb. 53

7. Eine Eisenbahnwagentüre, deren reibungsfrei angenommene Angeln nach der Lokomotive zu liegen, steht senkrecht zur Fahrtrichtung offen. Der Zug fahre mit der Beschleunigung b an. Mit welcher Winkelgeschwindigkeit und nach welcher Zeit schlägt die Türe zu?

(Die Türe nehme man als rechteckige homogene Platte vom Gewichte G und der Breite l an, der Luftwiderstand ist zu vernachlässigen.)

8. Eine Welle vom Halbmesser r und Gewichte G_1, an die seitlich zwei Scheiben vom Gewichte G und Halbmesser R konzentrisch angeschlossen sind, wird mit der Anfangsgeschwindigkeit v_0 auf rauher schiefer Ebene in Bewegung gesetzt (Abb. 54).

Welchen Weg legt sie bis zur Bewegungsumkehr bei rollender Bewegung zurück, wenn auf die Rollreibung (Ziffer q) Rücksicht genommen wird? Welchen Mindestwert muß die Haftreibungsziffer f des Bodens haben?

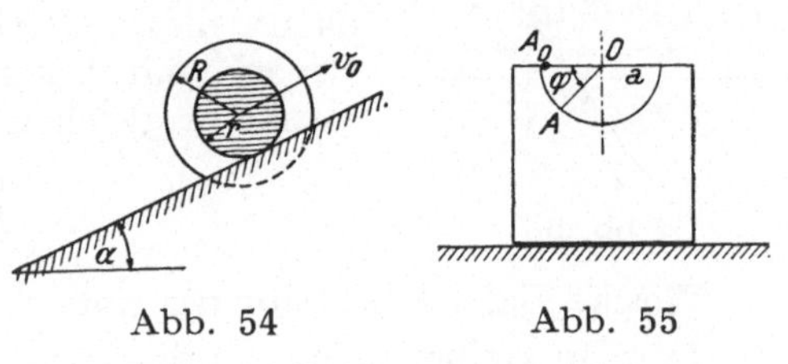

Abb. 54   Abb. 55

9. Ein Würfel mit halbkugelförmiger Ausnehmung vom Radius a ruht auf vollkommen glatter Unterlage (Abb. 55). Eine kleine Kugel von der Masse m gleitet aus A_0 ohne Anfangsgeschwindigkeit längs der glatten Aushöhlung. Wenn M die Masse des ausgehöhlten Würfels ist, sollen die Geschwindigkeit der Kugel an beliebiger Stelle A und der dort von ihr ausgeübte Druck berechnet werden.

10. Eine durch die glatten Führungen $F_1 F_2$ gesteckte Stange vom Gewichte G stützt sich mit ihrem Ende B auf einen Keil vom Gewichte Q, der auf einer glatten waagrechten Unterlage liegt (Abb. 56).

Nach welcher Zeit und mit welcher Geschwindigkeit erreicht das Stabende die Ebene E, von der es anfänglich um $a/2$ entfernt ist? Wie groß sind die Drücke in $F_1 F_2$ in dem Augenblicke, wo das Stabende sich bereits um $a/4$ gesenkt hat?

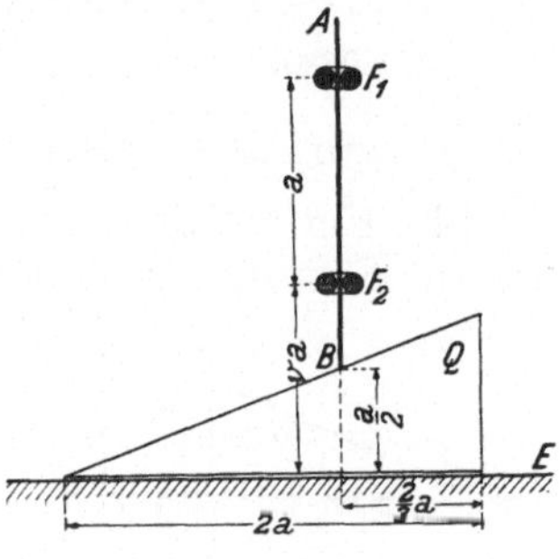

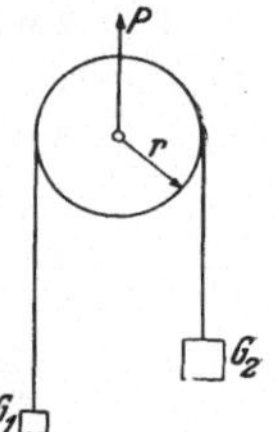

Abb. 56

11. Ein über eine bewegliche Rolle vom Gewichte G und Halbmesser r gelegtes undehnbares Seil wird durch die Gewichte G_1 und G_2 $(G_2 > G_1)$ gespannt (Abb. 57). Mit welcher Kraft P muß die Rolle nach aufwärts bewegt werden, damit das Gewicht G_2 eine gleichförmige Bewegung mit der Geschwindigkeit c ausführe?

Wie groß sind dann die Seilspannungen und in welchem Verhältnisse stehen die von beiden Gewichten nach Ablauf der Zeit t zurückgelegten Wege?

Abb. 57

12. Zwei gleiche Rollen vom Gewichte G und Halbmesser r sind durch eine starre horizontale Achse O verbunden, um die sich ein homogener Stab vom Gewichte Q und der Länge l reibungsfrei drehen kann.

2*

Die beiden Rollen laufen auf waagrechten Trägern mit glatter Oberfläche; der Stab mit der anfänglichen Neigung α gegen die Lotrechte wird sich selbst überlassen (Abb. 58). Welche größte Geschwindigkeit erreichen die Rollen bei der Schwingung des Stabes? Wie groß ist die Schwingungsdauer dieses Stabpendels?

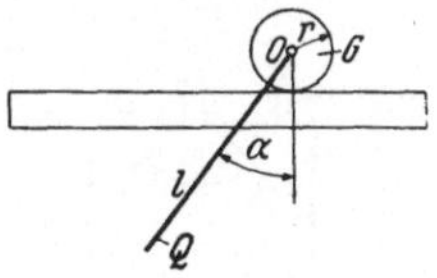

Beweise, daß das Verhältnis der Schwingungsdauer dieses Pendels zu jener des gleich langen Pendels mit fester Aufhängung bei sehr kleinem Winkel α gleich ist

$$\sqrt{\frac{1 + Q/8\,G}{1 + Q/2\,G}}\,.$$

Abb. 58

Welche Bahn beschreibt der untere Endpunkt des Stabes?

13. Ein Halbzylinder von der Masse M und dem Halbmesser a liegt auf glatter horizontaler Ebene. An der höchsten Stelle seines glatten Mantels ruht eine Kugel von der Masse m und dem Halbmesser r, die durch eine kleine Erschütterung in Bewegung gerät (Abb. 59).

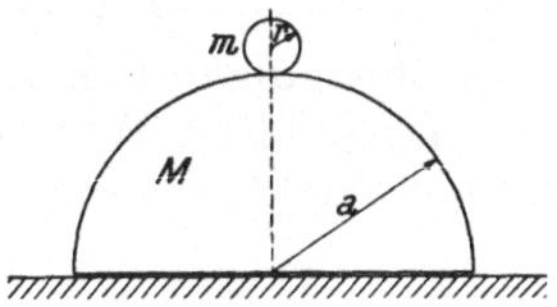

Welche Bahn beschreibt der Mittelpunkt der Kugel?

An welcher Stelle verläßt die Kugel den Halbzylinder?

Abb. 59

Wie groß ist in diesem Augenblicke die Geschwindigkeit des Zylinders?

14. Ein um das feste Gelenk O drehbarer homogener Stab vom Gewichte G stütze sich an einen Block von gleichem Gewichte, der auf glattem waagrechten Boden verschieblich ist (Abb. 60). Zeige, daß sich Stab und Block trennen, wenn der Neigungswinkel φ des Stabes der Gleichung

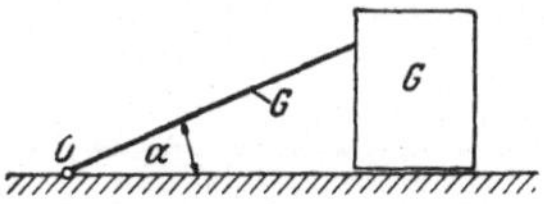

$$3 \sin\varphi\,(1 + 2\sin^2\varphi) = 2\sin\alpha$$

genügt, wo α die Stabneigung zu Beginn der Bewegung ist.

Abb. 60

15. Zwei durch ein Gelenk verbundene Kreiszylinderhälften vom Gewichte G und Halbmesser a ruhen auf einer glatten waagrechten Ebene und sind in der gezeichneten Stellung α durch das Band AB gehalten (Abb. 61). Nun werde das Band durchschnitten. Mit welcher Geschwindigkeit hebt sich das Gelenk O, wenn die Durchmesser OA und OB die waagrechte Lage erreicht haben?

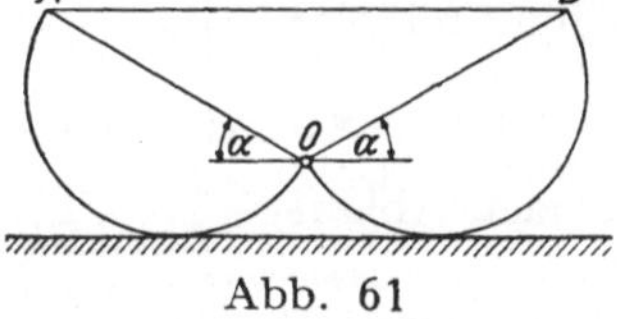

Abb. 61

16. In der Mitte O eines homogenen Stabes vom Gewichte Q, der auf glatter horizontaler Unterlage ruht, ist ein Stab vom Gewichte G und der Länge $\overline{OE} = l$ gelenkig befestigt, der in der Anfangsstellung α sich selbst überlassen wird (Abb. 62). Um wieviel hat sich der untere Stab verschoben, wenn der zweite Stab die waagrechte Lage erreicht? Welche Geschwindigkeit hat er dann? Bestimme den Gelenkdruck in O nach Größe und Richtung unmittelbar vor dem Zusammenklappen der Stäbe. Welche Bahn beschreibt der Endpunkt E des Stabes?

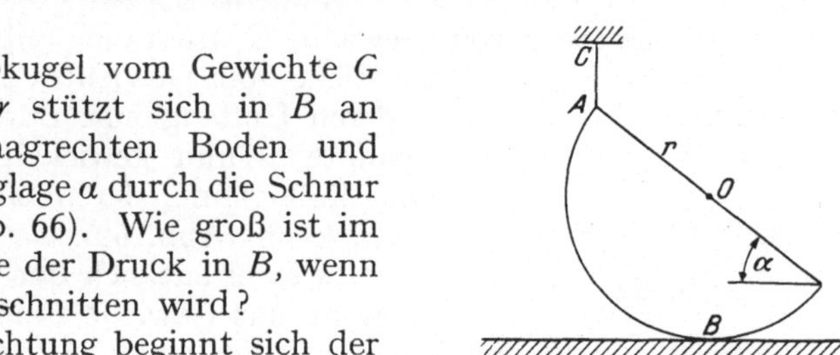

Abb. 62   Abb. 63

17. Zwei gleich lange und gleich schwere Stäbe CA und CB vom Gewichte G_1 und der Länge l sind in C durch ein reibungsfreies Gelenk verbunden. Dieses wird durch einen Faden, der über eine feste Rolle vom Gewichte G_2 und Halbmesser r läuft und mit G_3 belastet ist, lotrecht aus der Anfangslage $\varphi = 0$ hochgezogen (Abb. 63). Mit welcher Geschwindigkeit nähern sich die Stabenden AB auf der waagrechten glatten Stützebene?

Wie groß ist die Fadenspannung und der Stützendruck in A bei beliebiger Stellung φ?

18. Vier in einer lotrechten Ebene liegende gleich lange und gleich schwere Stäbe von der Länge l sind miteinander durch Gelenke verbunden; jenes bei O ist fest, das oberste durch einen Faden gehalten, wobei die Gelenke in den Ecken eines Quadrates liegen (Abb. 64). Es soll die Geschwindigkeit berechnet werden, mit der das Gelenk A in O ankommt, wenn der Faden durchschnitten wird.

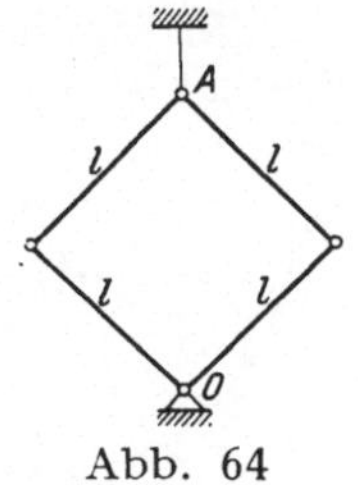

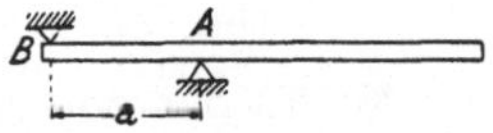

Abb. 64

19. Ein homogener Träger von der Länge l ist in A und B gelagert, wobei $a = l/3$ (Abb. 65). Wie groß wird der Stützendruck in A, wenn die Stütze B plötzlich versagt?

Abb. 65

20. Eine homogene dreieckige Platte vom Gewichte G ist in ihren Eckpunkten an gleich langen vertikalen Fäden in waagrechter Lage aufgehängt. Wenn einer der Fäden durchschnitten wird, sollen die Spannkräfte in den beiden anderen berechnet werden.

21. Eine Halbkugel vom Gewichte G und Halbmesser r stützt sich in B an einen glatten waagrechten Boden und wird in der Schräglage α durch die Schnur AC gehalten (Abb. 66). Wie groß ist im ersten Augenblicke der Druck in B, wenn die Schnur durchschnitten wird?

In welcher Richtung beginnt sich der Punkt A zu bewegen?

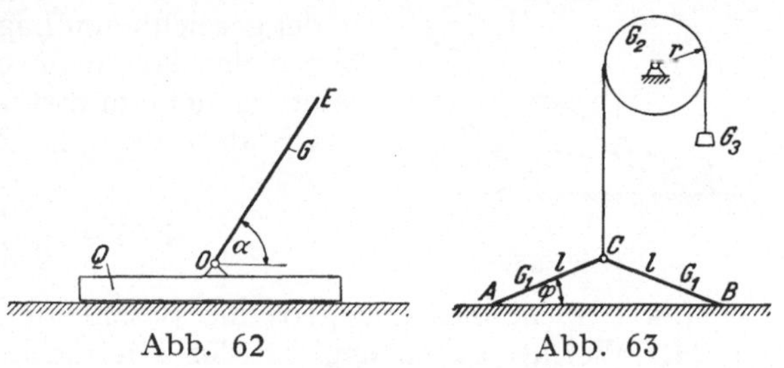

Abb. 66

22. Ein um O drehbarer homogener Stab $\overline{OA} = 2\,l$ vom Gewichte G stützt sich an einen Kreiszylinder vom Gewichte G_1 und Halbmesser a, der in B auf glatter horizontaler Ebene ruht und durch den Faden MO in der gezeichneten Lage erhalten wird (Abb. 67).

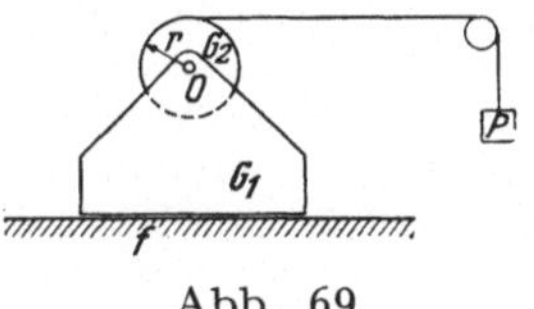
Abb. 67

Wenn der Faden durchschnitten wird, so vermindert sich im ersten Augenblicke der Druck des Stabes auf den Zylinder im Verhältnisse

$$1 : 1 + \frac{16}{3}\frac{G}{G_1}\frac{l^2}{a^2}\sin^4\frac{\varphi}{2}\,.$$

Man beweise dies und gebe die Beschleunigung des Punktes M an.

23. Welche Ergänzung ist der Gleichung für den Momentensatz $\dot{\mathfrak{D}}_0 = \mathfrak{M}_0$ hinzuzufügen, damit sie anstatt für einen unbeweglichen Bezugspunkt O für einen mit der gegebenen Geschwindigkeit v_P bewegten Bezugspunkt P Gültigkeit habe?

24. Eine starre ebene Scheibe von der Masse M drehe sich mit der Winkelgeschwindigkeit ω um den Momentanpol P unter dem Einflusse des Kraftmomentes M_P. Man bestimme die Winkelbeschleunigung.

25. Ein homogener Kreiszylinder vom Gewichte G und Halbmesser r bewege sich aus der durch $\varphi = \varphi_0$ gegebenen anfänglichen Ruhelage rein rollend in einem hohlen Kreiszylinder vom Halbmesser R (Abb. 68).

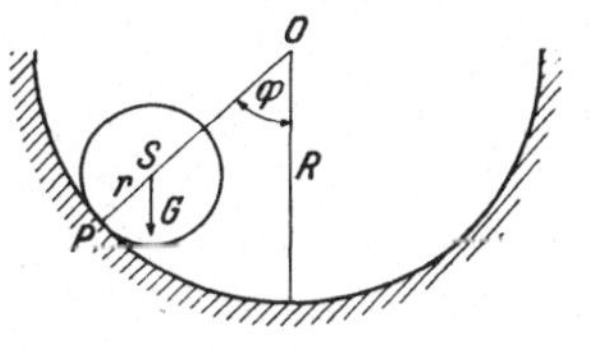
Abb. 68

Beweise, daß die Bewegung des Schwerpunktes S übereinstimmt mit der eines Punktpendels von der Länge $l = = (R - r)(1 + i_s{}^2/r^2)$. Zeige, daß die Reibungsziffer f (mit i_s als Trägheitshalbmesser) der Bedingung $\operatorname{tg}\varphi_0 \leqq f\,(1 + r^2/i_s{}^2)$ genügen muß.

26. In der vorstehenden Aufgabe sei der Hohlzylinder um die waagrechte Achse O reibungsfrei drehbar, für die er das Trägheitsmoment J_0 besitze. Die Reibungsziffer f sei so groß, daß der kleinere Zylinder nicht gleiten kann. Beweise, daß auch hier die Bewegung des Schwerpunktes S mit der eines mathematischen Pendels übereinstimmt und bestimme dessen Länge.

27. Ein auf waagrechtem, rauhem Boden (Reibungsziffer f) verschieblicher Gleitbock vom Gewichte G_1 trägt eine reibungsfrei in O drehbare Welle vom Gewichte G_2 und Halbmesser r, um deren Umfang eine durch das Gewicht P gespannte Schnur gewickelt ist, die über eine kleine Rolle läuft, deren Masse vernachlässigt werden kann (Abb. 69).

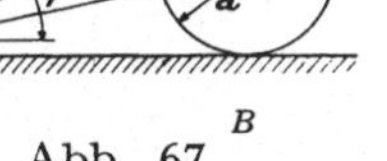
Abb. 69

Um wieviel hat sich der Gleitbock verschoben, wenn das Gewicht P um s gesunken ist? Wie groß ist dann die Spannkraft der Schnur? Bei welcher Mindestgröße von f tritt eine Blockierung des Gleitbockes ein? (J. Nielsen 1935.)

28. Ein homogener Stab vom Gewichte G und der Länge $\overline{OA} = 2\,l$ drehe sich in einer horizontalen Ebene um das feste Ende O mit der Winkelgeschwindigkeit ω_0 (Abb. 70). Der Stab breche plötzlich in seiner Mitte entzwei. Man beschreibe die Bewegung der beiden Stabstücke nach dem Bruche.

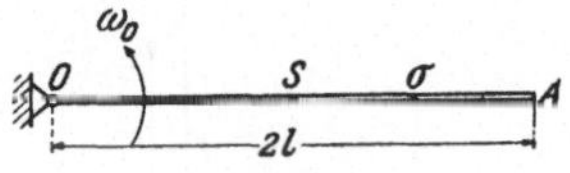

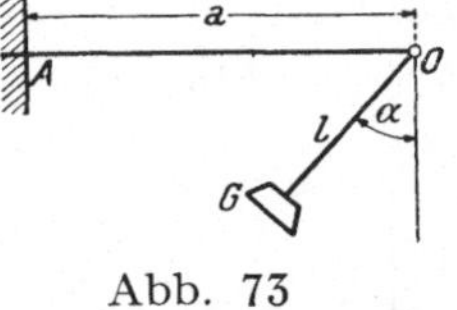

Abb. 70

d) Kinetostatik

1. Ein Kolben von der Masse m_1 ist mit einer zylindrischen Kolbenstange von der Länge l und der Masse m in fester Verbindung. Auf den in einem Zylinder geführten Kolben wirke die Kraft P und die Reibungskraft R_1 an seinem Mantel; im Führungslager der Kolbenstange wirkt die Reibung R (Abb. 71). Wie groß ist die Spannkraft der Kolbenstange an beliebiger Stelle?

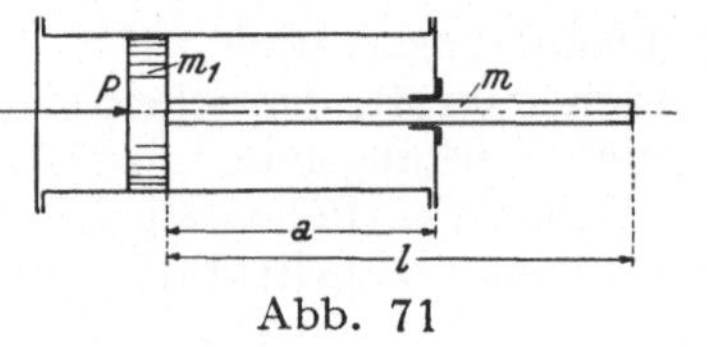

Abb. 71

2. Eine schwere Platte gleitet auf rauher schiefer Ebene nach abwärts; bei A ist ein Stab vom Gewichte G und der Länge l in der Platte eingespannt (Abb. 72). Wie groß ist das Einspannungsmoment während der Bewegung? Nach welcher Richtung biegt sich der Stab?

3. Am Boden eines Plateauwagens ist eine lotrechte Säule von der Höhe h fest eingespannt. Der Wagen fahre durch eine Kurve vom Halbmesser r mit der Geschwindigkeit v und Tangentialbeschleunigung b_t. Welches größte Biegungsmoment entsteht in der Säule? Nach welcher Richtung biegt sich die Säule?

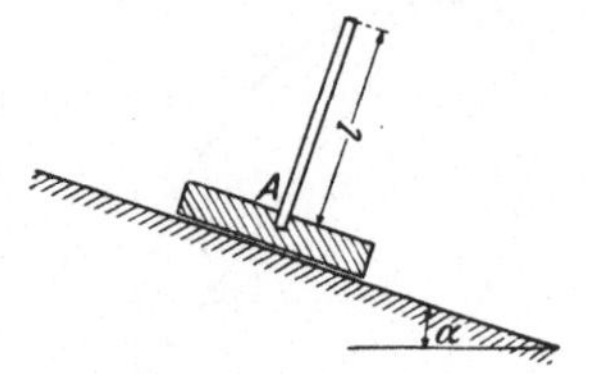

Abb. 72

4. An dem waagrecht eingespannten Träger $\overline{AO} = a$ (Abb. 73) ist in O ein Pendel von der Länge l und dem Gewichte G angehängt, das aus der durch α gegebenen Ruhelage ebene Schwingungen ausführt. Man bestimme das größte Einspannungsmoment des Trägers.

Abb. 73

5. Man bestimme in Aufg. (c, 19) Ort und Größe des größten Biegungsmomentes für den Beginn der Bewegung des Trägers.

6. Ein homogener Halbkreisbogen vom Gewichte G und Halbmesser r drehe sich in einer glatten horizontalen Ebene um das Ende A mit konstanter Winkelgeschwindigkeit ω. An welcher Stelle entsteht das größte Biegungsmoment? Welchen Wert hat es?

7. Ein starrer gleichschenkliger Winkelhebel vom Gewichte G dreht sich aus der Ruhelage, in welcher OA waagrecht ist, um die horizontale Achse O (Abb. 74).

Wie groß ist das Einspannmoment bei A, wenn der Schenkel OA durch die lotrechte Lage schwingt?

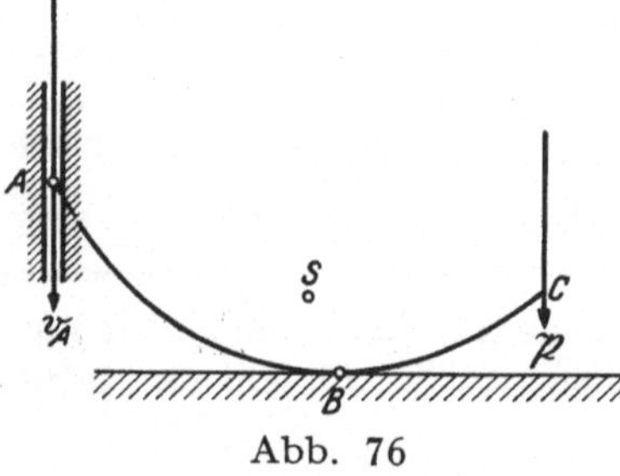
Abb. 74

8. Die dynamischen Eigenschaften einer eben bewegten Scheibe sind durch ihre Masse m, den Schwerpunkt S und den Trägheitshalbmesser i_s für den Schwerpunkt gegeben. Für den durch die Schwerpunktsbeschleunigung $\mathfrak{b}_s$ und den Beschleunigungspol G bestimmten Beschleunigungszustand läßt sich das System der d'Alembertschen Trägheitskräfte der Scheibe zurückführen auf eine Einzelkraft $\mathfrak{T} = - m\,\mathfrak{b}_s$, deren Wirkungslinie durch den Schwingungsmittelpunkt der Scheibe bezüglich des Poles G geht. Man beweise diese Eigenschaft der resultierenden Trägheitskraft. (Schell, Mohr, Alt.)

9. Einem mit gegebener Winkelgeschwindigkeit ω zwangläufig geführten ebenen System entsprechen ∞^1 Beschleunigungszustände. Die Wirkungslinien der ihnen nach Aufg. (d, 8) entsprechenden ∞^1 resultierenden Trägheitskräfte $\mathfrak{T}_r$ schneiden sich in einem Punkte T, dem von H. Winter gefundenen Trägheitspole der Scheibe und es bilden die im Punkte T angesetzten Vektoren $\mathfrak{T}_r$ ein geradlinig begrenztes Kraftbüschel mit einer zu v_s parallelen Begrenzungslinie. Man beweise diesen Satz.

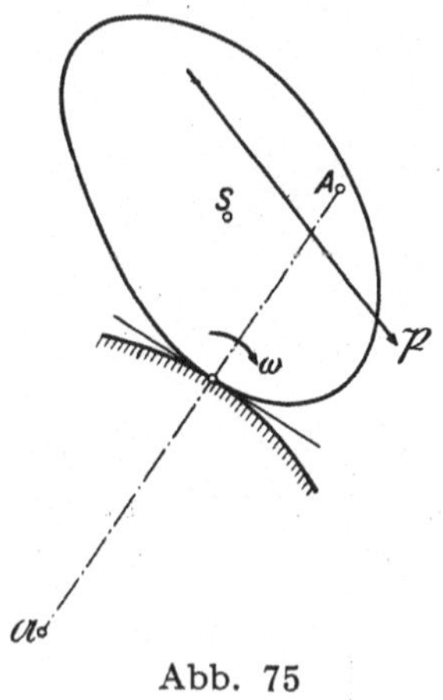
Abb. 75

10. Eine Scheibe mit dem Krümmungsmittelpunkte A rollt auf einer festliegenden Scheibe mit dem Krümmungsmittelpunkte $\mathfrak{A}$ mit bekannter Winkelgeschwindigkeit ω (Abb. 75). Sie wird von einer Kraft $\mathfrak{P}$ (Resultierende aller eingeprägten Kräfte) angegriffen. Man konstruiere die normale und tangentiale Komponente der an der Berührungsstelle beider Scheiben auftretenden Rollkraft sowie die Schwerpunktsbeschleunigung $\mathfrak{b}_s$. Der Schwerpunkt S und der Trägheitshalbmesser für diesen sind bekannt.

11. Der Wälzhebel $A\,B\,C$ (Abb. 76) ist in A mit gegebener Geschwindigkeit v_A geradlinig geführt und schleift bei B auf glatter Bahn. Seine Masse m, der Schwerpunkt S und Trägheitshalbmesser i_s sind bekannt. Wenn in C die Kraft $\mathfrak{P}$

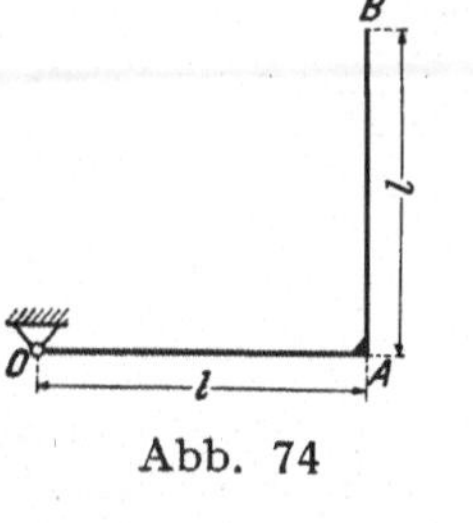
Abb. 76

wirkt, sollen die Führungsdrücke in A und B sowie die Beschleunigung b_s des Schwerpunktes konstruiert werden.

12. Die Kurbel OA eines in seinen Abmessungen gegebenen zentrischen Schubkurbelgetriebes (Abb. 77) dreht sich mit *konstanter* Winkelgeschwindigkeit ω. Die Massen der Kurbel, der Pleuelstange und der mit dem Kreuzkopf B hin- und hergehenden Getriebeteile sind bekannt. Man ermittle zeichnerisch jene Kraft K, die in der Kolbenstange wirken muß, um den gegebenen Bewegungszustand des Getriebes mit gleichförmigem Kurbelantrieb herzustellen und konstruiere die Kräfte, mit denen die Zapfen O, A, B beansprucht werden.

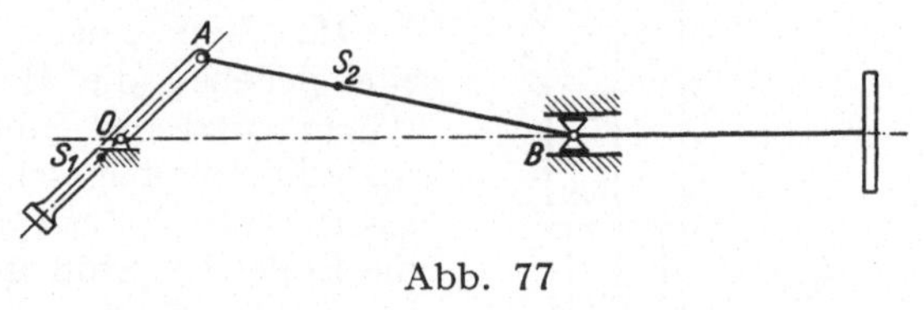

Abb. 77

13. Am Kreuzkopfzapfen B eines geschränkten Schubkurbeltriebes (Abb. 78) wirkt eine Kraft K, an der Kurbelwelle ein widerstehendes Moment M. Die Gewichte, die Abmessungen und Massenverteilung der Getriebeteile sind gegeben, ebenso die augenblickliche Geschwindigkeit v_A. Man bestimme den Beschleunigungszustand und die Zapfendrücke in O, A und B.

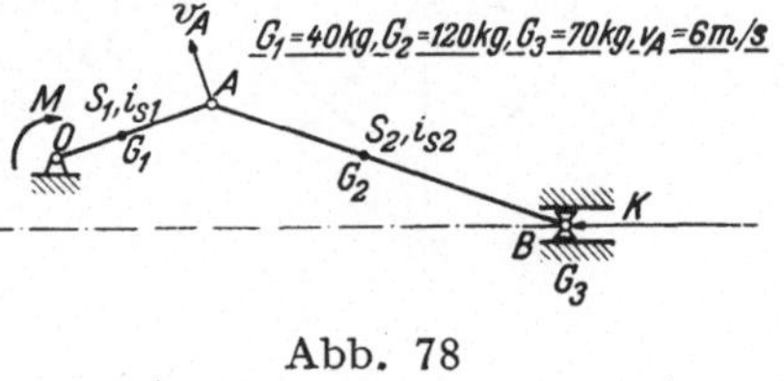

Abb. 78

14. Von einem zwangläufigen ebenen System seien die Geschwindigkeiten des Schwerpunktes S und eines Systempunktes A gegeben, ebenso die Beschleunigungen beider Punkte für irgend einen möglichen Beschleunigungszustand. Dann findet man den Trägheitspol T durch folgende lineare Konstruktion (Abb. 79) von G. Gerber (1940): Man zeichnet den Plan der gegebenen Geschwindigkeiten und der Beschleunigungen mit den Nullpunkten o und π, konstruiert den Antipol A_1 von A bezüglich S $(\overline{AS} \cdot \overline{SA_1} = i_s{}^2)$, sodann die Punkte D und C, wobei $SD \parallel b_A$, $A_1 D \parallel b_{SA}$, $SC \parallel v_A$, $A_1 C \parallel v_{SA}$.

Die durch D gelegte Parallele zu b_S schneidet jene durch C zu v_S im Trägheitspole T. Man beweise diese Konstruktion.

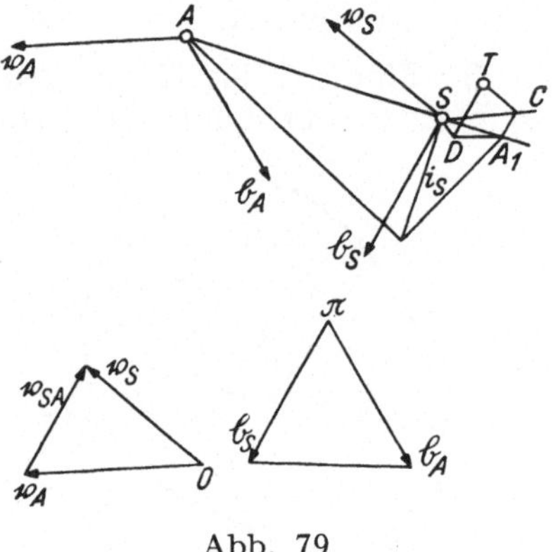

Abb. 79

15. Ein aus drei gleich langen und gleich schweren Stäben bestehendes gleichseitiges Dreieck OAB dreht sich in einer lotrechten Ebene um das feste Gelenk O aus der Ruhelage, in welcher AB lotrecht ist. Die Stäbe des Dreieckes sind gelenkig verbunden. Welches größte Biegemoment entsteht im Stabe AB, wenn die waagrechte Lage erreicht ist?

16. Von einem Nockenantrieb (Abb. 80) sind gegeben die Massen m_1, m_2 der Nockenscheibe und des Stößels, die Antriebskraft $\mathfrak{P}$ und die Winkelgeschwindigkeit ω des Nockens sowie der Widerstand $\mathfrak{W}$ der Ventilstange; die Rolle des Stößels läuft auf geradem Flankenteil des Nockens.

Man bestimme den Beschleunigungszustand und die Gelenk- und Führungsdrücke bei Berücksichtigung der Reibung zwischen Stößel und seiner Führung (Reibungswinkel ϱ).

Die Masse der Rolle ist zu vernachlässigen.

$$P = 12\,\text{kg}, \qquad G_1 = m_1 g = 1{,}2\,\text{kg},$$
$$W = 6\,\text{kg}, \qquad G_2 = m_2 g = 0{,}2\,\text{kg},$$
$$\omega = 100\,\text{sek}^{-1}.$$

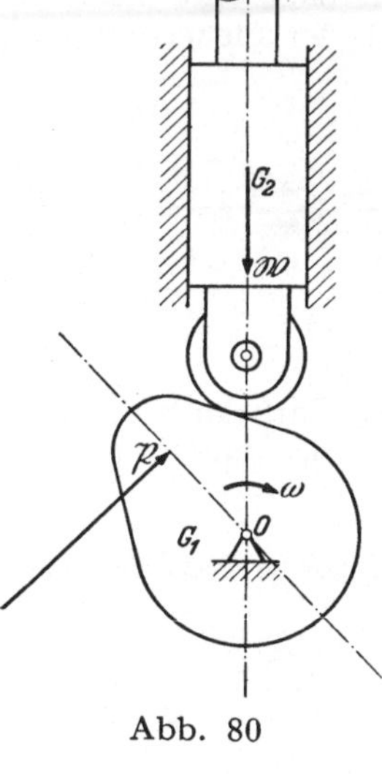

Abb. 80

e) Kleine Schwingungen

1. Ein homogener Stab von der Länge $\overline{AB} = 2\,l$ gleitet mit seinen Enden auf zwei glatten, geraden Drähten, die fest in einer lotrechten Ebene liegen und gegen die Horizontale unter gleichen Winkeln α geneigt sind (Abb. 81). Man bestimme die Schwingungsdauer für die kleinen Schwingungen um die Gleichgewichtslage.

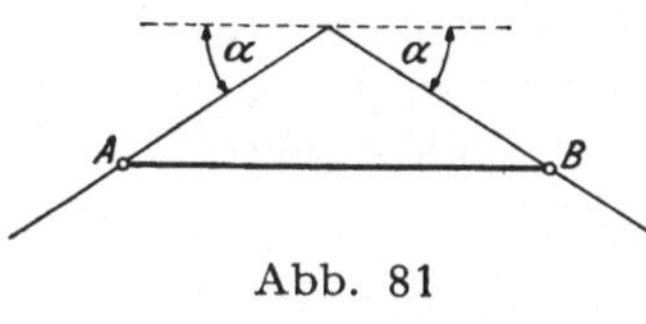

Abb. 81

2. Eine Scheibe K mit beliebiger Umrißform ist mit einem Kreiszylinder C vom Halbmesser r starr verbunden, der auf einer waagrechten Ebene eine rein rollende Bewegung ausführe (Abb. 82). Der Schwerpunkt S dieses Rollpendels habe vom Mittelpunkt O des Zylinders die Entfernung e. Man stelle die Bewegungsgleichung auf und gebe die Schwingungsdauer unter Voraussetzung sehr kleiner Ausschläge an.

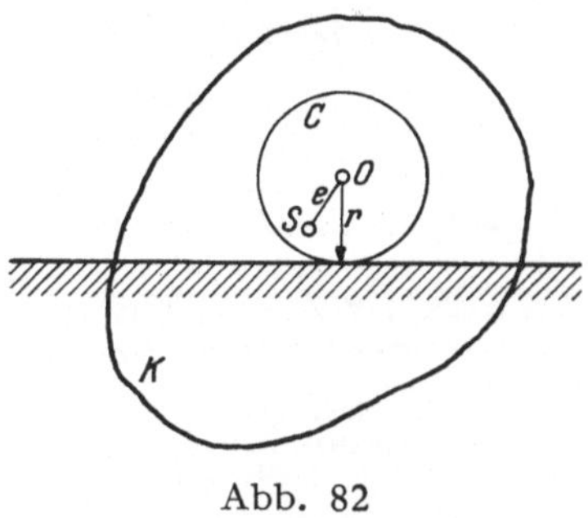

Abb. 82

3. Eine Halbkugel vom Gewichte G und Halbmesser r, die auf glatter waagrechter Unterlage ruht, wird durch einen Faden in der geneigten Lage a

erhalten (Abb. 83). Nun werde der Faden durchschnitten. Zeige, daß während der nun einsetzenden Schwingung der Halbkugel ihr Mittelpunkt eine größte Geschwindigkeit $\sqrt{\dfrac{135}{166} g r \sin \dfrac{\alpha}{2}}$ erreicht und daß der größte Druck auf die Unterlage gleich $G\left(1 + \dfrac{180}{83} \sin^2 \dfrac{\alpha}{2}\right)$ ist. Beweise, daß bei Annahme eines sehr kleinen Winkels α die Schwingung übereinstimmt mit jener eines mathematischen Pendels von der Länge $\dfrac{83}{120} r$.

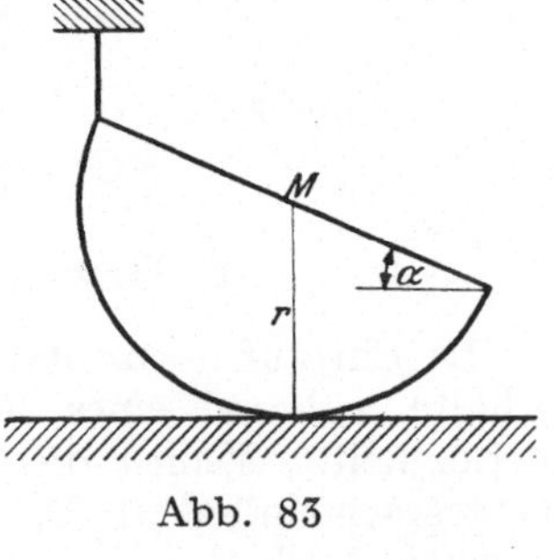

Abb. 83

4. Ein mit dem festen Punkt A durch eine elastische Feder verbundener prismatischer Körper m_1 gleitet auf waagrechter glatter Unterlage und führt unter dem Einflusse einer Kraft $P = P_0 \sin \omega t$ erzwungene Schwingungen aus (Abb. 84). In der zylindrischen Aushöhlung des Gleitkörpers kann sich eine kleine Kugel m_2 reibungsfrei bewegen. Man entwickle die Bewegungsgleichungen dieses Systems und gebe deren Lösung an bei Beschränkung auf die erzwungenen kleinen Schwingungen des Systems um seine Gleichgewichtslage.

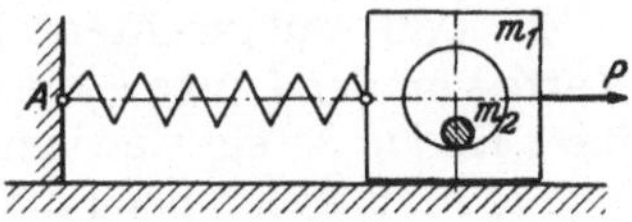

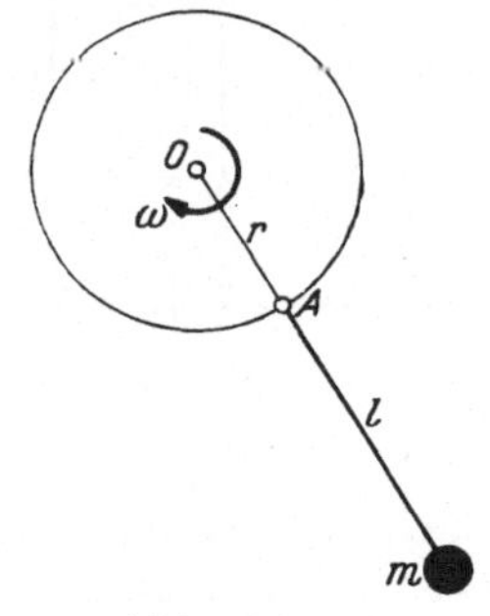

Abb. 84

5. Eine waagrechte Kreisscheibe vom Halbmesser r dreht sich mit konstanter Winkelgeschwindigkeit ω um ihren Mittelpunkt O. Am Umfange ist in A ein Pendel von der Länge l und Masse m befestigt, das auf glatter waagrechter Unterlage liegt und bei konstantem ω in der radialen Lage OA gespannt ist (Abb. 85).

Beweise, daß bei einer kleinen Störung das rotierende Pendel harmonische Schwingungen um die Lage OA ausführt mit der Kreisfrequenz $\omega \sqrt{\dfrac{r}{l} \dfrac{J_0}{J}}$, wo J und J_0 die Trägheitsmomente der Scheibe in O ohne und mit der Masse m bedeuten.

6. Entwickle die Bewegungsgleichungen für die ebenen Schwingungen eines Doppelpendels, das aus dem undehnbaren, gewichtslosen Faden $\overline{OA} = l$ und einem darangehängten Körper besteht, der eine in die Schwingungsebene fallende Hauptebene besitzt.

Abb. 85

Löse die Bewegungsgleichungen für den Fall kleiner Schwingungen.

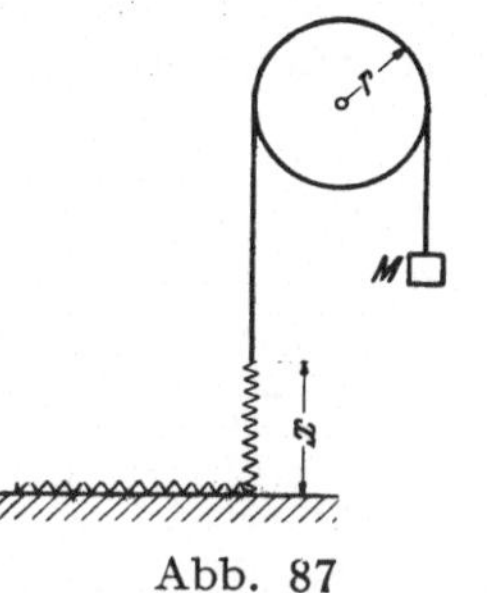

Abb. 86

7. Die in einer lotrechten Ebene hängende Kurbelschwinge OAC, bestehend aus der um O drehbaren Kurbel OA und der durch die Hülse B reibungsfrei gleitenden Schwinge AC führe um ihre Gleichgewichtslage kleine Schwingungen aus (Abb. 86). Man berechne deren Schwingungsdauer, wenn die Schwinge doppelt so lang und doppelt so schwer wie die Kurbel $\overline{OA} = a$ ist und wenn $\overline{OB} = a$ waagrecht liegt.

f) Bewegung veränderlicher Massen

1. Ein auf horizontaler Straße laufender Wagen von der Masse m_0 erhalte während eines Regens den gleichförmigen Massenzufluß k je Zeiteinheit. Wenn c die Widerstandszahl des Wagens und v_0 seine Anfangsgeschwindigkeit ist, soll die Zeit bis zu seinem Stillstande berechnet werden.

2. Auf waagrechtem Boden liegt eine lose aufgehäufte homogene Kette von der Länge l, die je Längeneinheit das Gewicht q hat; an einem ihrer Enden ist ein Gewicht G befestigt. Mit welcher Anfangsgeschwindigkeit v_0 muß dieses nach aufwärts geschleudert werden, damit seine Steighöhe gerade gleich sei der Kettenlänge l? (Vom Luftwiderstand ist abzusehen.)

3. An dem einen Ende eines Fadens, der über eine Rolle mit horizontaler Achse läuft, ist ein Gewicht $G = M\,g$ befestigt, an dem anderen Ende eine ebenso schwere homogene Kette, die zum Teil auf einer horizontalen Ebene aufgehäuft liegt (Abb. 87).

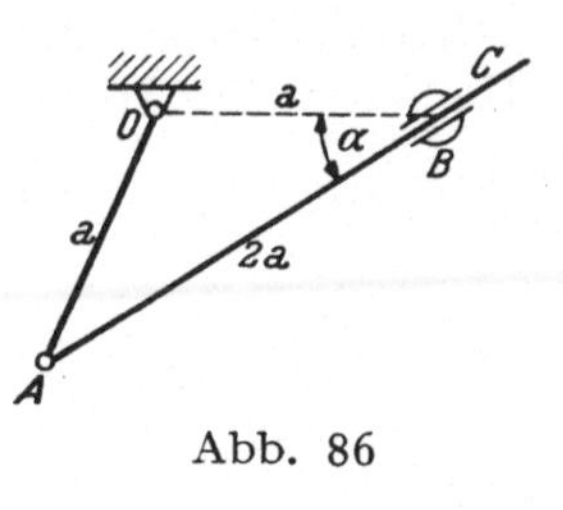

Abb. 87

Ist x die Länge des bereits emporgehobenen Stückes der Kette, so soll die Geschwindigkeit $v\,(x)$ berechnet werden, mit welcher das Gewicht G sich bewegt. (H. Resal.)

(Von der Masse der Rolle ist abzusehen; die Bewegung beginnt aus der Ruhelage.) Wie groß ist v in dem Augenblicke, wo das letzte Glied der Kette von der Länge l den Boden verläßt?

4. Eine Rakete vom Gewichte G_0 werde lotrecht von der Erdoberfläche (Halbmesser r) abgefeuert. Es sei angenommen, daß die Abgase des verbrennenden Treibmittels mit konstanter Geschwindigkeit w relativ zur Rakete abströmen und daß die Beschleunigung der Rakete während des Verbrennungsvorganges konstant gleich dem a-fachen der Erdbeschleunigung g gehalten werde.

Auf welchen Bruchteil hat sich nach Ablauf der Zeit t das Raketengewicht G_0 vermindert? (O. v. Eberhard.)

Der Luftwiderstand bleibe unberücksichtigt.

5. Ein zylindrisches Gefäß mit lotrechter Achse, das durch einen Arm AS mit der lotrechten Welle OA starr verbunden sei, rotiere um diese mit ω_0 (Abb. 88). Von dem Augenblicke an, da die Masse im Gefäße m_0 ist, erhalte es von außen her in lotrechter Richtung eine über den konstanten Querschnitt F des Gefäßes gleichförmige Zuströmung, die je Zeiteinheit eine konstante Massenzunahme a bewirkt. Welche Winkelgeschwindigkeit besitzt dann das Gefäß zur Zeit t?

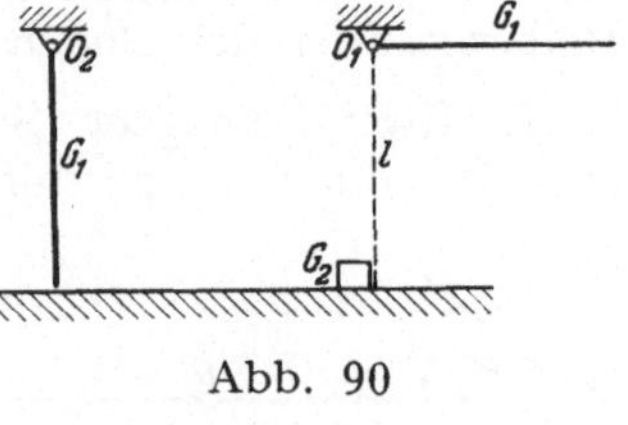

Abb. 88

6. In der vorstehenden Aufgabe verringere sich die im Gefäß enthaltene Masse m_0 infolge einer an der Stelle S befindlichen Bodenöffnung gleichmäßig um a je Zeiteinheit; mit welcher Winkelgeschwindigkeit dreht es sich dann zur Zeit t?

7. Um eine in O drehbar gelagerte Seiltrommel vom Halbmesser r ist ein absolut biegsames Seil von der Länge l gewickelt, dessen Ende B bei Beginn der Bewegung eine horizontale Ebene berührt; q ist das Gewicht der Längeneinheit des Seiles (Abb. 89).

Wie groß ist die Geschwindigkeit des Seiles, wenn es sich um die Länge h an der Trommel abgewickelt hat?

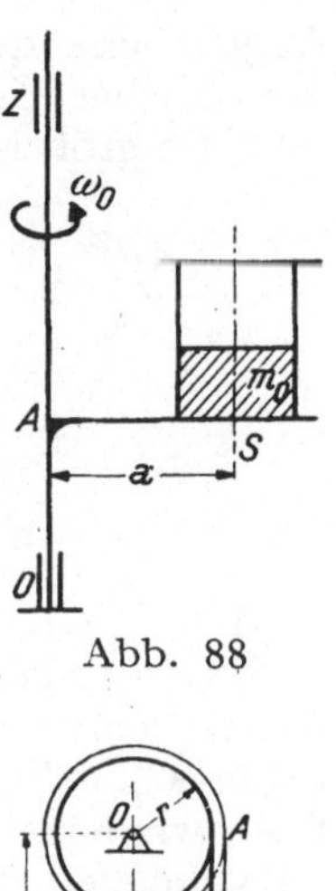

Abb. 89

g) Stoß und plötzliche Fixierungen

1. Ein an seinem oberen Ende um ein festes Gelenk drehbarer und lotrecht herabhängender homogener Stab von der Masse m_2 wird am unteren Ende durch eine Kugel von der Masse m_1 in waagrechter Richtung gestoßen. Wie groß muß bei vollkommen elastischem Stoße m_2/m_1 sein, damit die Kugel mit der halben Ankunftsgeschwindigkeit zurückpralle?

2. Zwei gleich lange und gleich schwere Stäbe (Länge l, Gewicht G_1) sind um die in gleicher Höhe liegenden festen Enden O_1 und O_2 drehbar. Der eine ist in Ruhe, der andere schwingt aus der horizontalen Lage und stößt an ein Gewicht $G_2 = G_1$, das auf waagrechter glatter Ebene fortgeschleudert wird (Abb. 90). Um welchen

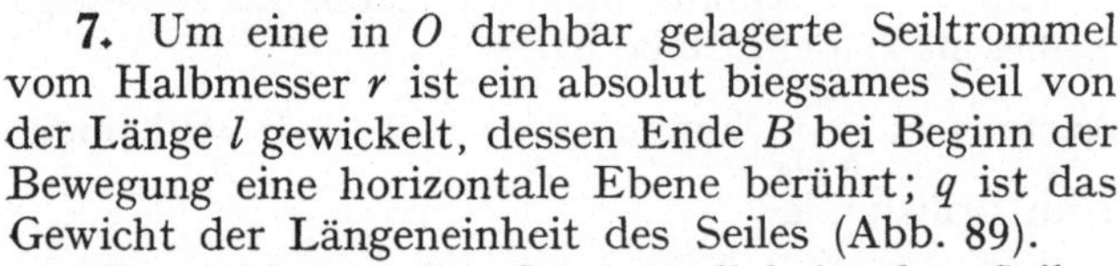

Abb. 90

Winkel schlägt der zweite Stab aus, wenn ε die Stoßzahl ist?

3. Der Massenpunkt m eines nicht gespannten Fadenpendels von der Länge l, das in O festgehalten wird, werde in der Anfangslage, die sich auf der Waagrechten O in der Entfernung $O\,m = a = l/2$ befindet, fallen gelassen (Abb. 91). Welche Stoßreaktion entsteht im Gelenke O im

Augenblicke der vollkommenen Streckung des unelastischen Fadens? Mit welcher Geschwindigkeit schwingt das Pendel durch die Lotrechte und wie groß ist dann die Fadenspannung?

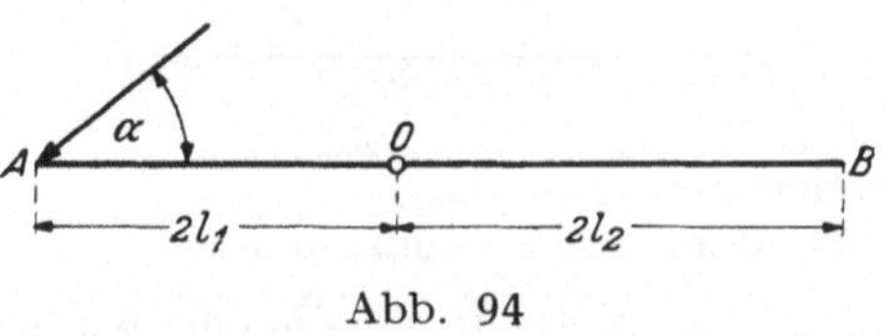

Abb. 91   Abb. 92

4. Eine Kugel von der Masse m_1 wird mit der Geschwindigkeit v_1 senkrecht gegen einen mit der Winkelgeschwindigkeit ω_2 um die lotrechte Achse O rotierenden Stab von der Masse m_2 und Länge l geworfen (Abb. 92). Wenn ε die Stoßzahl ist, soll berechnet werden, mit welcher Geschwindigkeit die Kugel zurückprallt und wie groß die Winkelgeschwindigkeit des Stabes nach dem Stoße ist.

Bei welchem Werte von $\dfrac{v_1}{a\,\omega_2}$ kommt der Stab bei vollkommen elastischem Stoße zum Stillstande?

5. Ein Ball vom Halbmesser a und der Stoßziffer ε treffe auf einen waagrechten Boden, dessen Rauhigkeit ein Gleiten verhindere (Abb. 93).

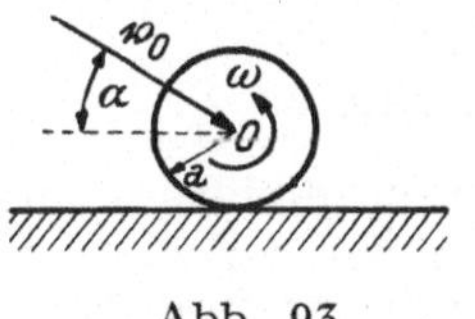

Abb. 93

Unmittelbar vor seinem Auftreffen drehe sich der Ball um eine waagrechte Achse durch den Mittelpunkt O mit ω und dieser habe die Geschwindigkeit v_0. Wie groß muß $\dfrac{a\,\omega}{v_0}$ sein, damit der Ball entgegengesetzt der Richtung von v_0 zurückspringe? Welcher Bedingung muß die Reibungsziffer f des Bodens genügen?

6. Berechne in der vorstehenden Aufgabe die Winkelgeschwindigkeit und Schwerpunktsgeschwindigkeit des Balles nach dem Stoße, wenn die Reibungsziffer des Bodens kleiner als $\operatorname{ctg}\alpha$ ist.

7. Zwei homogene Stäbe mit den Längen $\overline{AO} = 2\,l_1$, $\overline{OB} = 2\,l_2$ und den ihnen proportionalen Massen m_1, m_2 sind in O gelenkig verbunden und liegen in gestreckter Lage auf einem glatten Tische (Abb. 94).

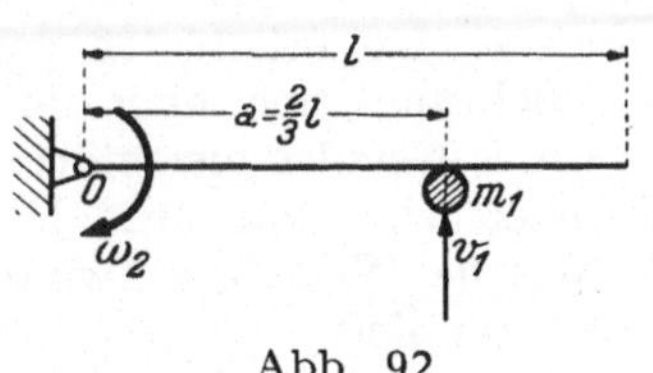

Abb. 94

Wenn das Ende A einen Schrägstoß unter α erfährt, sollen die Geschwindigkeiten der Endpunkte A, B und des Gelenkes O nach Größe und Richtung bestimmt werden.

8. Ein Stab von der Länge l und der Masse m bewege sich auf waagrechtem, glattem Tische mit der Geschwindigkeit v_0 parallel zu seiner

Achse. Er stößt an ein festes Hindernis H, das vom Schwerpunkt S die Entfernung $a = l/4$ hat (Abb. 95). Man berechne für unelastischen Stoß die Winkelgeschwindigkeit und die Schwerpunkts geschwindigkeit des Stabes und ermittle die feste und bewegliche Polkurve der darauffolgenden Stabbewegung.

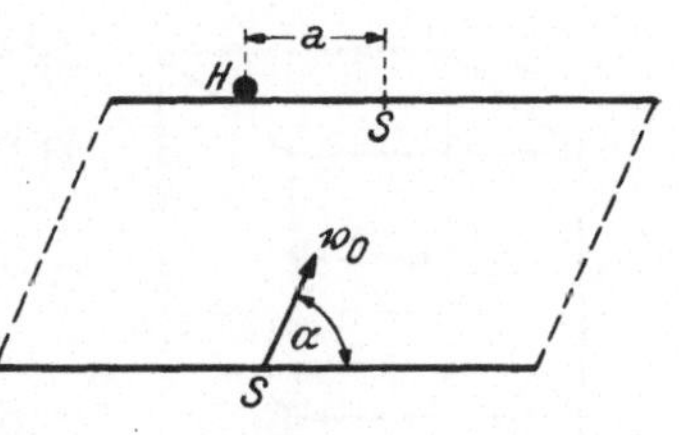

Abb. 95

9. Ein Würfel von der Kantenlänge a und der Masse M ist durch einen dünnen Stiel von der Länge l und Masse m in O drehbar aufgehängt. Es ist $a = l/4$ und $M = 4\,m$ (Abb. 96). Wo muß das Pendel gestoßen werden, damit der Punkt O stoßfrei bleibe?

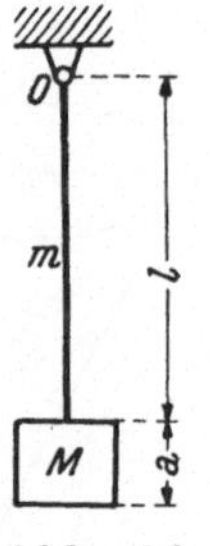

Abb. 96

10. Eine dreiseitige Platte ABC von der Masse m_2 ist um ihre waagrechte Grundlinie AB drehbar und hängt mit der Spitze C nach unten. Sie wird in halber Höhe von einer Kugel m_1 mit der Geschwindigkeit v_1 senkrecht zur Plattenebene getroffen. Wie groß muß v_1 mindestens sein, damit bei einer Stoßzahl ε die Platte eine volle Umdrehung um AB mache?

11. Eine beliebig umrandete Scheibe von der Masse m und dem Schwerpunkte S drehe sich in ihrer Ebene mit ω_A um den festen Punkt A. Plötzlich wird der Punkt A freigegeben und ein Umfangspunkt B des über $\overline{AS}$ als Durchmesser beschriebenen Kreises festgehalten (Abb. 97). Beweise, daß dann die Scheibe um B mit unveränderter Winkelgeschwindigkeit rotiert. Welche Stoßreaktion entsteht in B?

12. Eine Scheibe von der Masse m drehe sich um die in ihrer Ebene liegende feste Achse x mit der Winkelgeschwindigkeit ω_x (Abb. 98). Wenn diese plötzlich freigegeben und die Scheibe in einer Achse

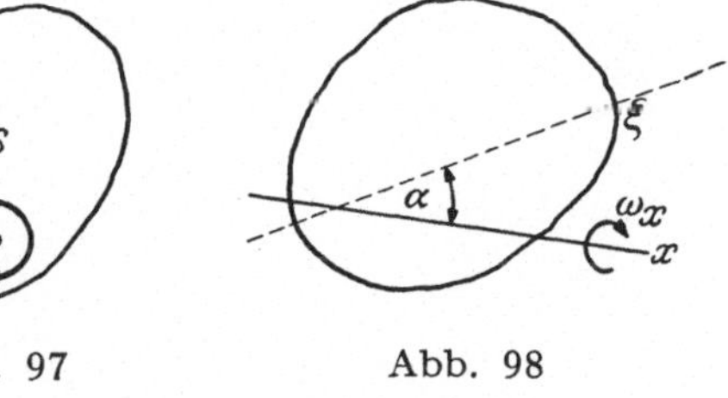

Abb. 97 Abb. 98

ξ festgehalten wird, welche mit der ersteren in der Scheibenebene unter α geneigt liegt, soll die Winkelgeschwindigkeit der Drehung um die neue Achse bestimmt werden.

13. Eine Scheibe von der Form eines gleichseitigen Dreieckes drehe sich um eine ihrer Seiten mit ω_x. Wenn sie plötzlich in einer der anderen Seiten festgehalten wird, sinkt ihre Winkelgeschwindigkeit auf den halben Wert. Man beweise dies.

14. Ein rechtwinkliges Parallelepiped mit der Masse m bewegt sich mit der Geschwindigkeit v in Richtung der Kante AO

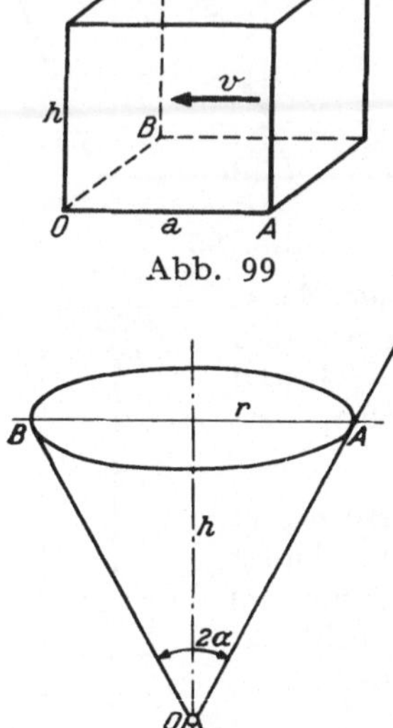

Abb. 99

Abb. 100

(Abb. 99). Wie groß ist v mindestens, wenn der Block bei plötzlicher Festhaltung der Kante OB gerade noch um diese überzukippen vermag? Welche Stoßwirkung hat die Achse OB aufzunehmen?

15. Ein in seiner Spitze O gelagerter gerader Kreiskegel drehe sich um die feste Erzeugende OA und beginne seine Bewegung mit ω_0 aus der gezeichneten Anfangslage, in welcher $\overline{AB} = 2r$ horizontal ist (Abb. 100). Wenn dabei die Erzeugende OB ihre tiefste Lage $O(B)$ erreicht hat, werde die Festhaltung bei A plötzlich gelöst und die Achse $O(B)$ festgehalten. Mit welcher Winkelgeschwindigkeit setzt er seine Drehung um die neue Drehachse fort und welche Geschwindigkeit hat der Punkt A bei Eintreffen in seiner ursprünglichen Lage?

Für welchen Öffnungswinkel 2α steht der Kegel im Augenblicke der Festhaltung der Achse $O(B)$ still?

Lösungen

I. Kinematik der ebenen Systembewegung

a) Freies System

1. a) *Der Geschwindigkeitszustand.* Die freie ebene Systembewegung besitzt drei Freiheitsgrade: Schiebung des starren ebenen Systems E parallel zu einer Ebene E_0 und Drehung um eine zu E_0 senkrechte Achse.

Ist $\mathfrak{v}$ der allen Systempunkten gemeinsame Vektor der Schiebungsgeschwindigkeit, $\mathfrak{w}$ der Drehvektor für die durch den Punkt D gehende Drehachse, wobei D in bezug auf den festen Aufpunkt O durch $\overrightarrow{OD} = \mathfrak{r}_D$ festgelegt ist, so gilt für die Geschwindigkeit $\mathfrak{v}_A$ eines beliebigen Systempunktes A mit $\overrightarrow{OA} = \mathfrak{r}_A$

$$\mathfrak{v}_A = \mathfrak{v} + \mathfrak{w} \times (\mathfrak{r}_A - \mathfrak{r}_D). \tag{a}$$

Der durch $\mathfrak{v}_P = 0$ ausgezeichnete Systempunkt P ist daher wegen

$$0 = \mathfrak{v} + \mathfrak{w} \times (\mathfrak{r}_P - \mathfrak{r}_D) \tag{b}$$

bestimmt durch den Ortsvektor $\overrightarrow{OP} = \mathfrak{r}_P = \mathfrak{r}_D + \dfrac{\mathfrak{w} \times \mathfrak{v}}{\omega^2}$ mit $\omega = |\mathfrak{w}|$.

Durch Elimination von $\mathfrak{v}$ aus (a) und (b) entsteht

$$\mathfrak{v}_A = \mathfrak{w} \times (\mathfrak{r}_A - \mathfrak{r}_P), \tag{c}$$

das heißt das System führt als Ergebnis der gleichzeitigen Schiebung und Drehung um D eine augenblickliche Drehung um die durch den Drehpol P (Momentanzentrum) gelegte Drehachse $\mathfrak{w}$ aus. Die Aufeinanderfolge der Drehpole P in der festen Ebene E_0 bildet die feste Polbahn (Rastpolbahn k_r), während der Ort aller in der bewegten Ebene E liegenden Punkte, die im Laufe der Bewegung zu Drehpolen werden, die bewegliche Polbahn k_g (Gangpolbahn) ist.

Die ebene Bewegung besteht daher in dem gleitungslosen Abrollen von k_g auf k_r; der jeweilige Berührungspunkt ist der momentane Drehpol P.

Nennt man $\mathfrak{e}$ den Einheitsvektor in der Richtung $\mathfrak{w}$, so daß $\mathfrak{w} = \mathfrak{e}\,\omega$, so wird nach (c) die als reine Strecke dargestellte („reduzierte") Geschwindigkeit

$$\frac{\mathfrak{v}_A}{\omega} = \mathfrak{e} \times (\mathfrak{r}_A - \mathfrak{r}_P);$$

mit $\mathfrak{a} = \mathfrak{r}_A - \mathfrak{r}_P$ bedeutet $\mathfrak{e} \times \mathfrak{a} = \hat{\mathfrak{a}}$ den Quervektor von $\mathfrak{a}$ (um $\pi/2$ im Sinne von ω gedrehter Vektor $\mathfrak{a}$), so daß

$$\frac{\mathfrak{v}_A}{\omega} = \hat{\mathfrak{a}}$$

und analog $\mathfrak{v}_B/\omega = \hat{\mathfrak{b}}$, woraus

$$\mathfrak{v}_B = \mathfrak{v}_A + \omega\,(\hat{\mathfrak{b}} - \hat{\mathfrak{a}}) = \mathfrak{v}_A + \mathfrak{v}_{BA},$$

wo $\mathfrak{v}_{BA} \perp \overline{BA}$ die Geschwindigkeit der relativen Drehung von B um die in A angesetzte Drehachse $\mathfrak{w}$ angibt. Trägt man von einem beliebigen Nullpunkt o die reduzierten Geschwindigkeiten der Systempunkte auf

$$\left(\frac{\mathfrak{v}_A}{\omega} = \overrightarrow{o\,a}, \quad \frac{\mathfrak{v}_B}{\omega} = \overrightarrow{o\,b}\,\ldots\right),$$

so ist daher der so entstehende Geschwindigkeitsplan $a, b, \ldots$ ähnlich der Figur der Systempunkte $A, B, \ldots$ und gegenüber dieser um $\pi/2$ im Sinne von ω gedreht.

Ebenso ist die Figur der Endpunkte der in den Systempunkten A, $B, \ldots$ angesetzten und um $\pi/2$ gedrehten Geschwindigkeiten (der „senkrechten" Geschwindigkeiten) ähnlich zur Figur der Systempunkte; das Ähnlichkeitszentrum beider Figuren liegt im Drehpole P.

b) *Der Beschleunigungszustand.* Aus (c) ergibt sich die Beschleunigung $\mathfrak{b}_A$ eines beliebigen Systempunktes A zu

$$\mathfrak{b}_A = \dot{\mathfrak{v}}_A = \mathfrak{w} \times (\dot{\mathfrak{r}}_A - \dot{\mathfrak{r}}_P) + \dot{\mathfrak{w}} \times (\mathfrak{r}_A - \mathfrak{r}_P);$$

mit

$$\dot{\mathfrak{r}}_A = \mathfrak{v}_A = \omega\,\hat{\mathfrak{a}}, \qquad \dot{\mathfrak{w}} = e\,\dot{\omega},$$

wo $\dot{\omega}$ die Winkelbeschleunigung angibt und mit $\mathfrak{w} = e\,\omega$ wird

$$\mathfrak{b}_A = \omega^2\, e \times \hat{\mathfrak{a}} + \dot{\omega}\, e \times \mathfrak{a} - \omega\, e \times \dot{\mathfrak{r}}_P.$$

Da aber $e \times \mathfrak{a} = \hat{\mathfrak{a}}$ und $e \times \hat{\mathfrak{a}} = -\mathfrak{a}$, so kommt schließlich

$$\mathfrak{b}_A = -\omega^2\, \mathfrak{a} + \dot{\omega}\,\hat{\mathfrak{a}} - \omega\, e \times \dot{\mathfrak{r}}_P. \tag{d}$$

Hierin bedeutet $\dot{\mathfrak{r}}_P$ die Änderung des Vektors $\mathfrak{r}_P$ im zweiten Zeitelemente, in welchem der im ersten Zeitelemente ruhende Drehpol P in die unendlich benachbarte Lage P' übergeht.

Hiebei gibt der Punkt P seine Rolle als Drehpol an P' ab und es ist daher $\dot{\mathfrak{r}}_P$ die Geschwindigkeit dieses Rollenwechsels, die sogenannte „Wechselgeschwindigkeit", welche die Richtung der Tangente an die feste Polbahn k_r hat.

Die Beschleunigung $\mathfrak{b}_P$ des Drehpoles wird aus (d) mit $\mathfrak{a} = 0$

$$\mathfrak{b}_P = -\omega\, e \times \dot{\mathfrak{r}}_P,$$

daher wird die Wechselgeschwindigkeit

$$\dot{\mathfrak{r}}_P = \frac{e \times \mathfrak{b}_P}{\omega} = \frac{\hat{\mathfrak{b}}_P}{\omega} \tag{e}$$

und steht somit senkrecht auf $\mathfrak{b}_P$; ferner ist

$$\mathfrak{b}_A = \mathfrak{b}_P - \omega^2\, \mathfrak{a} + \dot{\omega}\,\hat{\mathfrak{a}}. \tag{f}$$

Ebenso gilt für die Beschleunigung eines anderen Systempunktes B

$$\mathfrak{b}_B = \mathfrak{b}_P - \omega^2\, \mathfrak{b} + \dot{\omega}\,\hat{\mathfrak{b}}$$

und es besteht daher zwischen den Beschleunigungen zweier Systempunkte die Beziehung

$$\mathfrak{b}_B = \mathfrak{b}_A - \omega^2\,(\mathfrak{b} - \mathfrak{a}) + \dot{\omega}\,(\hat{\mathfrak{b}} - \hat{\mathfrak{a}}). \tag{g}$$

Der Beschleunigungszustand der ebenen Systembewegung ist demnach durch ω, $\dot\omega$ und durch die Beschleunigung eines beliebigen Systempunktes bestimmt.

Aus (g) folgt $\qquad \mathfrak{b}_B = \mathfrak{b}_A + \mathfrak{b}_{BA}$,

wo $\mathfrak{b}_{BA}$ die Beschleunigung der relativen Bewegung von B gegen A angibt, die nach (g) in die Zentripetalbeschleunigung und Tangentialbeschleunigung zerlegt erscheint und mit $\overrightarrow{A\,B}$ den Winkel $\pi - \beta$ einschließt, der durch $\operatorname{tg}\beta = \dot\omega/\omega^2$ bestimmt ist.

Der Beschleunigungspol G ist jener Systempunkt, dessen Beschleunigung verschwindet; ist $\mathfrak{r}_G$ sein Ortsvektor bezüglich O, so gilt mit $\overrightarrow{P\,G} = \mathfrak{g} = \mathfrak{r}_G - \mathfrak{r}_P$ gemäß (f):

$$\mathfrak{b}_G = 0 = \mathfrak{b}_P - \omega^2\,\mathfrak{g} + \dot\omega\,\hat{\mathfrak{g}}$$

und daher im Vereine mit (f)

$$\mathfrak{b}_A = -\omega^2\,(\mathfrak{a} - \mathfrak{g}) + \dot\omega\,(\hat{\mathfrak{a}} - \hat{\mathfrak{g}}). \tag{h}$$

Hienach verteilen sich die Beschleunigungen um den Pol G so, als wenn sich das System um diesen festgehalten gedachten Punkt mit ω und $\dot\omega$ drehen würde.

Mit $\overrightarrow{G\,A} = \mathfrak{a} - \mathfrak{g} = \mathfrak{s}_A$ und $|\mathfrak{s}_A| = s_A$ wird

$$|\mathfrak{b}_A| = b_A = s_A \sqrt{\omega^4 + \dot\omega^2}$$

und es ist $\mathfrak{b}_A$ gegen $\mathfrak{s}_A$ unter $\pi - \beta$ geneigt.

Um die Beschleunigungen als reine Strecken darzustellen, verwendet man die durch ω^2 dividierten „reduzierten" Beschleunigungen; hiemit wird

$$\frac{\mathfrak{b}_A}{\omega^2} = -\mathfrak{s}_A + \operatorname{tg}\beta\,\hat{\mathfrak{s}}_A. \tag{i}$$

Setzt man in einem beliebigen Nullpunkt π die Beschleunigungen der Systempunkte nach Größe und Richtung an

$$(\overrightarrow{\pi\,a} = \mathfrak{b}_A, \quad \overrightarrow{\pi\,\beta} = \mathfrak{b}_B, \ldots),$$

so ist der so entstehende Beschleunigungsplan a, $\beta \ldots$ ähnlich der Figur der Systempunkte $A\,B$ .. und gegenüber dieser um $\pi - \beta$ im Sinne von ω gedreht. Dem Nullpunkt π entspricht im bewegten System der Beschleunigungspol G.

Mit $A \equiv P$ wird die reduzierte Polbeschleunigung $\dfrac{\mathfrak{b}_P}{\omega^2} = -\mathfrak{s}_P + \operatorname{tg}\beta\,\hat{\mathfrak{s}}_P$

und wegen $\mathfrak{s}_P = -\mathfrak{g}$:

$$\frac{\mathfrak{b}_P}{\omega^2} = \mathfrak{g} - \operatorname{tg}\beta\,\hat{\mathfrak{g}}. \tag{j}$$

In der Spitze des reduzierten Beschleunigungsvektors $\mathfrak{b}_P/\omega^2$ liegt der Wendepol J; alle Systempunkte ohne Normalbeschleunigung liegen auf dem über $\overline{P\,J}$ als Durchmesser geschlagenen Wendekreise, der die Polbahntangente in P berührt.

(Beweis in Aufg. 4.)

2. Zeichnet man das zu $\mathfrak{b}_B = \mathfrak{b}_A + \mathfrak{b}_{BA}$ gehörige Beschleunigungsdreieck (Abb. 101), so schließt $\mathfrak{b}_{BA}$ mit BA den Beschleunigungswinkel β ein; ebenso bilden die Vektoren $\mathfrak{b}_A$ und $\mathfrak{b}_B$ mit den von A und B zum Beschleunigungspol G gezogenen Strahlen AG und BG den Winkel β. Hienach können diese Strahlen durch Winkelübertragung gezeichnet werden, in derem Schnitte der Beschleunigungspol G liegt. Da die Beschleunigung eines Systempunktes proportional mit der Entfernung vom Pole G ist, so hat der Fußpunkt C des Lotes von G auf $A B$ die kleinste Beschleunigung, deren Vektorspitze auf der Verbindungslinie der Vektorspitzen $\mathfrak{b}_A$ und $\mathfrak{b}_B$ liegt. Da $\dfrac{b_C}{b_{BA}} = \dfrac{\overline{GC}}{\overline{BA}}$, so kann b_C auch gefunden werden, indem auf $A B$ ein Punkt C_1 durch $\overline{A C_1} = \overline{GC}$ bestimmt und die Parallele $\overline{C_1 C_2}$ zu $B\,(B)$ bis zum Schnitte mit $(B)\,A$ gezogen wird; dann ist $\overline{C_1 C_2} = b_C$, wie aus der Ähnlichkeit der Dreiecke $A B\,(B)$ und $A C_1 C_2$ hervorgeht.

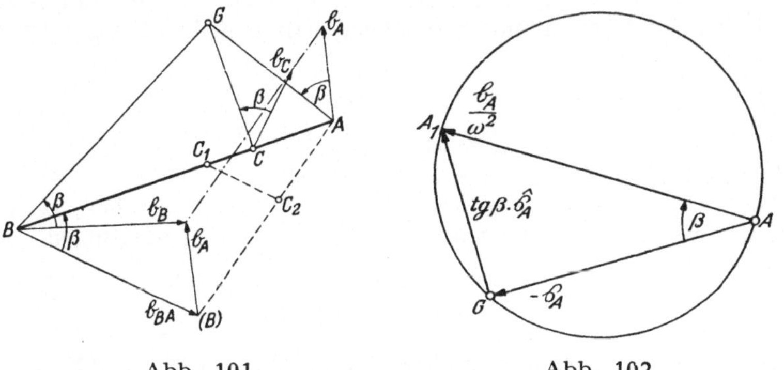

Abb. 101   Abb. 102

3. a) Der Beweis folgt unmittelbar aus Gl. (i) der Aufg. 1, durch welche die reduzierte Beschleunigung in die zueinander senkrechten Komponenten $-\mathfrak{s}_A$ und $\mathrm{tg}\,\beta\;\hat{\mathfrak{s}}_A$ zerlegt ist (Abb. 102).

b) Bezeichnen $A_1 B_1$ die Vektorspitzen von $\mathfrak{b}_A/\omega^2$ und $\mathfrak{b}_B/\omega^2$, so ist

$$\overrightarrow{A_1 B_1} = (\hat{\mathfrak{s}}_B - \hat{\mathfrak{s}}_A)\,\mathrm{tg}\,\beta;$$

und da $\overrightarrow{A B} = \mathfrak{s}_B - \mathfrak{s}_A$, so folgt, daß die Gerade $A_1 B_1$ des Beschleunigungsplanes und die entsprechende Gerade $A B$ des Systems zueinander orthogonal sind und daß die Beschleunigungsfigur zur Systemfigur ähnlich ist. Die bei Verwendung der reduzierten Beschleunigungen erzielte Orthogonalität der beiden Figuren vereinfacht die Konstruktion der ähnlichen Beschleunigungsfigur, da das Übertragen von Winkeln überflüssig wird.

4. Da die Normale der Bahn des Systempunktes A mit $P A$ zusammenfällt, so ist dessen Normalbeschleunigung gleich $\mathfrak{b}_A \cdot \mathfrak{a}/a$.

Mit $\mathfrak{b}_A/\omega^2 = -\mathfrak{s}_A + \hat{\mathfrak{s}}_A \operatorname{tg}\beta$ und wegen $\mathfrak{a} = \mathfrak{g} + \mathfrak{s}_A$ wird

$$\mathfrak{b}_A \cdot \frac{\mathfrak{a}}{a} = \frac{\omega^2}{a}\,[(\mathfrak{g}-\mathfrak{a})\cdot\mathfrak{a} + (\hat{\mathfrak{a}}-\hat{\mathfrak{g}})\cdot\mathfrak{a}\operatorname{tg}\beta].$$

Da $\mathfrak{a}\cdot\hat{\mathfrak{a}} = 0$ und $\mathfrak{g} - \hat{\mathfrak{g}}\operatorname{tg}\beta = \overrightarrow{PJ}$ ($J =$ Wendepol), so entsteht

$$\mathfrak{b}_A \cdot \frac{\mathfrak{a}}{a} = \frac{\omega^2}{a}\,(\overrightarrow{PJ}\cdot\mathfrak{a} - a^2).$$

Bezeichnet in Abb. 103 W den Fußpunkt der Normalen aus J auf den Polstrahl PA (den Wendepunkt), so wird $\overrightarrow{PJ}\cdot\mathfrak{a}/a = \overline{PW}$ und es ergibt sich die reduzierte Normalbeschleunigung n_A/ω^2 des Punktes A zu

$$\frac{n_A}{\omega^2} = \frac{\mathfrak{b}_A}{\omega^2}\cdot\frac{\mathfrak{a}}{a} = \overline{PW} - a = \overline{AW}.$$

Die Gerade WJ geht daher durch die Spitze des reduzierten Beschleunigungsvektors von A.

Für alle Systempunkte mit konstanter Normalbeschleunigung c müssen daher die Entfernungen von den zugehörigen Wendepunkten W den konstanten Wert c/ω^2 haben; da aber die Punkte W auf dem Wendekreis liegen, so ist der gesuchte Ort eine Konchoide mit Kreisbasis (Pascalsche Schnecke) mit dem Doppelpunkte P, die im Sonderfalle $c = 0$ in den Wendekreis übergeht, welcher daher der Ort der Systempunkte mit verschwindender Normalbeschleunigung ist.

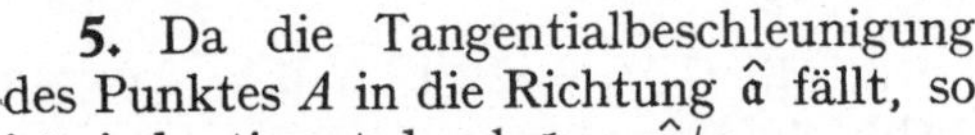

Abb. 103

Bezeichnet ϱ den Krümmungshalbmesser $\overline{A\Omega_A}$ der Bahn des Punktes A, so ist $\omega^2\,\overline{AW} = v_A{}^2/\varrho$ oder wegen $v_A = a\,\omega$

$$\overline{AW}\cdot\overline{A\Omega_A} = a^2.$$

Hienach kann Ω_A nach W. Schell in folgender Art konstruiert werden: Errichte in P die Senkrechte zu PA bis zum Schnitte Q mit AJ und ziehe die Parallele $Q\Omega_A$ zu PJ; sie schneidet AP im Punkte Ω_A.

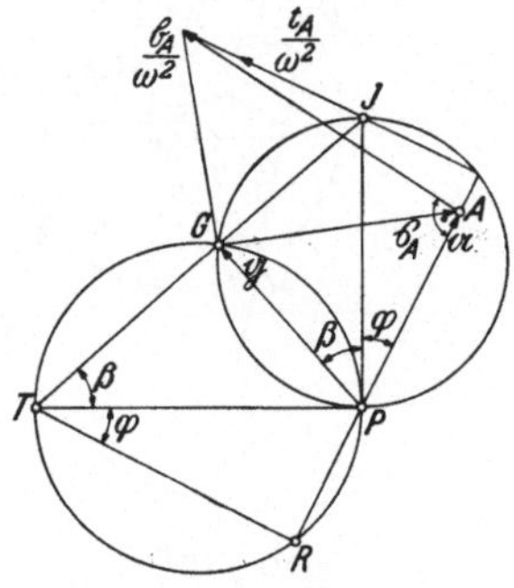

5. Da die Tangentialbeschleunigung des Punktes A in die Richtung $\hat{\mathfrak{a}}$ fällt, so ist sie bestimmt durch $\mathfrak{b}_A \cdot \hat{\mathfrak{a}}/a$.

Mit $\mathfrak{b}_A/\omega^2 = -\mathfrak{s}_A + \hat{\mathfrak{s}}_A\operatorname{tg}\beta$ und wegen $\mathfrak{a}\cdot\hat{\mathfrak{a}} = 0$ ergibt sich für die reduzierte Tangentialbeschleunigung von A (Abb. 104)

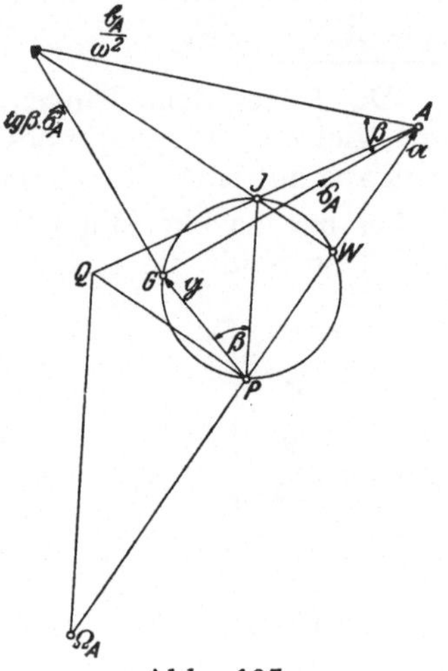

Abb. 104

$$\frac{t_A}{\omega^2} = \frac{\mathfrak{b}_A}{\omega^2} \cdot \frac{\hat{\mathfrak{a}}}{a} = \overrightarrow{PJ} \cdot \frac{\hat{\mathfrak{a}}}{a} + a\,\mathrm{tg}\,\beta$$

oder wegen $\overline{PJ} = \overline{PT}\,\mathrm{tg}\,\beta$ $(T = \text{Tangentialpol})$

$$\frac{t_A}{\omega^2} = a\,\mathrm{tg}\,\beta + \overline{PT}\,\mathrm{tg}\,\beta\,\sin\varphi, \quad \text{wo} \quad \varphi = \sphericalangle JPA.$$

Aus dem Tangentialkreise entnimmt man aber $\overline{PR} = \overline{PT}\sin\varphi$, so daß schließlich

$$\frac{t_A}{\omega^2} = \overline{AR}\,\mathrm{tg}\,\beta \quad \text{oder mit} \quad \mathrm{tg}\,\beta = \frac{\dot\omega}{\omega^2}$$

$t_A = \overline{AR}\,\dot\omega$ wird.

Da R auf dem Tangentialkreise liegt, so liegen die Systempunkte mit gleicher Tangentialbeschleunigung c wie in der vorhergehenden Aufgabe auf einer Konchoide mit Kreisbasis und dem Doppelpunkte P; hiebei hat das konstant bleibende Zwischenstück $\overline{RA}$ zwischen Kreis und Konchoide die Länge $c/\dot\omega$.

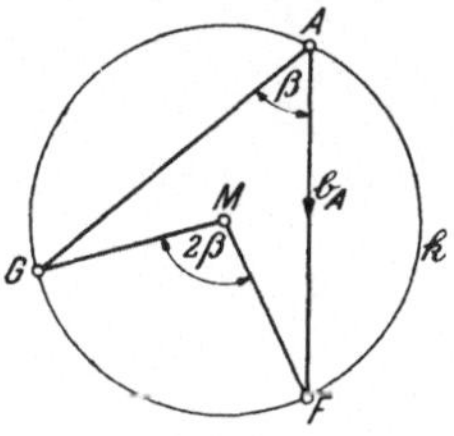

6. Da die Beschleunigung eines Systempunktes A mit dem zum Beschleunigungspole G gezogenen Strahle GA den für alle Systempunkte gleichen Beschleunigungswinkel β einschließt, so liegen die gesuchten Punkte auf dem die Punkte G und F enthaltenden Kreise k mit dem Mittelpunkte M, wo nach Abb. 105

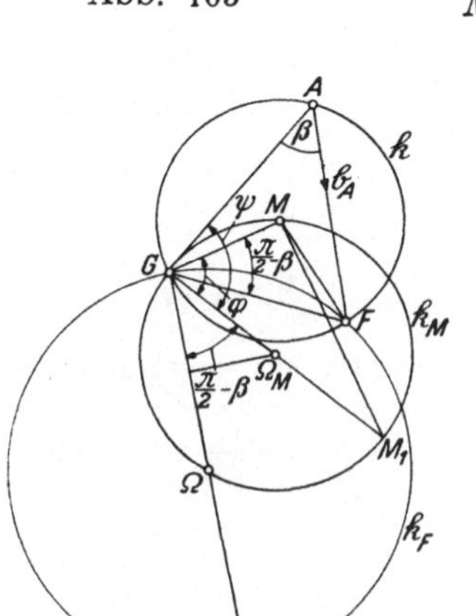

Abb. 105

$$\overline{MG} = \overline{MF} = \frac{\overline{GF}}{2\sin\beta} \quad \text{und} \quad \sphericalangle GMF = 2\,\beta.$$

7. Da $\overline{GM} = \dfrac{1}{2\sin\beta}\,\overline{GF}$ und Winkel FGM konstant gleich $\pi/2 - \beta$ bleibt, so ist der Ort der Mittelpunkte M eine zu k_F ähnliche Kurve (Ähnlichkeitszentrum G), die gegenüber k_F um $\pi/2 - \beta$ im Sinne von ω gedreht ist, also ein Kreis k_M; sein Mittelpunkt Ω_M liegt im Schnitte der Symmetralen von $\overline{G\Omega}$ mit dem freien Schenkel des an $G\Omega$ gelegten Winkels $\pi/2 - \beta$ (Abb. 106).

8. Mit $\overline{GM_1} = 2\,a$ ist $\overline{GM} = 2\,a\cos\varphi$ (Abb. 106).

Die Polargleichung des Kreises k in bezug auf den Pol G und die Polarachse GM_1 lautet mit dem Polwinkel $M_1GA = \psi$

Abb. 106

$$\overline{GA} = r = 2\,\overline{GM}\cos(\psi - \varphi) = 4\,a\cos\varphi\cos(\psi - \varphi). \qquad \text{(a)}$$

Somit ist

$$f(r,\psi,\varphi) = r - 4\,a\cos\varphi\cos(\psi-\varphi) = 0$$

mit veränderlichem Parameter φ die Polargleichung des Büschels der Kreise k.

Setzt man $\partial f/\partial\varphi = 0$, so folgt $\sin(\psi-2\varphi) = 0$, daher

$$\varphi = \frac{\psi - n\pi}{2} \quad (n \text{ ganze Zahl}).$$

Damit liefert (a):

$$r = 4\,a\cos\frac{\psi - n\pi}{2}\cos\frac{\psi + n\pi}{2} \quad\text{oder}\quad r = 2\,a\,(\cos\psi \pm 1),$$

das ist die Polargleichung einer Kardioide mit k_M als Basiskreis und dem Beschleunigungspole G als Spitze.

9. Sind $\mathfrak{s}_A$, $\mathfrak{s}_M$, $\mathfrak{s}_N$ die Ortsvektoren von A, M, N bezüglich des Beschleunigungspoles G, so daß $\overrightarrow{AM} = \mathfrak{s}_M - \mathfrak{s}_A$ und $\overrightarrow{NA} = \mathfrak{s}_A - \mathfrak{s}_N$, so soll der Angabe gemäß folgende Zerlegung von $\mathfrak{b}_A$ gelten

$$\frac{\mathfrak{b}_A}{\omega^2} = (\mathfrak{s}_M - \mathfrak{s}_A) + \operatorname{tg}\beta\,(\hat{\mathfrak{s}}_A - \hat{\mathfrak{s}}_N).$$

Andererseits ist

$$\frac{\mathfrak{b}_A}{\omega^2} = -\,\mathfrak{s}_A + \operatorname{tg}\beta\,\hat{\mathfrak{s}}_A,$$

so daß folgt

$$\mathfrak{s}_M - \operatorname{tg}\beta\,\hat{\mathfrak{s}}_N = 0;$$

die vektorielle Produktbildung mit $\mathfrak{e}$ liefert wegen

$$\mathfrak{e}\times\mathfrak{s}_M = \hat{\mathfrak{s}}_M \quad\text{und}\quad \mathfrak{e}\times\hat{\mathfrak{s}}_N = -\mathfrak{s}_N$$

folgende lineare Zuordnung des Punktes N zu M:

$$\mathfrak{s}_N = -\operatorname{ctg}\beta\,\hat{\mathfrak{s}}_M, \qquad (a)$$

wo $\operatorname{tg}\beta = \dot\omega/\omega^2$ den Beschleunigungswinkel β bestimmt.

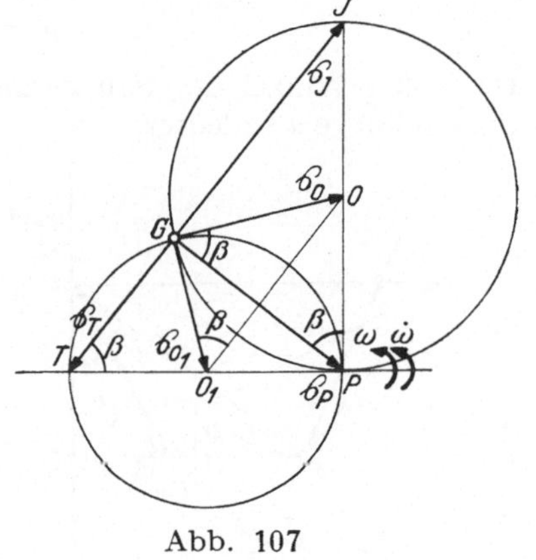

Abb. 107

Sonderlagen.

1. Liegt M im Drehpol P, so wird nach (a) $\mathfrak{s}_N = \overrightarrow{GT}$, daher der Punkt N im Tangentialpole T. (Zerlegung nach A. Schell 1871.)

2. Liegt M im Wendepol J, so wird $\mathfrak{s}_N = \overrightarrow{GP}$, das heißt Punkt N fällt in den Drehpol P (Zerlegung nach M. Grübler 1917).

3. Liegt M im Mittelpunkte O des Wendekreises, für den $\overrightarrow{GO} = \mathfrak{s}_0$, so wird — wie Abb. 107 zeigt — $\mathfrak{s}_N = \overrightarrow{GO_1}$, das heißt Punkt N fällt in den Mittelpunkt O_1 des Tangentialkreises (K. Karas, Z. angew. Math. u. Mech. (24) 1944).

10. Da allen Systempunkten der gleiche Beschleunigungswinkel β zugehört, so wird die gesuchte Kurve e kinematisch dadurch erzeugt, daß ein starrer Winkel $GAE = \beta$ (Abb. 108) mit dem Scheitel A auf der Systemkurve a geführt wird und der Schenkel GA durch den Beschleunigungspol G schleift; der Schenkel AE, in den die Beschleunigung b_A fällt, umhüllt dann die gesuchte Kurve e. Der Drehpol dieser ebenen Bewegung liegt im Schnitte P der Normalen der Kurve a in A mit der Normalen zum Fahrstrahle GA.

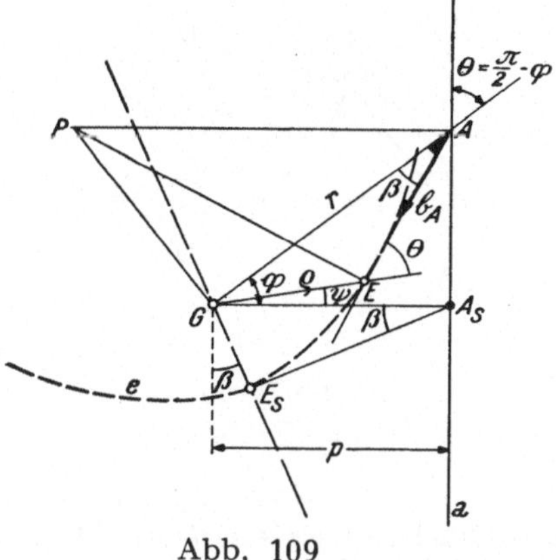

Abb. 108

Da b_A die Tangente an die Hüllbahn e ist, so fällt der Punkt E der Hüllbahn mit dem Fußpunkte des Lotes aus P auf b_A zusammen. Hienach kann die Hüllbahn e entweder gezeichnet oder berechnet werden. Ist $r = \overline{GA} = r(\varphi)$ die Polargleichung der gegebenen Systemkurve a, $\varrho = \overline{GE} = \varrho(\psi)$ jene der zu suchenden Hüllkurve e, wobei die Polarwinkel φ und ψ auf einen willkürlichen Nullstrahl bezogen sind, so folgt aus der angegebenen Konstruktion

$$\varrho = r\,\frac{\sin \beta}{\sin \theta}, \tag{1}$$

wo θ den Winkel des Fahrstrahles GA mit der Tangente in A an die Systemkurve a bedeutet. Da

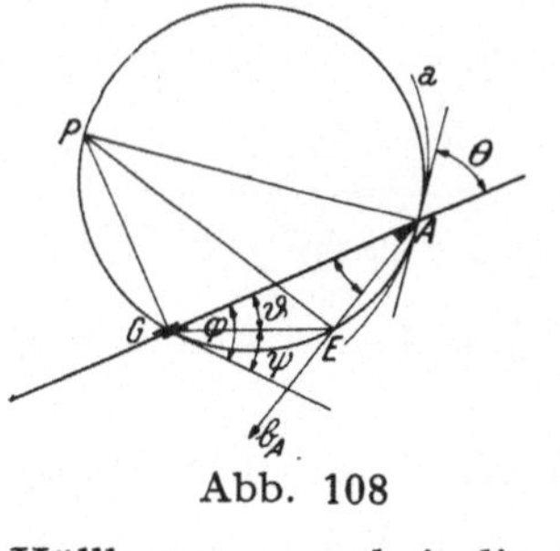

Abb. 109

$$\sphericalangle\,GAP = \sphericalangle\,GEP = \frac{\pi}{2} - \theta,$$

so schließen Tangente und Fahrstrahl in beiden Kurven a und e den gleichen Winkel θ ein. Der Polarwinkelunterschied $\vartheta = \varphi - \psi$ beträgt daher

$$\vartheta = \theta - \beta. \tag{2}$$

Da $r(\varphi)$ und damit auch

$$\sin \theta = \frac{r}{\sqrt{r^2 + r'^2}}$$

bekannt sind, so ist mit den Gln. (1) und (2) die Polargleichung der Hüllbahn e bestimmt.

1. Ist a eine *Gerade* mit dem Normalabstande p von G, so ist aus der Konstruktion unmittelbar abzulesen oder mit $r = \dfrac{p}{\cos \varphi}$ aus (1) und (2) zu bestätigen, daß

$$\varrho = \frac{2\,p \sin \beta}{1 - \sin (\psi - \beta)};$$

hienach ist e eine Parabel mit dem Brennpunkte G, deren Achse mit der Geraden a den Winkel β einschließt (Abb. 109); ihr Parameter ist gleich $p \sin \beta$.

2. Ist die Systemkurve a ein Kreis vom Halbmesser a und der Mittelpunktsentfernung $\overline{OG} = m$ von G (Abb. 110), so ist seine Polargleichung mit dem Pole G und dem Polarwinkel $OGA = \varphi$:

$$r = u \sin \theta + m \cos \varphi, \quad \text{(a)}$$

wobei θ und φ im Zusammenhange

$$m \sin \varphi = a \cos \theta \quad \text{(b)}$$

stehen. Hiemit liefert Gl. (1)

$$\varrho = a \sin \beta \left(1 + \lambda \frac{\cos \varphi}{\sin \theta} \right), \quad \text{(c)}$$

worin $\lambda = m/a$.

Aus $\psi - \varphi = \theta - \beta$ folgt mit der Abkürzung $\psi + \beta = = \gamma$: $\theta = \gamma - \varphi$, so daß wegen (b)

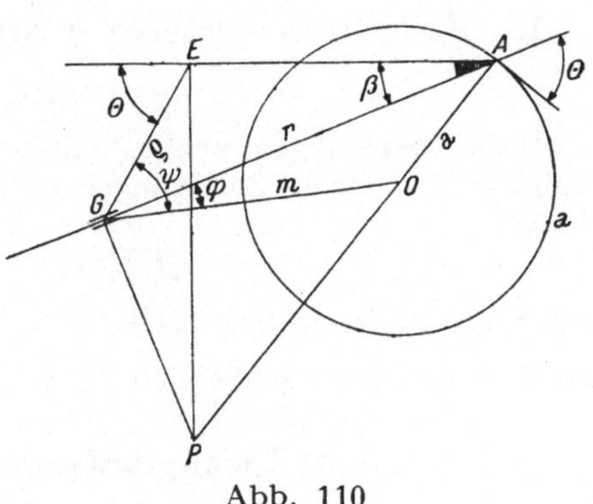

Abb. 110

$$\cos \theta = \cos (\gamma - \varphi) = \lambda \sin \varphi$$

oder

$$(\lambda - \sin \gamma) \sin \varphi = \cos \varphi \cos \gamma,$$

woraus

$$\sin \varphi = \frac{\cos \gamma}{N}, \qquad \cos \varphi = \frac{\lambda - \sin \gamma}{N},$$

wo

$$N^2 = 1 + \lambda^2 - 2\,\lambda \sin \gamma.$$

Daher wird

$$\sin \theta = \sin (\gamma - \varphi) = \sin \gamma \cos \varphi - \cos \gamma \sin \varphi$$

oder

$$\sin \theta = \frac{\lambda \sin \gamma - 1}{N}.$$

Damit ergibt sich aus (c) als Polargleichung der Hüllkurve e

$$\varrho (\gamma) = \frac{a\,(1 - \lambda^2) \sin \beta}{1 - \lambda \sin \gamma};$$

sie ist demnach eine Ellipse oder Hyperbel mit der Exzentrizität λ, je nachdem $\lambda \lessgtr 1$, das heißt je nachdem der Pol G innerhalb oder außerhalb der Systemkurve a liegt.

3. Ist die Systemkurve a eine logarithmische Spirale, so gilt $r = a\,e^{m\varphi}$, womit

$$\sin \theta = \frac{1}{\sqrt{1 + m^2}}, \quad \text{das heißt} \quad \theta = \text{arc ctg } m = \text{konst};$$

Gl. (1) liefert für die zugeordnete Hüllkurve e: $\varrho = r \sqrt{1 + m^2} \sin \beta.$

Hienach ist auch die Hüllkurve eine logarithmische Spirale, die aus der Systemkurve a durch eine einfache Drehstreckung mit dem Streckungsverhältnis $\sqrt{1 + m^2}\sin\beta$ und dem Drehwinkel $\vartheta = \theta - \beta$ hervorgeht.

11. Nach der angegebenen Konstruktion ist

$$\mathfrak{b}_A = \overrightarrow{A\,i} + \overrightarrow{i\,a} \quad \text{und} \quad \mathfrak{b}_A = \overrightarrow{A\,p} + \overrightarrow{p\,a}.$$

Diese Zerlegungen von $\mathfrak{b}_A$ entsprechen den in der vorhergehenden Aufgabe bewiesenen Zerlegungen nach Schell und Grübler. Da nach diesen

$$\overline{A\,i} = \overline{A\,J}\,\omega^2, \qquad \overline{A\,p} = \overline{A\,P}\,\omega^2$$

sein muß, so ist $\Delta\,i\,p\,A \sim \Delta\,J\,P\,A$, somit muß $i\,p \parallel J\,P$ sein. Aus $\overrightarrow{p\,a} = \dot\omega\,\widehat{T\!A}$ folgt schließlich $T\,A \perp p\,a$.

b) Zwangläufiges ebenes System

1. Die ruhende Polbahn k_r ist der Führungskreis des Punktes A (Abb. 111), weil der Drehpol der ebenen Bewegung der Geraden mit dem Eckpunkt P des bei H rechtwinkligen Dreieckes AHP zusammenfällt, so daß $\overline{A\,P} = 2a$. Da im bewegten System $\overline{A\,P} = 2\,a$, so ist die bewegliche Polbahn k_g ein Kreis vom Halbmesser $2\,a$; beide Kreise berühren sich im jeweiligen Drehpol P. Die Gleitgeschwindigkeit $\mathfrak{v}_g$ der Geraden ist nach Größe und Richtung gleich der Projektion von $\mathfrak{v}_A$ auf die Gerade g. Der Hodograph für $\mathfrak{v}_g$ ist ein Kreis vom Durchmesser v_{A0}, der die Gerade $H\,P_0$ berührt.

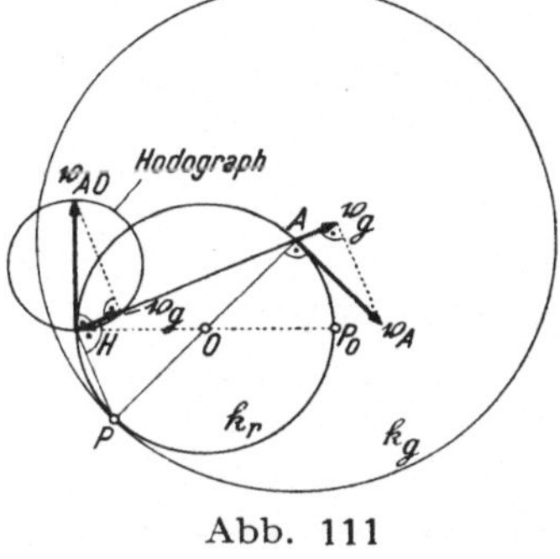

Abb. 111

2. Die Normale zur Gleitbahn des Punktes A und die Bahnnormale des Punktes B schneiden sich im Drehpol P (Abb. 112).

Da $\sphericalangle\,A\,PO = \pi - a =$ konstant, so ist die Polkurve k_r der Kreis durch die Punkte $A\,PO$ mit dem Mittelpunkte M und Halbmesser

$$r = \overline{A\,M} = \frac{a}{2\sin\alpha}.$$

Die bewegliche Polkurve k_g bezieht man auf das die Bewegung des Winkels mitmachende Koordinatensystem ξ, η mit dem Ursprung in C. Für dieses ist aus dem rechtwinkligen Dreiecke $A\,PE$

$$\eta = \overline{A\,P} = \overline{P\,E}\sin(a-\varphi) = a\,\frac{\sin(a-\varphi)}{\sin\alpha}, \tag{a}$$

ferner ist

$$\xi = \overline{C\,A} = \overline{P\,B}\sin\alpha + \overline{B\,C}\cos\alpha. \tag{b}$$

Aus

$$\overline{PB} = a\left(1 + \frac{\sin\varphi}{\sin\alpha}\right) \quad \text{und} \quad \overline{BC}\sin\alpha = \overline{AP} + \overline{PB}\cos\alpha$$

$$= a\,\frac{\sin(\alpha-\varphi)}{\sin\alpha} + a\left(1 + \frac{\sin\varphi}{\sin\alpha}\right)\cos\alpha$$

ergibt sich

$$\overline{BC} = \frac{a}{\sin\alpha}(\cos\alpha + \cos\varphi).$$

Damit liefert (b):

$$\xi = \frac{a}{\sin\alpha}[1 + \cos(\alpha-\varphi)]. \quad \text{(c)}$$

Durch Beseitigung von φ aus (a) und (c) folgt mit $R = \dfrac{a}{\sin\alpha} = 2\,r$:

$$(\xi - R)^2 + \eta^2 = R^2$$

als Gleichung der beweglichen Polkurve k_g; sie ist ein Kreis vom Radius R mit dem Mittelpunkte in E.

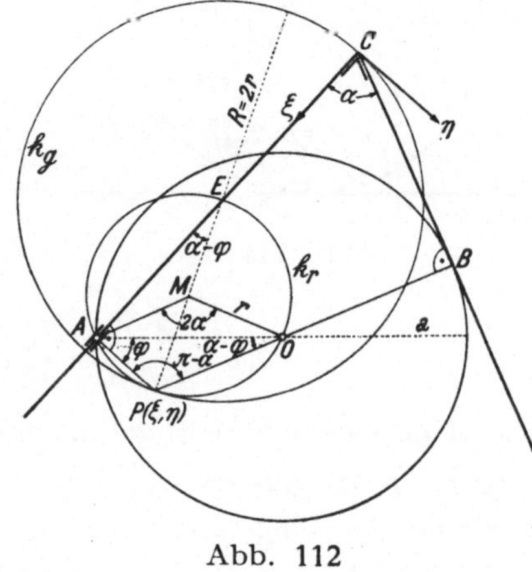

Abb. 112

Die Bahn des Scheitels C ist eine Kardioide mit dem Pole A, denn sie ergibt sich dadurch, daß in jeder Lage des bewegten Winkels α die Sehne AE der ruhenden Polbahn k_r um das konstante Stück $\overline{EC} = R$ verlängert wird.

3. Die Koordinaten x, y des Drehpoles P (Abb. 113) in bezug auf das durch S_0 gelegte Koordinatensystem sind zur Zeit t

$$x = \frac{g\,t}{\omega}, \qquad y = \frac{g}{2}\,t^2,$$

so daß sich

$$x^2 = \frac{2\,g}{\omega^2}\,y$$

als Gleichung der festen Polbahn k_r ergibt (Parabel mit Scheitel S_0 und lotrechter Achse).

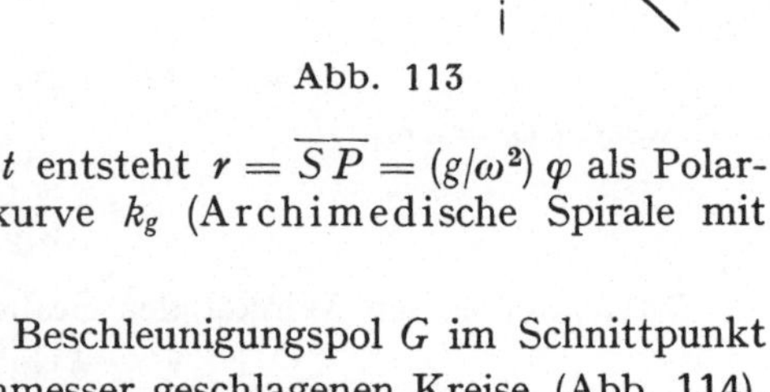

Abb. 113

Mit dem Drehwinkel $\varphi = \omega\,t$ entsteht $r = \overline{SP} = (g/\omega^2)\,\varphi$ als Polargleichung der beweglichen Polkurve k_g (Archimedische Spirale mit dem Pole in S).

4. Nach Aufg. I 3 liegt der Beschleunigungspol G im Schnittpunkt der über b_0/ω^2 und $\overline{PO}$ als Durchmesser geschlagenen Kreise (Abb. 114). Die Schnittpunkte A_1, A_2 der Geraden GO mit dem rollenden Kreise ergeben die Orte größter und kleinster Beschleunigung am Kreisumfange.

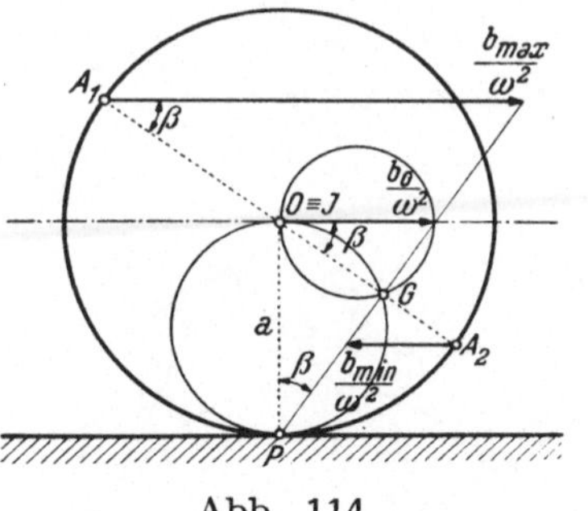

Abb. 114

Es ist

$$\overline{OG} = a \sin \beta = \frac{b_0}{\omega^2} \cos \beta,$$

somit

$$\operatorname{tg} \beta = \frac{b_0}{a\,\omega^2}.$$

Hiemit wird in A_1:

$$b_{max} = \frac{\overline{A_1 G}}{\cos \beta} = \frac{b_0}{\omega^2}\left(\sqrt{1 + \frac{a^2\,\omega^4}{b_0{}^2}} + 1\right)$$

und in A_2:

$$b_{min} = \frac{\overline{A_2 G}}{\cos \beta} = \frac{b_0}{\omega^2}\left(\sqrt{1 + \frac{a^2\,\omega^4}{b_0{}^2}} - 1\right);$$

b_{max} ist gleichsinnig, b_{min} gegensinnig parallel zu b_0.

5. Ist T die Zeit für eine volle Umdrehung des Kreises k_1 (Abb. 115), so wurde der Weg $2\,R\,\pi = v_0\,T$ abgewickelt, während der Rollweg von k_2 nur $2\,r\,\pi$ beträgt; da aber auch k_2 in der Zeit T um $2\,R\,\pi$ vorwärts gekommen ist, so muß der Differenzweg $2\,(R-r)\,\pi$ infolge einer Gleitbewegung mit der Geschwindigkeit $v_A = \dfrac{2\,(R-r)\,\pi}{T}$ zurückgelegt worden sein. Hienach ist $\dfrac{v_A}{v_0} = \dfrac{R-r}{R}$, wie auch unmittelbar aus dem Geschwindigkeitsplan hervorgeht.

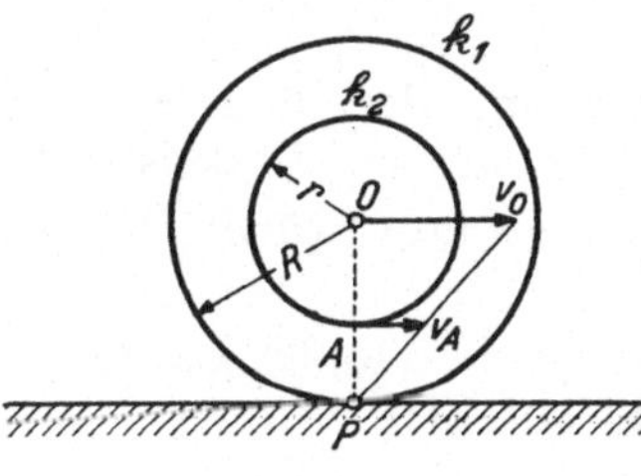

Abb. 115

6. Der Zapfen B beschreibt bei der Rollbewegung der Walze eine verkürzte Zykloide.

Ist ω_1 die Winkelgeschwindigkeit der Walze, φ der Wälzungswinkel, P_1 der augenblickliche Drehpol, ferner ω die Winkelgeschwindigkeit des Stabes um den Drehpol P_2 (Abb. 116), so gilt mit $\overline{P_1 B} = r$ und $\overline{P_2 B} = \varrho$:

$$v_R = r\,\omega_1 = \varrho\,\omega \;(\perp P_1 B)$$

und wegen $v_0 = a\,\omega_1$:

$$\omega = \frac{v_0}{a}\frac{r}{\varrho}.$$

Bezeichnet ψ den Winkel des Stabes gegen die Waagrechte, so ist

$$\frac{r}{\varrho} = \frac{b \sin \varphi}{l \cos \psi},$$

wobei ψ bestimmt ist durch $a - b \cos \varphi = l \sin \psi$.

Hiemit wird

$$\omega = \frac{v_0}{a}\,\frac{b\sin\varphi}{\sqrt{l^2-(a-b\cos\varphi)^2}}\,;$$

hienach verschwindet ω für $\varphi=0$ und $\varphi=2\pi$ und es ergibt sich ω_{max} für $\varphi=\varphi^*$, wo φ^*, wie aus $d\omega/d\varphi=0$ nachzurechnen ist, der Gleichung

$$\sin^2\varphi^*-2\,k\sin\varphi^*+1=0$$

zu genügen hat mit

$$k=\frac{l^2-(a^2+b^2)}{2\,a\,b}.$$

Hienach wird $\sin\varphi^*=k-\sqrt{k^2-1}$; die zweite Wurzel $k+\sqrt{k^2-1}$ kommt wegen $\sin\varphi^*\leqq 1$ nicht in Betracht.

Sind $x,\,y$ die Koordinaten des Zapfenmittels B in bezug auf das durch P_0 gelegte x-, y-System mit $P_0\,P_1$ als x-Achse, so ist

$$x=a\,\varphi-b\sin\varphi,$$
$$y=a-b\cos\varphi;$$

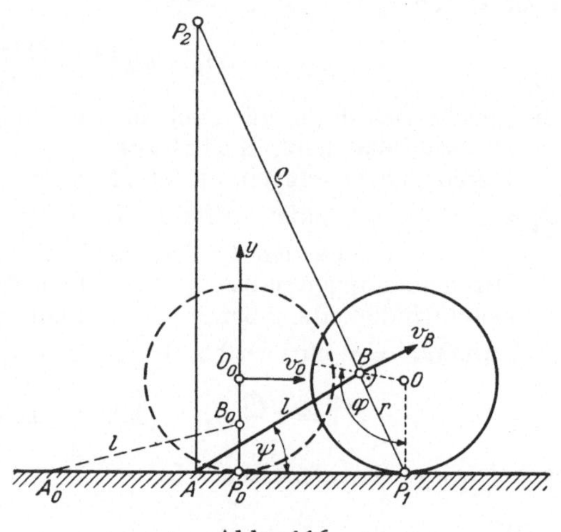

Abb. 116

man versuche mit Benutzung dieser Parametergleichungen der verkürzten Zykloide das obige Ergebnis für ω zu bestätigen.

7. $v=0{,}35\cdot 2\pi\dfrac{46}{18}\left[\dfrac{m}{s}\right]$, somit

$$v=20{,}23\,\frac{km}{h}.$$

8. Als Punkt der Kurbel hat O_2 (Abb. 117) die Geschwindigkeit

$$v_{02}=(r_1+r_2')\,\omega_0,$$

als Punkt des um den Drehpol P sich drehenden Rades 2:

$$v_{02}=r_2\,\omega_{2,3},$$

somit ist

$$(r_1+r_2')\,\omega_0=r_2\,\omega_{2,3}.$$

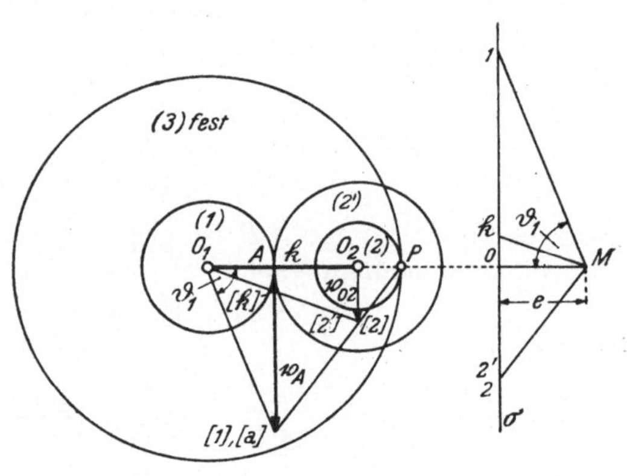

Abb. 117

Für den Berührungspunkt A der Räder 1 und 2' gilt

$$v_A = r_1 \omega_1 = (r_2 + r_2') \omega_{2,3},$$

woraus durch Elimination von $\omega_{2,3}$ folgt:

$$\omega_1 = \omega_0 \frac{(r_2 + r_2')(r_1 + r_2')}{r_1 r_2}$$

oder wegen $r_3 = r_1 + r_2' + r_2$:

$$\omega_1 = \omega_0 \left(1 + \frac{r_3 r_2'}{r_1 r_2}\right);$$

die gleiche Beziehung gilt auch für die Drehzahlen n_1 und n_0.

Drehzahlplan nach Kutzbach:

Durch den beliebigen Punkt M zieht man Parallele zu $P[a]$, $O_1[2]$, $O_1[a]$; diese schneiden auf der Normalen σ zu $O_1 O_2$ die Strecken $\overline{O2}$, $\overline{Ok}$, $\overline{O1}$ ab, welche den Drehzahlen von (2), (k), (1) proportional sind.

Mit dem Längenmaßstab   1 cm Zeichnung $= \mu_l$ [m],
Geschwindigkeitsmaßstab   1 cm Zeichnung $= \mu_v$ [ms^{-1}],
und mit $\overline{OM} = e$ [cm] wird z. B. $\overline{O1} = e\, \mathrm{tg}\, \vartheta_1$ oder wegen $\mathrm{tg}\, \vartheta_1 = (\mu_l/\mu_v)\, \omega_1$:

$$\overline{O1} = e \frac{\mu_l}{\mu_v} \omega_1, \qquad \text{daher} \qquad n_1 = \left(\frac{30\,\mu_v}{e\,\pi\,\mu_l}\right) \overline{O1},$$

wobei $\overline{O1}$ in cm gemessen wird.

9. Aus der Normalbeschleunigung $n_A = \overline{AN} = \dfrac{v_A{}^2}{\overline{OA}}$ konstruiert man die Geschwindigkeit v_A (Abb. 118); mache $\overline{A(N)} = {} = \overline{AN}$ und schlage über $O(N)$ einen Halbkreis, der von der Bahntangente des Kurbelzapfens in der Vektorspitze v_A geschnitten wird.

Im Geschwindigkeitsplan ist $\overrightarrow{o\,a} = v_A$, $a\,b \perp A B$ und $\overrightarrow{o\,b} = v_B$ parallel zur Führung des Kreuzkopfes B. Die Geschwindigkeit des Gleitpunktes C der Stange $A B$ ist gegeben durch $v_C = \overrightarrow{o\,c}$, wobei $o\,c \perp a\,b$.

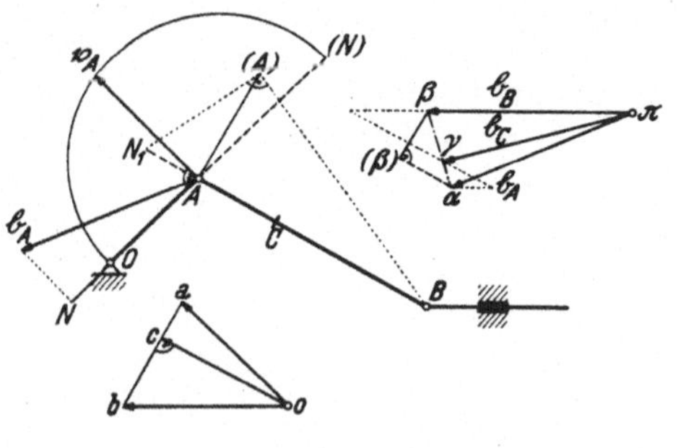

Abb. 118

Der Beschleunigungsplan mit dem Nullpunkt π ist gemäß

$$\mathfrak{b}_B = \mathfrak{b}_A + \mathfrak{b}_{BA} = \mathfrak{b}_A + \mathfrak{n}_{BA} + \mathfrak{t}_{BA}$$

zu konstruieren.

Hierin ist $n_{BA} = \dfrac{v_{BA}{}^2}{\overline{AB}} = \dfrac{\overline{a\,b}^2}{\overline{AB}}$. Macht man $\overline{A(A)} = v_{BA} = \overline{a\,b}$, zieht $(A)\,N_1 \perp B(A)$, so ist $\overline{AN_1} = n_{BA}$ mit der Richtung $\overrightarrow{BA}$. An

$\overrightarrow{\pi\,a} = \mathfrak{b}_A$ setze man $a\,(\beta) = n_{BA}$, errichte in (β) hiezu die Senkrechte und schneide sie mit der durch π gezogenen Parallelen zur Führung von B in β; dann ist nach obiger Beschleunigungsgleichung $\overrightarrow{\pi\,\beta} = \mathfrak{b}_B$.

Die Beschleunigung des Gleitpunktes C ergibt sich aus $a\,\gamma\,\beta \sim A\,C\,B$ mit $\mathfrak{b}_C = \overrightarrow{\pi\,\gamma}$.

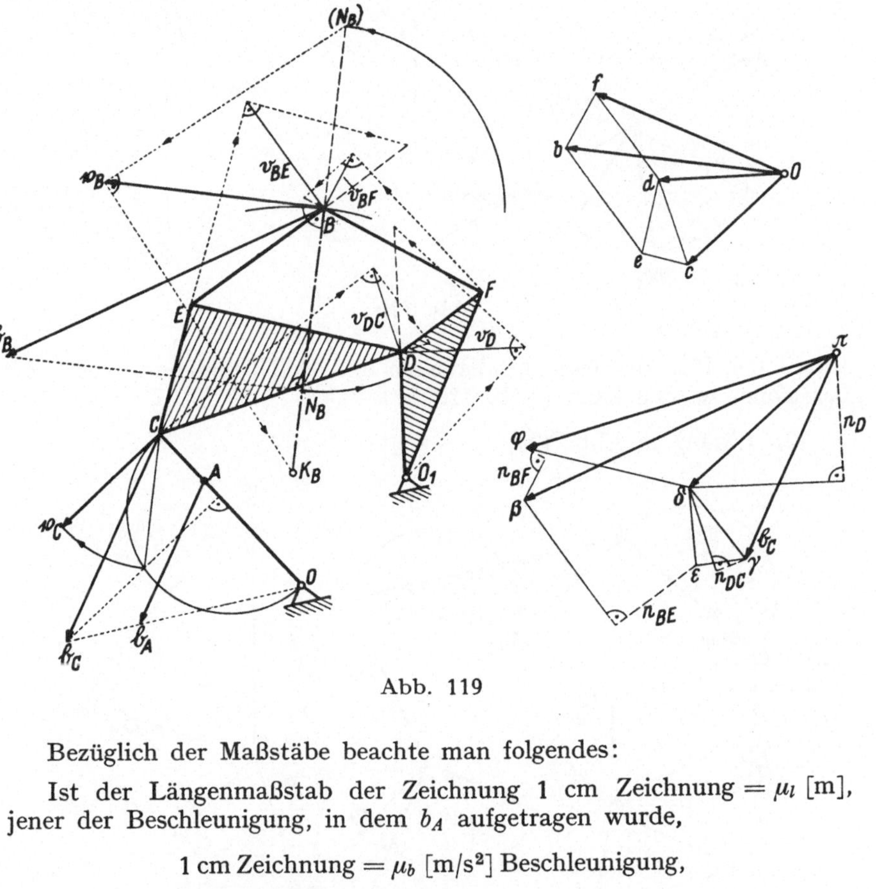

Abb. 119

Bezüglich der Maßstäbe beachte man folgendes:

Ist der Längenmaßstab der Zeichnung 1 cm Zeichnung $= \mu_l$ [m], jener der Beschleunigung, in dem b_A aufgetragen wurde,

$$1\ \text{cm Zeichnung} = \mu_b\ [\text{m/s}^2]\ \text{Beschleunigung,}$$

dann ist der Geschwindigkeitsmaßstab bereits festgelegt, nämlich

$$1\ \text{cm Zeichnung} = \sqrt{\mu_l\,\mu_b}\ [\text{m/s}]\ \text{Geschwindigkeit.}$$

Ist z. B. der Längenmaßstab 1 : 10, der Beschleunigungsmaßstab 1 cm Zeichnung $= 90$ m/sek², so ist $\mu_l = 1/10$, $\mu_b = 90$ und $\mu_v = \sqrt{9} = 3$, also der Geschwindigkeitsmaßstab
1 cm Zeichnung $= 3$ m/sek Geschwindigkeit.

10. Lösung in Abb. 119.

11. Da $\overline{OM} = l/2$, so beschreibt M einen Kreis um O.

Aus der Normalbeschleunigung $n_M = \dfrac{v_M{}^2}{\overline{OM}}$ konstruiert man v_M,

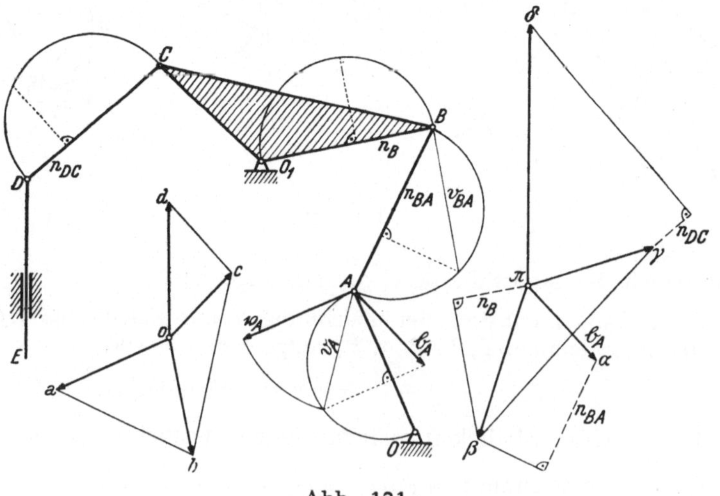

Abb. 120

womit der Plan der Geschwindigkeiten und Beschleunigungen von AB gezeichnet werden kann (Abb. 120).

12. Lösung in Abb. 121.

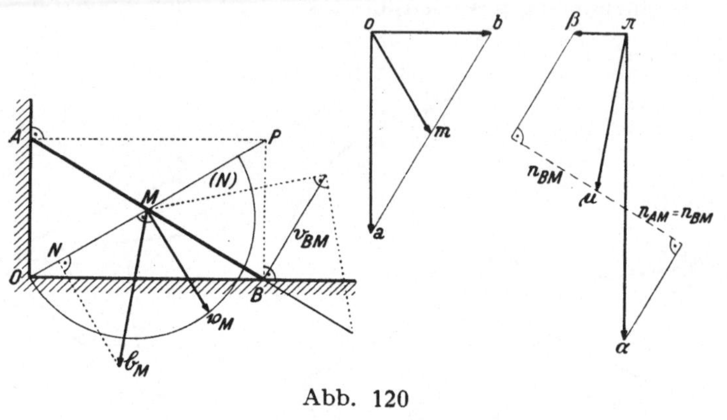

Abb. 121

13. Konstruiere zunächst aus der Normalbeschleunigung $n_A = \overline{AN} = \dfrac{v_A{}^2}{\overline{OA}}$ die Geschwindigkeit $v_A = \overline{A\,a}$ des Kurbelzapfens mit Hilfe des über $O(N)$ geschlagenen Halbkreises, wobei $\overline{AN} = \overline{A(N)}$ (Abb. 122).

Ist v_r die Geschwindigkeit der relativen Bewegung von A beim Gleiten der Stange in der Hülse, v_s die Geschwindigkeit jenes augenblicklich mit A sich deckenden Punktes, der die Drehbewegung des Systems „Hülse" mitmacht, so ist der Zusammenhang $v_A = v_r + v_s$ dargestellt durch den Geschwindigkeitsplan $A\,a\,(a)$, in welchem $v_r - \overrightarrow{(a)\,a}$ parallel AE, $v_s = \overrightarrow{A\,(a)} \perp AE$. Die Winkelgeschwindigkeit ω des Stabes AE um H beträgt

$$\omega = \frac{v_s}{\overline{AH}} = \frac{\overline{A\,(a)}}{\overline{AH}} = \operatorname{tg}\vartheta \;[\mathrm{s}^{-1}].$$

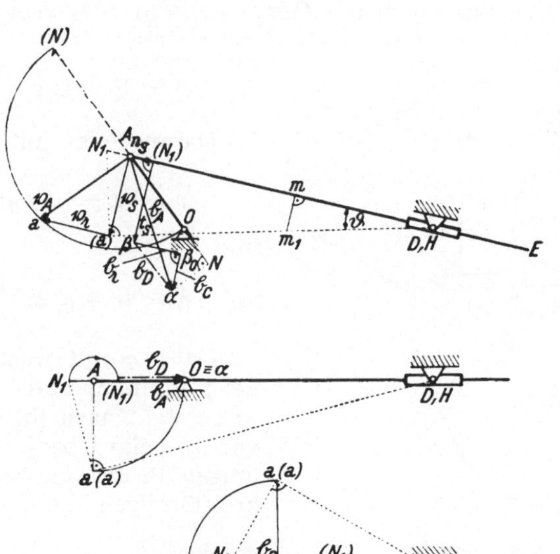
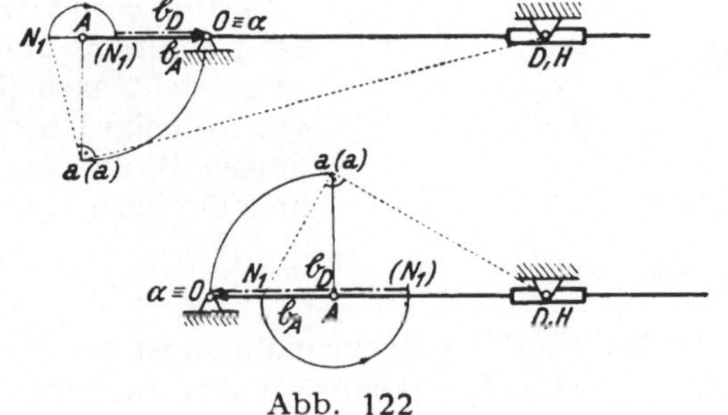

Abb. 122

In der Beschleunigungsgleichung $b_A = b_s + b_r + b_c$, worin $b_s = n_s + t_s$ kennt man $b_A = \overrightarrow{A\,a}$, $n_s = \dfrac{v_s{}^2}{\overline{AD}} = \overline{N_1A} = A\,(N_1)$, ferner $b_c = 2\,\mathfrak{w} \times v_r$ und die Richtungen von b_r und t_s; damit sind die beiden letzten Teile durch den Beschleunigungsplan $A\,a\,\beta_0\,\beta\,(N_1)\,A$ bestimmt.

Da $|b_c| = 2\,\omega\,v_r = 2\,v_r\operatorname{tg}\vartheta$, so macht man $\overline{H\,m} = 2\,v_r = 2\,\overline{(a)\,a}$ und zieht $m\,m_1$ senkrecht hiezu bis zum Schnittpunkte m_1 mit $(a)\,H$; dann ist $b_c = \overrightarrow{m\,m_1}$.

Der augenblicklich mit dem Hülsenmittel H zusammenfallende Punkt D der Stange AE hat die Systembeschleunigung Null; seine Beschleunigung ist daher $b_D = b_r + b_c = \overrightarrow{\beta\,a}$.

Für den Normalfall (das ist der Fall reiner Normalbeschleunigung des Kurbelzapfens A) wählt man den Beschleunigungsmaßstab so, daß $\mathfrak{b}_A \equiv \mathfrak{n}_A = \overrightarrow{AO}$ wird, womit a mit O zusammenfällt.

Die dann in den beiden Totlagen des Getriebes entstehenden Vereinfachungen der obigen allgemein gültigen Konstruktion sind in Abb. 122 dargestellt.

14. a) Denkt man sich die Nockenscheibe ruhend und die Ventilstange gleichförmig um die Achse O mit $-\omega$ gedreht, wie dies Abb. 123 zeigt, so ergibt sich der Hub x der Ventilstange für die *geradlinige* Nockenflanke beim Drehwinkel φ zu $x = \overline{OM_1} - (r + \varrho)$ oder wegen $\overline{OM_1} = \dfrac{r + \varrho}{\cos \varphi}$

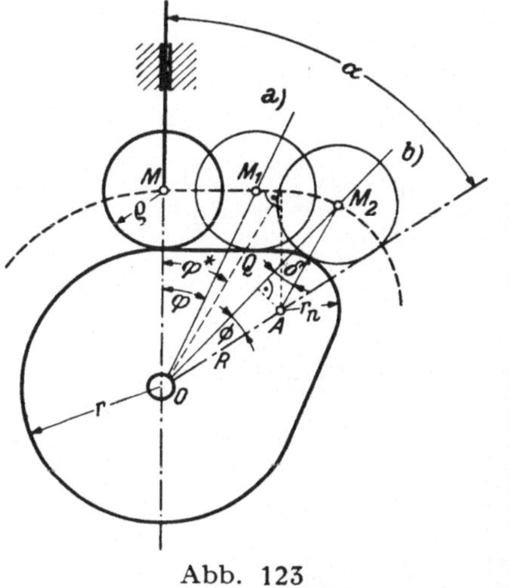

$$x = (r + \varrho)\left(\frac{1}{\cos \varphi} - 1\right).$$

Daraus folgt mit $\dot{\varphi} = \omega$:

$$v_M = \dot{x} = (r + \varrho)\, \omega\, \frac{\operatorname{tg} \varphi}{\cos \varphi} \qquad \text{(a)}$$

und

$$b_M = \ddot{x} = (r + \varrho)\, \omega^2\, \frac{1 + 2\operatorname{tg}^2 \varphi}{\cos \varphi}. \qquad \text{(b)}$$

Da $\operatorname{tg} \varphi$ mit wachsendem Winkel φ zunimmt und $\cos \varphi$ abnimmt, so entsteht nach (b) der Größtwert von b_M beim Übergange vom geradlinigen Profil von der Länge l zur kreisförmigen Nase, wobei $\operatorname{tg} \varphi^* = \dfrac{l}{r + \varrho}$.

Abb. 123

b) Läuft die Rolle auf der Nockennase, so ist der Hub x für die durch den Winkel $\Phi = \not< AOM_2$ gekennzeichnete Stellung der Ventilstange

$$x = \overline{OM_2} - (r + \varrho).$$

Mit $\overline{OA} = R$ und dem Winkel $AM_2O = \delta$ ist

$$\overline{OM_2} = R \cos \Phi + (r_n + \varrho) \cos \delta$$

oder wegen

$$(r_n + \varrho) \cos \delta = \overline{QM_2} = \sqrt{(r_n + \varrho)^2 - R^2 \sin^2 \Phi}:$$

$$\overline{OM_2} = R \cos \Phi + \sqrt{(r_n + \varrho)^2 - R^2 \sin^2 \Phi}.$$

Da $\varphi + \Phi = a$, demnach $\dot{\Phi} = -\dot{\varphi} = -\omega$, so wird

$$v_M = \dot{x} = -\omega\, \frac{dx}{d\Phi} = R\, \omega \sin \Phi \left\{ 1 + \frac{R \cos \Phi}{[(r_n + \varrho)^2 - R^2 \sin^2 \Phi]^{1/2}} \right\} \qquad \text{(c)}$$

und $b_M = \ddot{x} = -\omega\, \dfrac{dv_M}{d\Phi}$ mit der Abkürzung $\lambda = \dfrac{R}{r_n + \varrho}$

$$b_M = - R\,\omega^2 \left[\cos\Phi + \frac{\lambda\cos 2\Phi}{(1 - \lambda^2\sin^2\Phi)^{1/2}} + \frac{\lambda^3\sin^2 2\Phi}{4\,(1 - \lambda^2\sin^2\Phi)^{3/2}}\right]. \quad (d)$$

Die Differenz der nach (b) und (d) bestimmten Beschleunigungen b_M an der Übergangsstelle, wo $\varphi = \varphi^*$ und $\Phi = a - \varphi^*$, ergibt den infolge der unstetigen Krümmungsänderung des Profils entstehenden Beschleunigungssprung von einem positiven zu einem negativen Wert.

15. a) Ist die *gerade* Nockenflanke im Eingriff, so kann die zeichnerische Ermittlung der Geschwindigkeit und Beschleunigung der Ventilstange auf jene eines „Ersatzgetriebes" zurückgeführt werden. Da sich der Punkt M auf gerader Bahn $M_0 M_1$ bewegt und die Ventilstange um O mit $\omega =$ konst. gedreht wird, so besteht das Ersatzgetriebe aus einer Kurbelschleife mit unendlich langer Kurbel, wobei die Ventilstange in einer um O drehbaren Hülse gleitet und der Punkt M der Stange geradlinig geführt wird (Abb. 124). Dabei ist die Bewegung von M auf der um O rotierenden Geraden g als die relative, jene von M auf $M_0 M_1$ als die absolute zu betrachten. Der augenblickliche Drehpol P liegt im Schnitte von $M_1 P \perp M_0 M_1$ mit $O P \perp g$ und es ist

$$v_M = v_r = \overline{PO}.\omega, \text{ woraus sich mit } \overline{PO} = \overline{OM_1}\,\operatorname{tg}\varphi \text{ und } \overline{OM_1} = \frac{r + \varrho}{\cos\varphi}$$

wieder Gl. (a) ergibt.

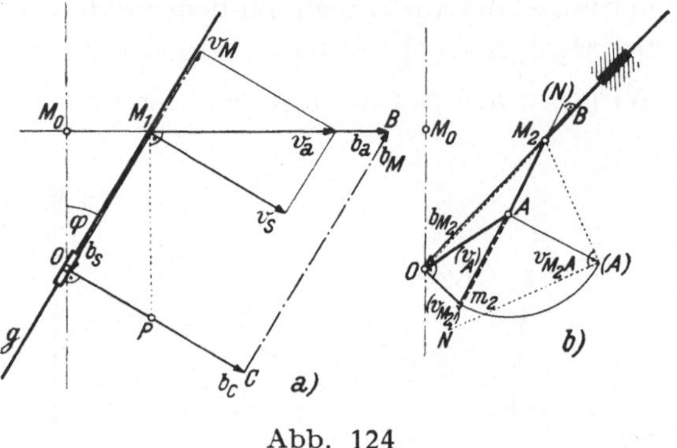

Abb. 124

Der zur Gleichung $\mathfrak{b}_a = \mathfrak{b}_r + \mathfrak{b}_s + \mathfrak{b}_c$ gehörige Beschleunigungsplan $M_1 O C B$ kann gezeichnet werden, da mit $\mathfrak{r} = \overrightarrow{OM_1} : \mathfrak{b}_s = - \mathfrak{r}\,\omega^2$ und $\mathfrak{b}_c = 2\,\mathfrak{w} \times \mathfrak{v}_r = 2\,\omega^2\,\overrightarrow{OP}$ ist und die Richtungen von $\mathfrak{b}_a$ und $\mathfrak{b}_r$ bekannt sind; hienach ist

$$\mathfrak{b}_M \equiv \mathfrak{b}_r = \omega^2\,\overrightarrow{C\,B}.$$

Mit $\overline{OM_1} = \dfrac{r + \varrho}{\cos\varphi}$ liefert diese Konstruktion unmittelbar

$$b_M = (r + \varrho)\,\omega^2\,\frac{1 + 2\operatorname{tg}^2\varphi}{\cos\varphi},$$

übereinstimmend mit Gl. (b) der Aufg. 14.

b) Läuft die Rolle auf der Nockennase, so besteht das Ersatzgetriebe aus der mit der Nockenscheibe verbundenen Kurbel $\overline{OA} = R$, der Schubstange $A M_2$ und der in M_2 anschließenden Kolbenstange mit der Richtung $M_2 O$.

Von der Bewegung dieses zentrischen Schubkurbeltriebes ist die Geschwindigkeit $v_A = R\,\omega$ und die Beschleunigung $b_A = -R\,\omega^2$ des Kurbelzapfens A bekannt, so daß in bekannter Art graphisch die Geschwindigkeit und Beschleunigung des Kreuzkopfes M_2 ermittelt werden kann. Hier erweist sich die zeichnerische Lösung der rechnerischen (vgl. die Formeln c und d der vorstehenden Aufgabe) erheblich überlegen.

Setzt man $\omega = 1$, so ist durch die Kurbellänge $\overline{OA}$ die gedrehte Geschwindigkeit (v_A) gegeben; zieht man $O\,m_2 \perp O\,M_2$ bis zum Schnitte m_2 mit der Schubstange, dann liefert $O\,A\,m_2$ den gedrehten Geschwindigkeitsplan mit $\overline{O\,m_2}.\omega = (v_{M_2})$ als gedrehter Geschwindigkeit von M_2. Aus $v_{M_2\,A}$ konstruiert man mit dem rechten Winkel $M_2\,(A)\,N$ den Punkt N auf $M_2 A$, macht $A\,(N) = \overline{A\,N}$ und schneidet $M_2 O$ mit der hiezu durch (N) gezogenen Normalen in B; dann ist $\overrightarrow{BO}\,\omega^2 = b_{M_2}$.

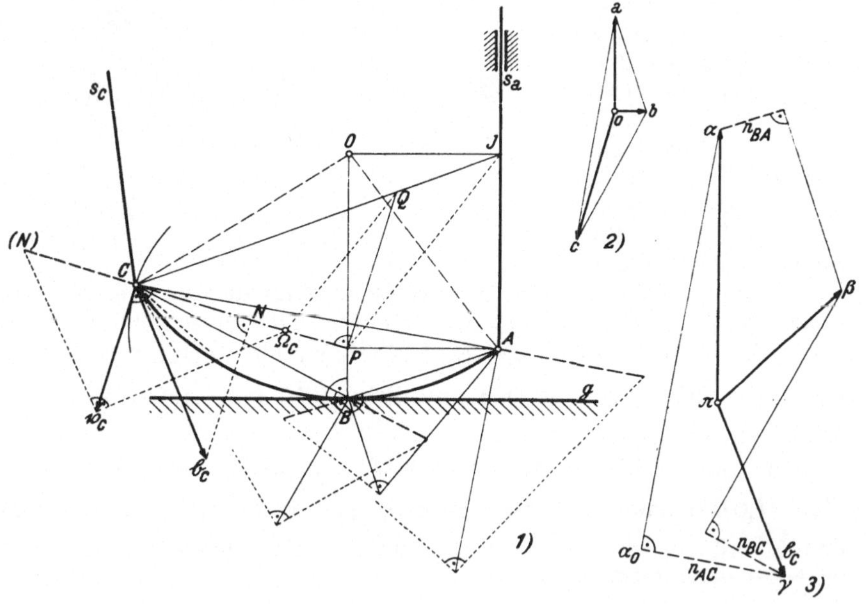

Abb. 125

16. Der augenblickliche Drehpol P liegt im Schnitte der in A und B gezogenen Normalen zu den bekannten Bewegungsrichtungen dieser beiden Punkte (Abb. 125).

Da der Punkt A und der Kreismittelpunkt O gerade Linien beschreiben, so liegt in derem Schnitte nach Aufg. I 4 der Wendepol J. Mit der Kenntnis von J und P läßt sich nach der Konstruktion von Schell (Aufg. I 4) der Krümmungsmittelpunkt Ω_C der Bahn des Systempunktes C konstruieren; man zieht $PQ \perp CP$ und $Q\Omega_C \parallel PJ$.

Aus der bekannten Normalbeschleunigung $n_C = \overline{CN} = \dfrac{v_C{}^2}{C\,\Omega_C}$ kon-struiert man v_C, womit der Geschwindigkeitsplan gezeichnet werden kann, in welchem $v_A = \overline{o\,a}$ und $v_B — \overline{o\,b}$.

Im Beschleunigungsplan (Abb. 125) beginnt man mit $\pi\,\gamma \equiv b_C$, zeichnet

$$n_{AC} \equiv \frac{v_{AC}{}^2}{\overline{AC}} = \frac{\overline{c\,a}^2}{\overline{AC}} = \overline{\gamma a_0}$$ in Richtung AC, zieht hiezu die Normale, deren Schnitt mit der durch π zur Ventilstange gezogenen Parallelen den Beschleunigungspunkt α liefert; es ist dann $\overrightarrow{\pi\,a} = b_A$. Aus den in bekannter Art zu konstruierenden relativen Normalbeschleunigungen n_{BC} und n_{BA}, die in γ, bzw. α angesetzt werden, findet man im Schnitte der dazu gezogenen Normalen den Beschleunigungspunkt β, womit $\overrightarrow{\pi\,\beta} = b_B$ gefunden ist.

Zur Kontrolle dient, daß $\alpha\,\beta\,\gamma \sim A\,BC$ sein muß.

Ohne Zeichnung eines Beschleunigungsplanes läßt sich die gestellte Aufgabe durch Konstruktion des Beschleunigungspoles G lösen, die aus den Angaben P, J und b_c nach der in Aufg. I 11 bewiesenen linearen Methode erfolgen kann.

Mit b_c und G ist sodann auch b_A und b_B bestimmt.

17. Bei den angegebenen Gliederabmessungen ist $ABEF$ eine gleichschenklige Kurbelschwinge, deren Diagonalen aufeinander senkrecht stehen (Abb. 126).

Da $\sqrt{2}\sin\varphi = \cos\varepsilon$, sonach $\sin\varepsilon = \sqrt{\cos 2\varphi}$, so bestehen zwischen den Kurbelwinkeln φ und ψ wegen $\varepsilon = \pi/2 — (\psi — \varphi)$ die Beziehungen

$$\left.\begin{aligned}
\cos\psi &= \cos\varphi\,\sqrt{\cos 2\varphi} — \sqrt{2}\sin^2\varphi, \\
\sin\psi &= \sin\varphi\,(\sqrt{2}\cos\varphi + \sqrt{\cos 2\varphi}).
\end{aligned}\right\} \quad (a)$$

Sind Φ und θ die Winkel der Glieder DP und CP mit der Stegachse Ab, so liefert die Projektion des geschlossenen Polygones $ADPCBA$ auf die Stegachse und senkrecht hiezu

$$2\sqrt{2}\cos 2\varphi — \sqrt{2}\cos\Phi = \sqrt{2} + 2\cos\psi — 2\cos\theta$$

und

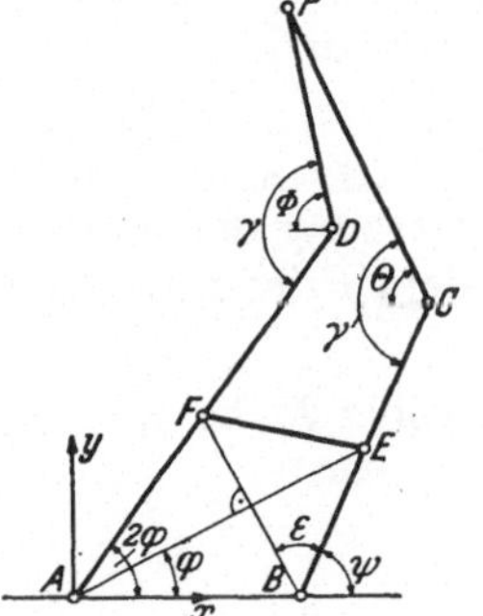

Abb. 126

$$2\sqrt{2}\sin 2\varphi + \sqrt{2}\sin\Phi = 2\sin\psi + 2\sin\theta,$$

oder nach Beseitigung von $\cos\psi$ und $\sin\psi$ mit Benutzung von (a)

$$\sqrt{2}\cos 2\varphi\,(\sqrt{\cos 2\varphi} — \sqrt{2}\cos\varphi) — \sqrt{2}\cos\Phi = — 2\cos\theta$$

und

$$— 2\sin\varphi\,(\sqrt{\cos 2\varphi} — \sqrt{2}\cos\varphi) + \sqrt{2}\sin\Phi = 2\sin\theta.$$

Durch Quadrieren und Addieren dieser beiden Gleichungen entsteht zwischen φ und Φ der Zusammenhang

$$\sqrt{\cos 2\varphi}\,(1 - \cos\Phi) = \sqrt{2}\,\sin\varphi\,\sin\Phi,$$

woraus

$$\left.\begin{array}{l} \sin\Phi = 2\sqrt{2}\,\sin\varphi\,\sqrt{\cos 2\varphi}, \\ \cos\Phi = 2\cos 2\varphi - 1. \end{array}\right\} \tag{b}$$

Mit x_P, y_P als Koordinaten des Gelenkpunktes P bezüglich des durch A gelegten Koordinatensystems wird

$$x_P = 2\,l\,\sqrt{2}\left(\cos 2\varphi - \frac{1}{2}\cos\Phi\right)$$

und

$$y_P = l\,\sqrt{2}\,(2\sin 2\varphi + \sin\Phi)$$

oder wegen (b):

$$x_P = l\,\sqrt{2} = \overline{A\,B},$$
$$y_P = 4\,l\,\sin\varphi\,(\sqrt{2}\cos\varphi + \sqrt{\cos 2\varphi}).$$

Hienach beschreibt der Punkt P die Gerade $PB \perp AB$ (genaue Geradführung).

Da $\triangle BCP$ gleichschenklig mit der Grundlinie $BP \perp AB$, so ist $\theta = \psi$, daher $\gamma' = \theta + \psi = 2\psi$ und $\sin\gamma' = 2\sin\psi\cos\psi$ oder wegen (a)

$$\sin\gamma' = 2\sin\varphi\,[\sqrt{2}\,(\cos 2\varphi)^{3/2} + \cos\varphi\,(2\cos 2\varphi - 1)]. \tag{c}$$

Anderseits ist im $\triangle ADP$: $\gamma = \Phi + 2\varphi$, somit

$$\sin\gamma = \sin\Phi\cos 2\varphi + \cos\Phi\sin 2\varphi$$

oder wegen (b)

$$\sin\gamma = 2\sqrt{2}\,\sin\varphi\,(\cos 2\varphi)^{3/2} + (2\cos 2\varphi - 1)\sin 2\varphi, \tag{d}$$

demnach

$$\sin\gamma = \sin\gamma' \quad \text{und} \quad \gamma = \gamma'.$$

18. Sind v_P und v_F die Geschwindigkeiten der Punkte P und F bei Drehung der Kurbel AD mit der Winkelgeschwindigkeit $2\,\dot\varphi$, so ist nach dem Prinzip der virtuellen Leistungen

$$R\,v_F - Q\,v_P = 0,$$

wobei R die Richtung der Geschwindigkeit v_F hat.

Aus

$$y_P = 4\,l\,\sin\varphi\,(\sqrt{2}\cos\varphi + \sqrt{\cos 2\varphi})$$

folgt

$$v_P = \dot{y}_P = 4\,l\,\dot\varphi\left(\sqrt{2}\cos 2\varphi + \frac{\cos 3\varphi}{\sqrt{\cos 2\varphi}}\right).$$

Da $v_F = 2\,l\,\sqrt{2}\,\dot\varphi$, so ergibt sich die Gleichgewichtskraft R in F zu

$$R = Q\left(2\cos 2\varphi + \sqrt{2}\,\frac{\cos 3\varphi}{\sqrt{\cos 2\varphi}}\right).$$

In der Sonderlage $2\varphi = 60^0$ wird hienach $R = Q$.

19. Wenn die Kräfte $\mathfrak{P}_1$, $\mathfrak{P}_2$, ... $\mathfrak{P}_n$ an der zwangläufigen Kette im Gleichgewichte sind, so muß nach dem Prinzipe der virtuellen Geschwindigkeiten

$$\sum_{1}^{n} \mathfrak{P}_k \cdot v_k = 0$$

sein.

Mit e als Einheitsvektor senkrecht zur Ebene der Kette ist aber

$$v_k = e \times \hat{v}_k,$$

wo $\hat{v}_k$ die senkrechte Geschwindigkeit von v_k angibt; demnach wird

$$\sum_{1}^{n} \mathfrak{P}_k \cdot (e \times \hat{v}_k) = e \cdot \sum_{1}^{n} \hat{v}_k \times \mathfrak{P}_k = 0, \quad \text{somit} \quad \sum_{1}^{n} \hat{v}_k \times \mathfrak{P}_k = 0.$$

Hiemit ist aber das Drehgleichgewicht des mit den Kräften $\mathfrak{P}_1, \mathfrak{P}_2, \ldots \mathfrak{P}_n$ belasteten Joukowsky-Hebels um den festen Nullpunkt O ausgedrückt. Der zweite Teil des zu beweisenden Satzes folgt unmittelbar daraus, daß jeder Stab $\overline{i\,k}$ des Joukowsky-Hebels parallel ist zum entsprechenden Gliede $\overline{IK}$ der kinematischen Kette.

20. Zeichne den zugehörigen Joukowsky-Hebel $o\,a\,c\,b\,d$ mit dem beliebig gewählten Drehpunkt o und lasse in c die Kraft P, in d die Kraft H wirken (Abb. 127). Die Wirkungslinie der Mittelkraft muß in $o\,s$ fallen, da der Hebel im Gleichgewicht ist. Hiedurch ist die Größe H bestimmt, so daß der Kraftplan gezeichnet werden kann.

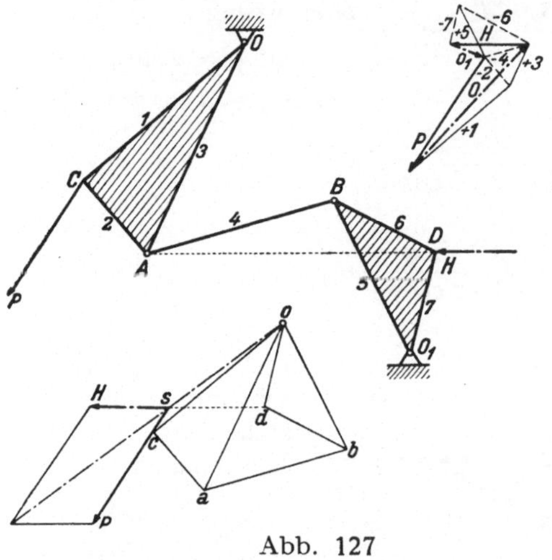

Abb. 127

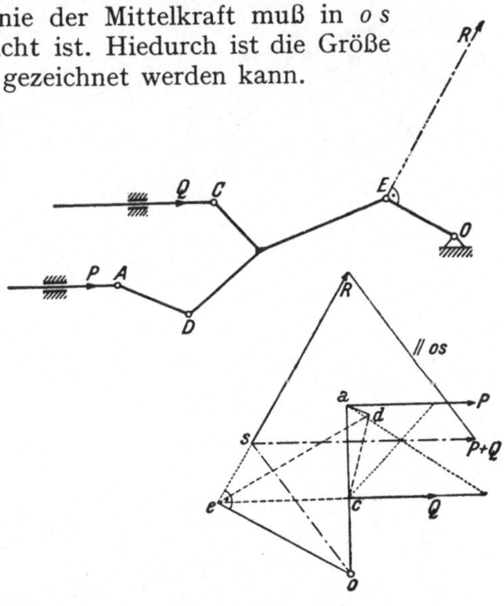

Abb. 128

21. Zeichne für das Getriebe mit beliebig gewählter senkrechter Geschwindigkeit $o\,e$ des Reduktionspunktes E (Abb. 128) den Plan $o\,e\,c\,d\,a$ der gedrehten Geschwindigkeiten und lasse in a die Kraft P, in c die Kraft Q und in e die nur der Richtung nach bekannte reduzierte Kraft R wirken.

Da $P + Q$ und $-R$ den Hebel im Drehgleichgewicht um o halten müssen, so ist $o\,s$ die Wirkungslinie ihrer Resultierenden, womit R bestimmt ist.

22. Zeichne den Plan der senkrechten Geschwindigkeiten für das durch Wegnahme des Gleitlagers C zwangläufige Stabsystem, lasse im Punkte p die Kraft P, in q die Kraft Q wirken und bringe den um o drehbaren Joukowsky-Hebel durch die in c angreifende Lagerkraft C ins Gleichgewicht. Wenn die Gleitrichtung des Lagers $C \perp o\,c$, dann ist das Stabsystem beweglich (Abb. 129).

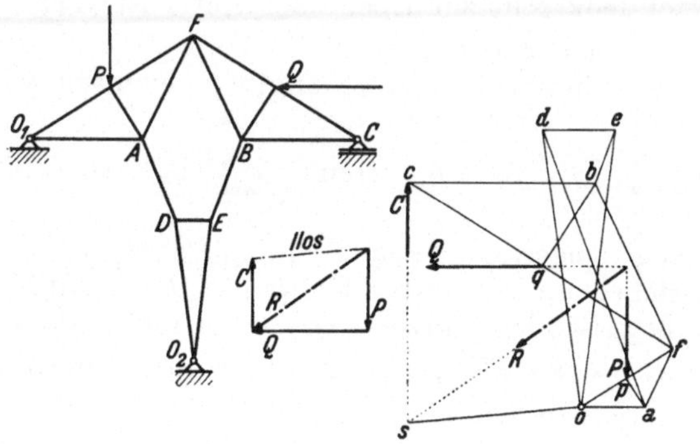

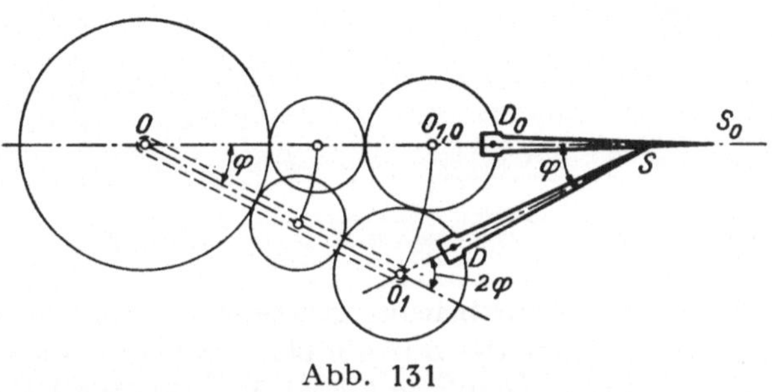

Abb. 129

Abb. 130

23. Mit $\overline{O_2 A} = r$ (Abb. 130) folgt aus $v_s = a\,\omega_0 \sin\theta = -\,r\,\dot\psi$:

$$\dot\psi = -\,\omega_0 \frac{a}{r} \sin\theta$$

und da $\theta = \varphi + \psi - \pi/2$:

$$\dot\psi = \omega_0 \frac{a}{r} \cos(\varphi + \psi)$$

oder wegen

$$r \sin\psi = a \sin\varphi,$$
$$r \cos\psi + a \cos\varphi = b:$$

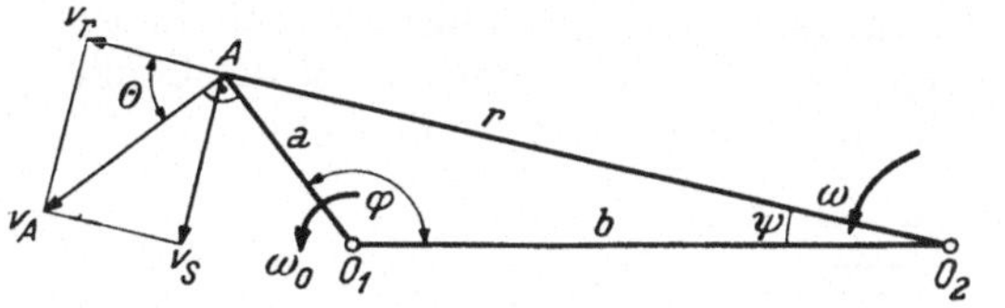

$$\dot\psi = \frac{a\,(b \cos\varphi - a)}{a^2 + b^2 - 2\,a\,b \cos\varphi}\,\omega_0$$

und

$$\ddot\psi = -\,\frac{a\,b\,(b^2 - a^2)\sin\varphi}{(a^2 + b^2 - 2\,a\,b \cos\varphi)^2}\,\omega_0{}^2.$$

Da $\ddot\psi$ für $\varphi = 0$ und $\varphi = \pi$ verschwindet, so entstehen in diesen Kurbellagen

$$\dot\psi_{max} = \frac{a\,\omega_0}{b - a}$$

und

$$\dot\psi_{min} = -\,\frac{a\,\omega_0}{b + a}.$$

Abb. 131

24. Bei festgehaltenem Steg (Abb. 131) und angetriebenem Rade 1 ist

$$\frac{\omega_1}{\omega_3} = \frac{z_3}{z_1} = \frac{1}{2}, \qquad \text{somit} \qquad \omega_3 = 2\,\omega_1.$$

Die Größe und Zähnezahl des Zwischenrades 2 ist für das Übersetzungsverhältnis ohne Bedeutung, weil die Umfangsgeschwindigkeiten in den beiden Berührungspunkten mit 1 und 3 gleich groß sind; der Abtrieb erfolgt im gleichen Sinne wie der Antrieb. Überlagert man nun die Drehung des Steges s mit $-\omega_1\,(=\varphi/t)$, so kommt das Rad 1 zur Ruhe, O_1S hat sich gegenüber OO_1 um 2φ gedreht, daher ist OO_1S ein gleichschenkliges Dreieck, dessen Eckpunkt sich auf OS_0 bewegt, wobei

$$\overline{OS} = 2\,l\cos(\omega t).$$

25. Ist P der augenblickliche Drehpol und J der durch den Zwanglauf gegebene Wendepol, so kann $\mathfrak{b}_A$ nach Grübler (Aufg. I 9) zerlegt werden in die Wende- und Triebbeschleunigung: $\mathfrak{b}_A = \overrightarrow{AJ}\,\omega^2 + \widehat{PA}\,\dot{\omega}$ mit $\widehat{PA}$ als Quervektor von $\overrightarrow{PA}$. Da $\mathfrak{v}_A = \omega\,\widehat{PA}$, so wird

$$\mathfrak{b}_A = \overrightarrow{AJ}\,\omega^2 + \frac{\dot{\omega}}{\omega}\,\mathfrak{v}_A,$$

woraus folgt

$$\mathfrak{b}_A{}^1 = \mathfrak{b}_A{}^0 + \frac{\mathfrak{v}_A}{\omega}\,(\dot{\omega}_1 - \dot{\omega}_0).$$

Hienach hat der Proportionalitätsfaktor λ die Bedeutung $\dfrac{\dot{\omega}_1 - \dot{\omega}_0}{\omega}$.

Ist $b_A{}^0$ eine reine Normalbeschleunigung, also $\dot{\omega}_0 = 0$, so wird $\lambda = \dfrac{\dot{\omega}_1}{\omega}$.

II. Kinematik des räumlichen Systems

1. Ist $(x,\,y,\,z)$ ein raumfestes und $(\xi,\,\eta,\,\zeta)$ ein körperfestes Achsensystem mit dem festen Drehpunkt O des Kreisels als Ursprung (Abb. 132), so wird die Lage des Kreisels in bezug auf das raumfeste Achsensystem festgelegt durch die Eulerschen Winkel φ, ψ, ϑ.

Sind k_1 und k_2 die Schnittlinien der Ebene $(z,\,\zeta)$ mit der $(x,\,y)$-, bzw. $(\xi,\,\eta)$-Ebene, so stehen beide normal auf der in der $(x,\,y)$-Ebene liegenden Knotenlinie k und es ist

$\vartheta =$ Polwinkel $(z,\,\zeta)$,
$\varphi =$ Azimutwinkel $(x,\,k)$,
$\psi =$ Eigendrehwinkel $(k,\,\xi)$.

Es bedeutet daher $\dot{\vartheta}$ die Winkelgeschwindigkeit der

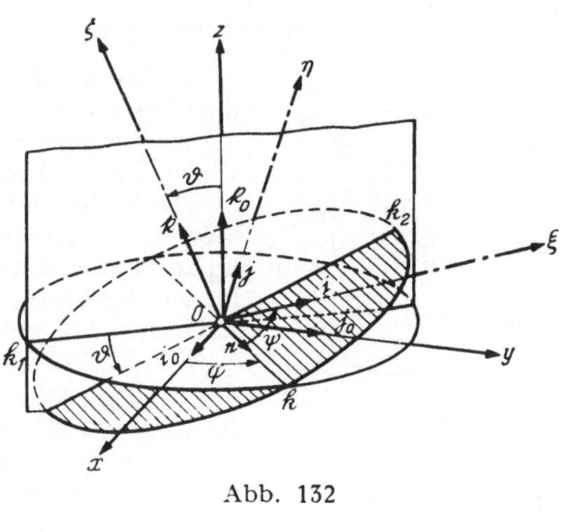

Abb. 132

Drehung um die im System (k_1, k, z) ruhende Knotenlinie (Nutation des Kreisels),

$\dot{\varphi}$ die Winkelgeschwindigkeit der Drehung um die raumfeste z-Achse (Präzession des Kreisels),

$\dot{\psi}$ die Winkelgeschwindigkeit der Drehung des Kreisels um die ζ-Achse (Eigendrehung des Kreisels).

Sind $\mathfrak{i}$, $\mathfrak{j}$, $\mathfrak{k}$ die Einheitsvektoren der bewegten (ξ, η, ζ)-Achsen, ferner $\mathfrak{e}$ und $\mathfrak{k}_0$ Einheitsvektoren der Knotenlinie und der z-Achse, so ergibt sich der Drehvektor $\mathfrak{w}$ des Kreisels durch Zusammensetzung der obenbezeichneten drei voneinander unabhängigen Drehungen zu

$$\mathfrak{w} = \mathfrak{e}\,\dot{\vartheta} + \mathfrak{k}_0\,\dot{\varphi} + \mathfrak{k}\,\dot{\psi}.$$

Seine Zerlegung nach den körperfesten (ξ, η, ζ)-Achsen ergibt bei Beachtung von

$$\mathfrak{e} = \mathfrak{i} \cos\psi - \mathfrak{j} \sin\psi,$$
$$\mathfrak{k}_0 = \mathfrak{k} \cos\vartheta + (\mathfrak{i} \sin\psi + \mathfrak{j} \cos\psi) \sin\vartheta$$

die Komponenten

$$\left. \begin{aligned} \omega_\xi &= \dot{\varphi} \sin\vartheta \sin\psi + \dot{\vartheta} \cos\psi, \\ \omega_\eta &= \dot{\varphi} \sin\vartheta \cos\psi - \dot{\vartheta} \sin\psi, \\ \omega_\zeta &= \dot{\varphi} \cos\vartheta + \dot{\psi}. \end{aligned} \right\} \qquad (a)$$

Diese werden im Schrifttum häufig mit p, q, r bezeichnet.

Zerlegt man $\mathfrak{w}$ nach den raumfesten (x, y, z)-Achsen, deren Einheitsvektoren $\mathfrak{i}_0$, $\mathfrak{j}_0$, $\mathfrak{k}_0$ sind, so ergeben sich wegen

$$\mathfrak{k} = \mathfrak{k}_0 \cos\vartheta + (\mathfrak{i}_0 \sin\varphi - \mathfrak{j}_0 \cos\varphi) \sin\vartheta,$$
$$\mathfrak{e} = \mathfrak{i}_0 \cos\varphi + \mathfrak{j}_0 \sin\varphi,$$

die Komponenten

$$\left. \begin{aligned} \omega_x &= \dot{\psi} \sin\vartheta \sin\varphi + \dot{\vartheta} \cos\varphi, \\ \omega_y &= - \dot{\psi} \sin\vartheta \cos\varphi + \dot{\vartheta} \sin\varphi, \\ \omega_z &= \dot{\psi} \cos\vartheta + \dot{\varphi}. \end{aligned} \right\} \qquad (b)$$

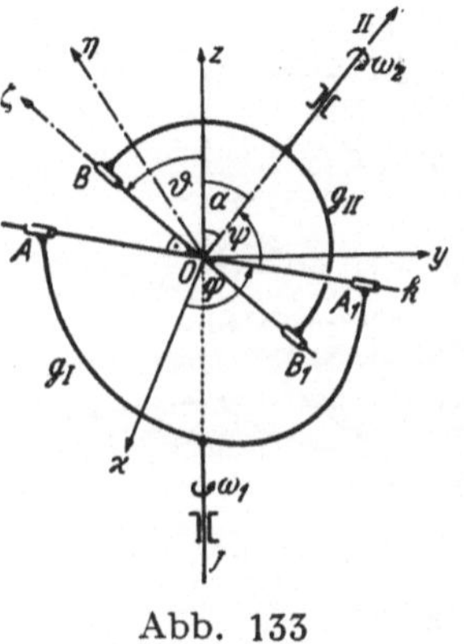

Abb. 133

2. Mit $\mathfrak{w}_1$ als z-Achse des raumfesten Koordinatensystems kann man den unter α gegen die z-Achse geneigten Drehvektor $\mathfrak{w}_2$ in die (y, z)-Ebene legen (Abb. 133).

Die Welle II mit der zugehörigen Gabel g_{II} läßt sich als Kreisel mit dem festen Drehvektor $\mathfrak{w}_2$ auffassen; legt man die körperfeste ζ-Achse in den Kreuzarm $B B_1$, dann fällt der zweite Kreuzarm $A A_1$ mit der Knotenlinie k zusammen.

Der Kreisel präzessiert dann um die Achse I mit $\dot{\varphi} = \omega_1$, führt eine Nutation mit $\dot{\vartheta}$ um den Kreuzarm $A A_1$ und eine Eigendrehung $\dot{\psi}$ um den dazu senkrechten anderen Kreuzarm aus. Für diesen Kreisel sind die Komponenten des Drehvektors $\mathfrak{w}_2$ bezüglich des raumfesten (x, y, z)-Systems nach vorstehender Aufgabe

$$\omega_x = \dot\psi \sin\vartheta \sin\varphi + \dot\vartheta \cos\varphi = 0, \tag{1}$$

$$\omega_y = -\dot\psi \sin\vartheta \cos\varphi + \dot\vartheta \sin\varphi = \omega_2 \sin\alpha, \tag{2}$$

$$\omega_z = \dot\psi \cos\vartheta + \dot\varphi = \omega_2 \cos\alpha. \tag{3}$$

Die Komponente ω_ζ bezüglich der zu $\mathfrak{w}_2$ senkrechten körperfesten ζ-Achse verschwindet, so daß

$$\omega_1 \cos\vartheta + \dot\psi = 0. \tag{4}$$

Durch Beseitigung von $\dot\vartheta$ aus (1) und (2) folgt

$$\dot\psi \sin\vartheta = -\omega_2 \sin\alpha \cos\varphi$$

und daher wegen (3) mit Einführung von $\omega_2/\omega_1 = v$:

$$\operatorname{tg}\vartheta = \frac{v \sin\alpha \cos\varphi}{1 - v \cos\alpha}. \tag{5}$$

Anderseits liefern (3) und (4) nach Beseitigung von $\dot\psi$:

$$\cos^2\vartheta = 1 - v \cos\alpha, \tag{6}$$

demnach $\sin^2\vartheta = v \cos\alpha$ und

$$\operatorname{tg}^2\vartheta = \frac{v \cos\alpha}{1 - v \cos\alpha}$$

so daß mit Beachtung von (5) sich ergibt

$$v = \frac{\omega_2}{\omega_1} = \frac{\cos\alpha}{1 - \sin^2\alpha \sin^2\varphi}.$$

Bei gegebenem α ist v vom Drehwinkel φ der Welle I abhängig, es wird demnach eine gleichförmige Drehung von I ungleichförmig auf II übertragen. Die Ungleichförmigkeit von v schwankt zwischen

$$v_{min} = \cos\alpha \quad (\text{für } \varphi = 0)$$

und

$$v_{max} = \frac{1}{\cos\alpha}\left(\text{für } \varphi = \frac{\pi}{2}\right);$$

sie macht sich daher bei schwach geneigten Wellen (α klein) wenig bemerkbar und läßt sich übrigens durch Hintereinanderschalten zweier Kardankupplungen beheben.

3. Soll die Kugel K rollen, so muß sie sich gegen den Spurzapfen Z um die Gerade $B_1 B_2$ mit $\mathfrak{w}_{KZ}$ und gegen den Laufring R um die Gerade $A_1 A_2$ mit $\mathfrak{w}_{KR}$ drehen (Abb. 134). Die Zapfenachse muß daher durch den Schnittpunkt O dieser Geraden gehen und es ergibt sich der Drehvektor $\mathfrak{w}_{KR}$ aus

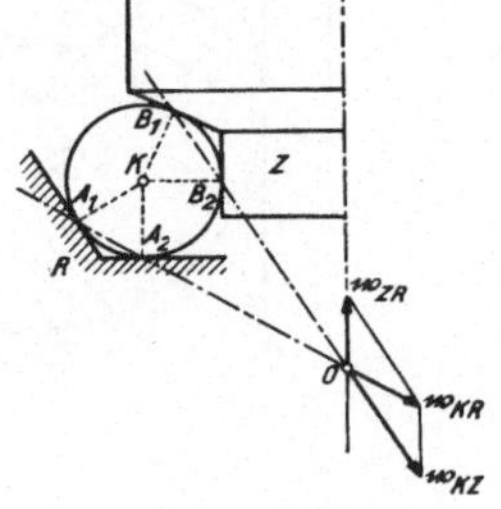

Abb. 134

$$\mathfrak{w}_{KR} = \mathfrak{w}_{KZ} + \mathfrak{w}_{ZR}.$$

4. Denkt man sich den Läufer durch seine Mittelscheibe vom Halbmesser r ersetzt, welche die Mahlplatte in B berührt, so dreht sich der Läufer bei seiner Rollbewegung momentan um die Achse BO mit dem Drehvektor $\mathfrak{w}$, der in die Triebachse 1 und in die Mittelachse 2 die Komponenten $\mathfrak{w}_1$, $\mathfrak{w}_2$ abgibt (Drehvektoren der Präzession und der Eigendrehung); sie hängen nach Abb. 135 vermöge $\omega_2 \sin a = \omega_1 \sin (\vartheta - a)$ zusammen.

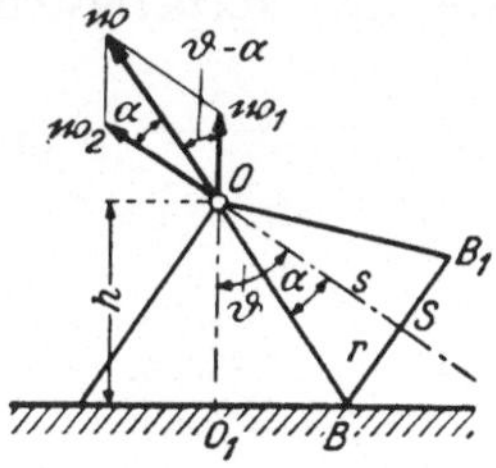

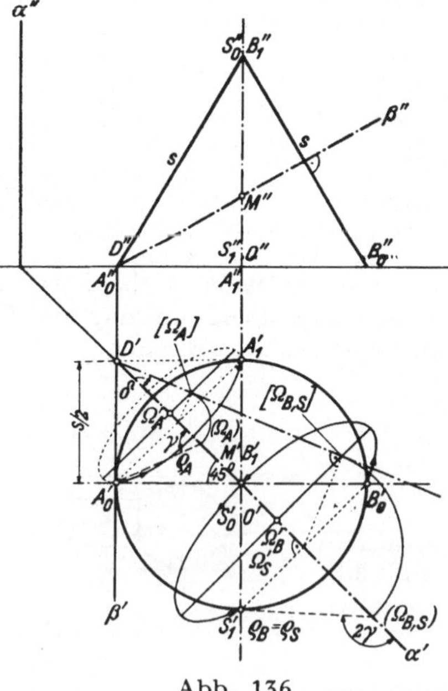

Abb. 135

Wegen

$$\overline{OB} = \frac{r}{\sin a} = \frac{h}{\cos (\vartheta - a)}$$

wird

$$\omega_2 = \omega_1 \sqrt{1 - \frac{h^2}{r^2} + \operatorname{ctg}^2 a}$$

oder wegen $\operatorname{ctg} a = s/r$:

$$\omega_2 = \omega_1 \sqrt{1 + \frac{s^2 - h^2}{r^2}}\,.$$

Da $T = 2\pi/\omega_1$, so beträgt die sekundliche Eigendrehzahl des Läufers

$$n_s = \frac{\omega_2}{2\pi} = \frac{1}{T} \sqrt{1 + \frac{s^2 - h^2}{r^2}}\,.$$

Das feste Axoid ist der Kreiskegel mit der Achse OO_1 und dem Öffnungswinkel $2\,(\vartheta - a)$, auf welchem der Kreiskegel BOB_1 abrollt.

5. Da die Punkte SAB in der Anfangs- und Endlage auf der dem gleichseitigen Kegel umschriebenen Kugel liegen, so besteht die Bewegung in einer Drehung um den Kugelmittelpunkt M. Die Drehachse DM (Abb. 136) fällt in die Schnittlinie der Symmetrieebene von $\overline{A_0A_1}$ und $\overline{B_0B_1}$, sie durchstößt die Basisebene im Eckpunkt D des Quadrates A_0OA_1D, ihr Neigungswinkel δ gegen die Basisebene ist daher bestimmt durch tg $\delta = 1/\sqrt{6}$. Ist Ω_A der auf DM liegende Mittelpunkt der Bahn des Punktes A bei seiner Drehung um die Achse DM, so ist deren Halbmesser $\varrho_A = \overline{\Omega_A A_0} = (s/4)\,\sqrt{2}\,\sqrt{1 + \sin^2 \delta} = s/\sqrt{7}$, der

Abb. 136

Drehwinkel 2γ ergibt sich aus $\sin \gamma = \dfrac{(s/4)\,\sqrt{2}}{\varrho_A} = \dfrac{\sqrt{7}}{2\sqrt{2}}$ zu $2\gamma = 138^0 36'$.

6. Man zeichne den Grund- und Aufriß des Getriebes, wobei die Kreisbahn von A parallel zur Aufrißebene, die von B und B_1 in der Grundrißebene angenommen werde (Abb. 137); diese sei gleichzeitig die Bildebene und der Kreis vom Durchmesser $\overline{BB_1} = 2\,c$ sei auch der Abbildungskreis. Der Punkt C' wird durch Umlegen des rechtwinkligen Dreieckes $AO'C$ nach $[A]\,O'\,[C]$ gewonnen, wobei $[C]\,O' \perp [A]\,O'$.

Da es sich um eine Bewegung um den festen Punkt O (sphärische Bewegung) handelt, so sind die Geschwindigkeiten aller Punkte zum Drehvektor $\mathfrak{w}$ senkrecht; daher ergibt sich dessen Antipol e_ω als Schnitt der Bilder der Geschwindigkeiten zweier Systempunkte. Die Geschwindigkeit $\mathfrak{v}_A$ von A erscheint im Aufriß v_A'' in wahrer Länge, ihr Grundriß v_A' ist parallel der y-Achse. Das Bild v_A von $\mathfrak{v}_A$ ergibt sich durch Ziehen der Linien $f\,T_A \parallel v_A''$, $v_A \parallel v_A'$ durch T_A. Das Bild v_B von $\mathfrak{v}_B$ geht durch O'. Beide schneiden sich im Antipol e_ω von ω. Das Bild ω selbst geht durch den Antipol e_A von v_A $(e_A\,f \perp f\,T_A)$ und steht auf v_B senkrecht, da der Antipol von v_B senkrecht zu v_B im Unendlichen liegt. ω ist die Antipolare von e_ω bezüglich des Abbildungskreises.

Weiter ist

$$\mathfrak{v}_B = \mathfrak{v}_A + \mathfrak{v}_{BA};$$

die Relativgeschwindigkeit $\mathfrak{v}_{BA}$ steht senkrecht auf der Ebene, die durch A und B parallel zu $\mathfrak{w}$ gelegt wird; daher ist ihr Bild senkrecht zur Spur dieser Ebene, die als Verbindungslinie der Spurpunkte g_A und g_B der durch A und B zu $\mathfrak{w}$ gelegten Parallelen erhalten wird.

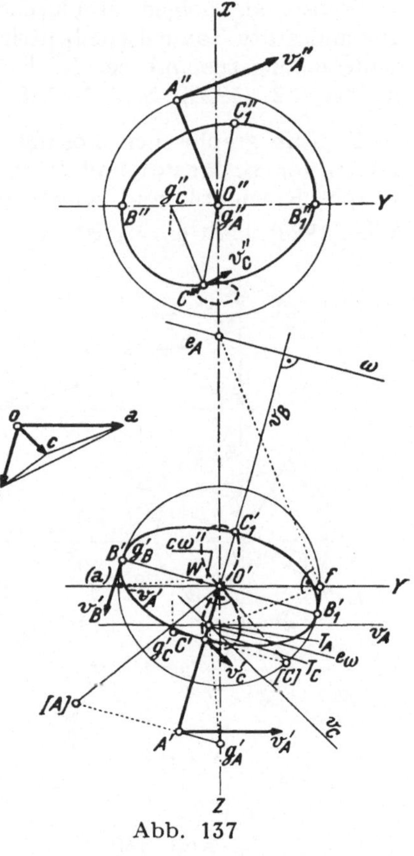

Abb. 137

Zieht man daher im Geschwindigkeitsplane der Bilder, in dem $v_A = v_A'$ als gegeben zu betrachten ist, $a\,b \perp g_A\,g_B$, so ist durch b das Bild der Geschwindigkeit v_B von B bestimmt und wegen

$$\Delta\,a\,b\,c \perp \Delta\,g_A\,g_B\,g_C$$

auch das Bild v_C. Die Bilder aller Geschwindigkeiten müssen durch den Antipol e_ω gehen und $f\,T_C$ gibt die Richtung des Aufrisses v_C''. Durch v_C ist die Tangente an die Bahnkurve von C (eine sphärische Kurve) bestimmt.

Da $v_A = \mathfrak{w} \times \overrightarrow{OA}$ gleich dem Moment von $\mathfrak{w}$ und $\overrightarrow{OA}$ ist, so kann $-v_A$ als die (relative) Geschwindigkeit gedeutet werden, die O durch $\mathfrak{w}$ um eine durch A gehende Achse erhält. Trägt man daher in O die Strecke $\overline{O(a)} = -v_A'$ auf, zieht durch den Endpunkt eine Senkrechte zu $e_\omega\, g_A$, so trifft diese die Gerade $B'B_1'$ im gesuchten Endpunkt w der Grundrißprojektion $c\,\omega'$.

Nebst der obigen graphischen Darstellung des Geschwindigkeitszustandes des Taumelscheibentriebes findet man auch jene für den Beschleunigungszustand bei K. Federhofer, Zeitschr. f. angew. Math. u. Mech. 2, (1929), S. 312—318.

7. Zur graphischen Lösung wird zweckmäßig das Abbildungsverfahren von B. Mayor und R. v. Mises benutzt (vgl. K. Federhofer, Graph. Kinematik und Kinetostatik des starren räumlichen Systems, Wien 1928). Mit $\omega = 1$ ist $v_A = \overline{OA}$; dieses Maß wird auch als Abbildungskonstante c und die Führungsebene ε als Bildebene gewählt. Jener Punkt B der Stange, der sich augenblicklich mit dem festen Drehpunkt O_1 der Hülse deckt, hat die Geschwindigkeit $v_B \parallel AB$.

Konstruiere die Bilder von v_A und v_B (v_A geht durch $O' \perp O'A'$, v_B ist durch den Punkt $T \parallel A'B'$ zu legen, wobei $T\,f \parallel A''B''$); der Schnittpunkt beider Bilder gibt den Antipol e_ω der momentanen Drehachse des Stabes AB, denn letztere steht senkrecht auf den Geschwindigkeiten aller Punkte des Systems AB. Die Antipolare von e_ω liefert das Bild ω der momentanen Drehachse. Konstruiert man den auf ω gelegenen Antipol e_{AB} des Bildes der Geraden AB, so erhält man in $e_\omega\,e_{AB}$ das Bild der relativen Geschwindigkeit v_{BA} des Punktes B gegen A.

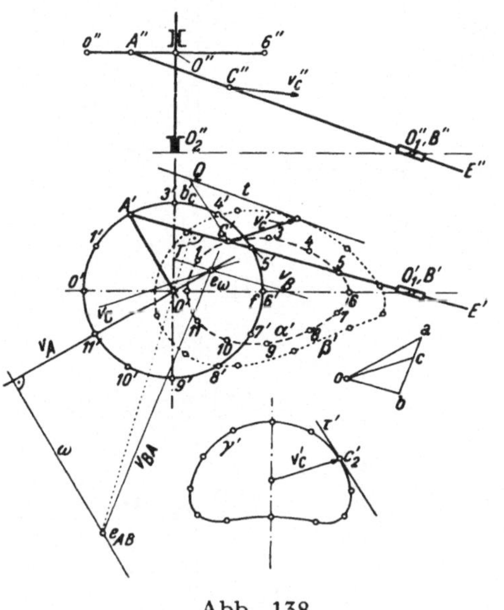

Abb. 138

Im Geschwindigkeitsplan $o\,a\,b$ macht man $\overrightarrow{o\,a} = v_A$, $a\,b \parallel v_{BA}$, $o\,b \parallel v_B$; dann ist $o\,b$ gleich der Bildlänge v_B' und es ergibt sich jene des Punktes C aus der Ähnlichkeit der Punktreihen ACB und $a\,c\,b$; $\overline{o\,c} = v_c'$. Die Bilder der Geschwindigkeiten aller Systempunkte schneiden sich, da sie auf der momentanen Drehachse senkrecht stehen, im Punkte e_w; dadurch ist auch das Bild v_c und hiemit der Aufriß v_c'' festgelegt. In

Abb. 138 sind für zwölf Stellungen der Kurbel OA die entsprechenden Lagen des Punktes C eingetragen, womit sich die Punktbahn α' dieses Punktes zeichnen läßt. Die nach dem beschriebenen Verfahren ermittelten Geschwindigkeiten ermöglichen die Zeichnung des lokalen und polaren Hodographen β' und γ', aus denen für jede Getriebestellung auch die Beschleunigung b_c des Punktes C entnommen werden kann. Denn die Tangente τ' im Punkte c_2' an den polaren Hodographen γ' gibt die Richtung b_c'; zieht man hiezu durch C' die Parallele bis zum Schnitte Q mit der Tangente t an die Kurve β', so ist die Bildlänge $b_c' = \overrightarrow{Q\,C'}$. (Beweis im Bd. 2: II. Aufg. 16.)

8. Mit a, 0, h als Koordinaten des festen Kurbeldrehpunktes O bezüglich der in den Mittelpunkt O_1 der Hülse gelegten rechtwinkligen (x, y, z)-Achsen (Abb. 139) hat der durch $\overline{A\,C} = c$ festgelegte Punkt C der Stange $A\,E$ die Koordinaten

$$x = (a + r \cos\varphi)\left(1 - \frac{c}{W}\right),$$

$$y = r \sin\varphi\left(1 - \frac{c}{W}\right),$$

$$z = h\left(1 - \frac{c}{W}\right),$$

worin

$$W = \sqrt{a^2 + h^2 + r^2 + 2\,a\,r \cos\varphi}.$$

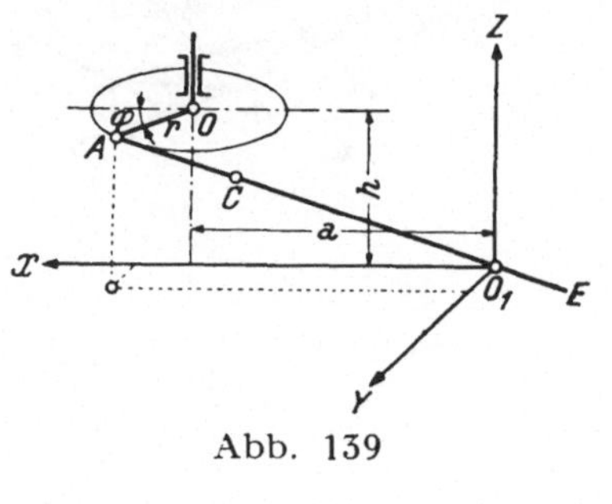

Abb. 139

Die Ableitung dieser Koordinaten nach der Zeit t liefert die Komponenten der Geschwindigkeit v_C nach den drei Achsrichtungen, wobei $d\varphi/dt = \omega = $ konst. zu setzen ist; eine nochmalige Ableitung ergibt die drei Komponenten der Beschleunigung b_c.

9. Wegen $v_B = v_A + v_{BA}$ sind die drei Vektoren komplanar, so daß ihre Bilder sich in einem Punkte schneiden, außerdem geht v_{BA} durch den Antipol e_{BA} von BA, denn es ist $v_{BA} \perp A\,B$; mit der Richtung von v_{BA} und der gegebenen Richtung von v_B' erhält man im Geschwindigkeitsplan, von $v_A' = \overline{o\,a}$ ausgehend, die Größe von $v_B' = \overline{o\,b}$ (Geschwindigkeitsmaßstab wurde in Abb. 140 der Deutlichkeit wegen verdoppelt). Die Führungsebene ε ist durch ihre Normale N_ε im Punkte C gegeben. Das Bild v_C der Geschwindigkeit v_C geht durch den Antipol e_N und trifft auf v_A mit dem durch e_{CA} gelegten Bildstab v_{CA} in einem Punkt (c_A) zusammen, entsprechend der Beziehung $v_C = v_A + v_{CA}$. Eine willkürliche Annahme $(c_A)^*$ dieses Punktes auf v_A ergibt mit den dadurch bestimmten Richtungen v_C^* und v_{CA}^* den Punkt c_A im Geschwindigkeitsplan und die Gerade $G_A \parallel e_N\,e_{CA}$ als geometrischen Ort für den Geschwindigkeitspunkt c, wobei $\overline{o\,c} = v_C'$.

Ebenso erhält man, ausgehend von der Beziehung $v_C = v_B + v_{CB}$ durch die beschriebene Konstruktion die Gerade $G_B \parallel e_N\,e_{CB}$ als Ort für c, so daß der gesuchte Punkt c durch den Schnitt von G_A und G_B festgelegt ist.

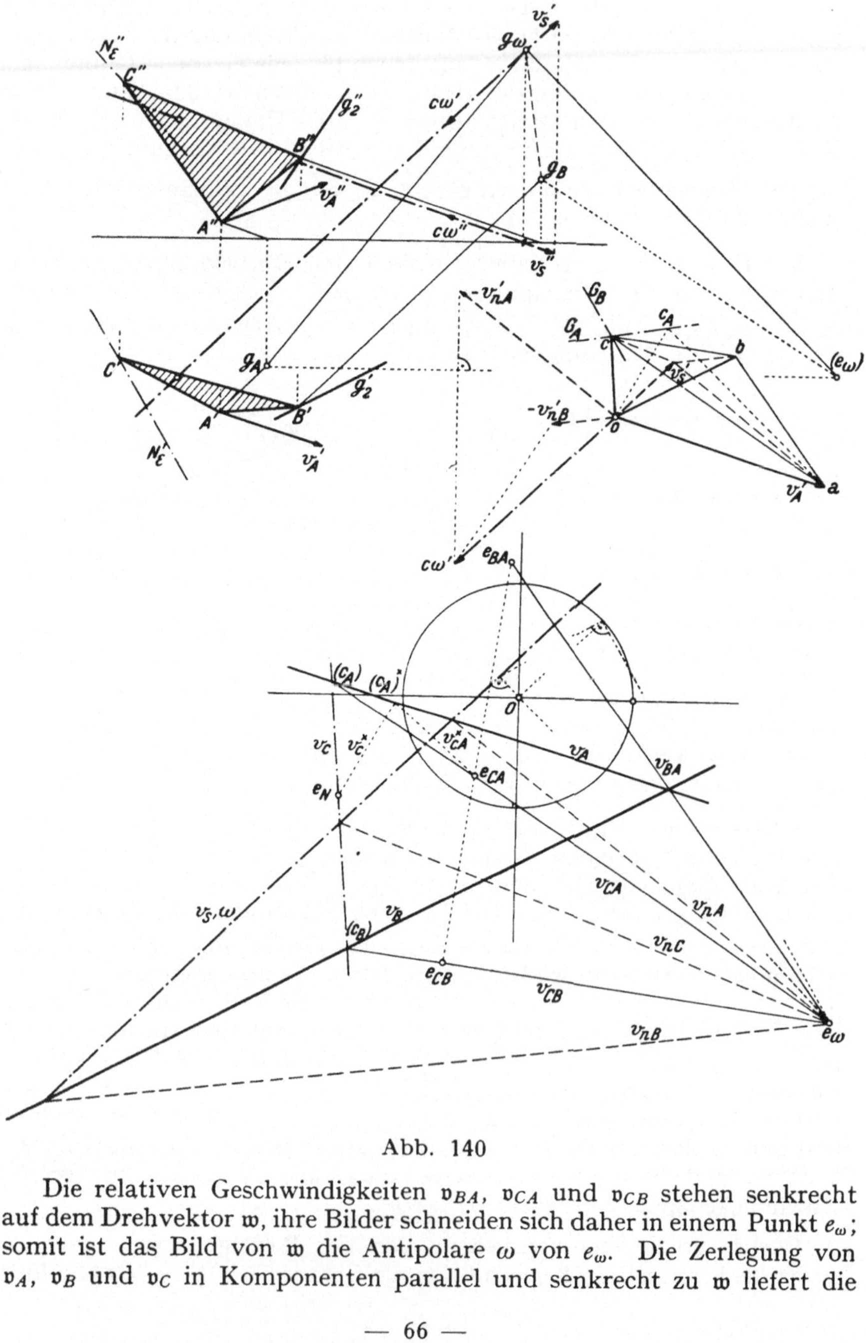

Abb. 140

Die relativen Geschwindigkeiten v_{BA}, v_{CA} und v_{CB} stehen senkrecht auf dem Drehvektor $\mathfrak{w}$, ihre Bilder schneiden sich daher in einem Punkt e_ω; somit ist das Bild von $\mathfrak{w}$ die Antipolare ω von e_ω. Die Zerlegung von v_A, v_B und v_C in Komponenten parallel und senkrecht zu $\mathfrak{w}$ liefert die gemeinsame Schiebungsgeschwindigkeit v_s — deren Bild v_s mit ω zusammenfällt — und die Drehgeschwindigkeiten v_{nA}, v_{nB} und v_{nC}, deren Bilder durch e_ω und die jeweiligen Schnittpunkte von v_A, v_B, v_C mit dem Bilde ω gehen.

Legt man durch A und B Parallele zu $\mathfrak{w}$ und zieht durch ihre Spurpunkte g_A und g_B Normale auf v_{nA}, bzw. v_{nB}, so schneiden sich diese im Spurpunkt g_ω des Drehvektors $\mathfrak{w}$, denn die Drehgeschwindigkeit $-\ v_{nA} = \overrightarrow{g_\omega\,g_A} \times \mathfrak{w}$ entspricht dem Moment einer in g_A angreifenden Kraft $\mathfrak{w}$ um den nach g_ω verlegt gedachten Ursprung (O), wobei das Bild des Momentenvektors v_{nA} eben auf $(O)\,g_A$ senkrecht steht; dasselbe gilt für v_{nB}. Macht man $\overrightarrow{O\,e_\omega} = \overrightarrow{g_\omega\,(e_\omega)}$ und zieht im Geschwindigkeitsplan durch die Vektorspitze von $-\,v_{nA}'$ die Normale auf $g_A\,(e_\omega)$, so schneidet sie auf der durch O zu ω gezogenen Parallelen die Drehgeschwindigkeit $c\,\omega$ ab, wo c die Abbildungskonstante angibt. (Kontrollen ergeben sich durch Wiederholung dieser Konstruktion mit Benutzung von $-\,v_{nB}'$ und $-\,v_{nC}'$.)

10. Setzt man die Verschiebungswege der drei Punkte A, B, C mit Größe und Richtung in A an, so liegen die Endpunkte der Verschiebungsvektoren in der Seitenebene $A\,B\,B_1$ und bilden dort zusammen mit A ein Rhombus. Daher ist die gesuchte Bewegung eine reine Drehung. Die zur Ebene $A\,B\,B_1$ senkrechte Drehachse geht durch den Schnittpunkt der Oktaederdiagonalen, was auch daraus folgt, daß die Punkte $A\,B\,C$ in der Anfangs- und Endlage auf einer Kugeloberfläche liegen. Ist F der Durchstoßpunkt der Drehachse mit der Seitenfläche $A\,B\,B_1$ und M die Mitte von $\overline{A\,B} = s$, so wird $\overline{F\,M} = \dfrac{s}{2\sqrt{3}}$ und es berechnet sich der Drehwinkel $\varphi = \widehat{A\,F\,A_1}$ aus $\operatorname{tg}\dfrac{\varphi}{2} = \dfrac{\overline{A\,M}}{\overline{M\,F}} = \sqrt{3}$ zu $\varphi = 120^0$.

11. Setzt man die Verschiebungsvektoren der Punkte $A\,B\,C$ von irgend einem Punkte o (z. B. in der Abb. 141 : $o \equiv A$) an, so ergibt sich das Tetraeder $o\,a\,b\,c$. Ist f der Fußpunkt des Lotes aus o auf die Ebene $a\,b\,c$, so gibt $\overline{o\,f} = \hat{\tau}$ den allen Verschiebungen gemeinsamen Translationsvektor und damit auch die Richtung der Schraubenachse, während $\overrightarrow{f\,a}$, $\overrightarrow{f\,b}$, $\overrightarrow{f\,c}$ die Verschiebungsanteile infolge Drehung um die Schraubenachse darstellen. Mit s als Kantenlänge des Oktaeders ist in dem bei o rechtwinkligen Dreiecke $M\,o\,c$: $\operatorname{tg}\alpha = \dfrac{\overline{M\,o}}{\overline{o\,c}} = \dfrac{1}{2}$, womit

$$\tau = \overline{o\,f} = \overline{o\,c}\,\sin\alpha = s\,\sqrt{\frac{2}{5}}.$$

Ferner ist

$$\overline{M\,f} = \tau\,\operatorname{tg}\alpha = \frac{s}{\sqrt{10}} \qquad \text{und} \qquad \overline{M\,c} = \frac{s}{\sqrt{2}\,\sin\alpha} = s\,\sqrt{\frac{5}{2}},$$

daher

$$\overline{M\,f} = \frac{1}{5}\,\overline{M\,c}.$$

Legt man durch die Punkte $A\,B\,C$ Parallele zur Schraubenachse, welche die Ebene $a\,b\,c$ in den Punkten α, β, γ durchstoßen und setzt in diesen Punkten die Verschiebungsvektoren $\vec{f\,a}$, $\vec{f\,b}$, $\vec{f\,c}$ an, so daß

$$\alpha\,(\alpha) = \vec{f\,a}, \qquad \beta\,(\beta) = \vec{f\,b}, \qquad \gamma\,(\gamma) = \vec{f\,c},$$

dann müssen sich deren Mittelsenkrechten in einem Punkte Ω schneiden, nämlich im Durchstoßpunkt der Schraubenachse mit der Ebene $a\,b\,c$.

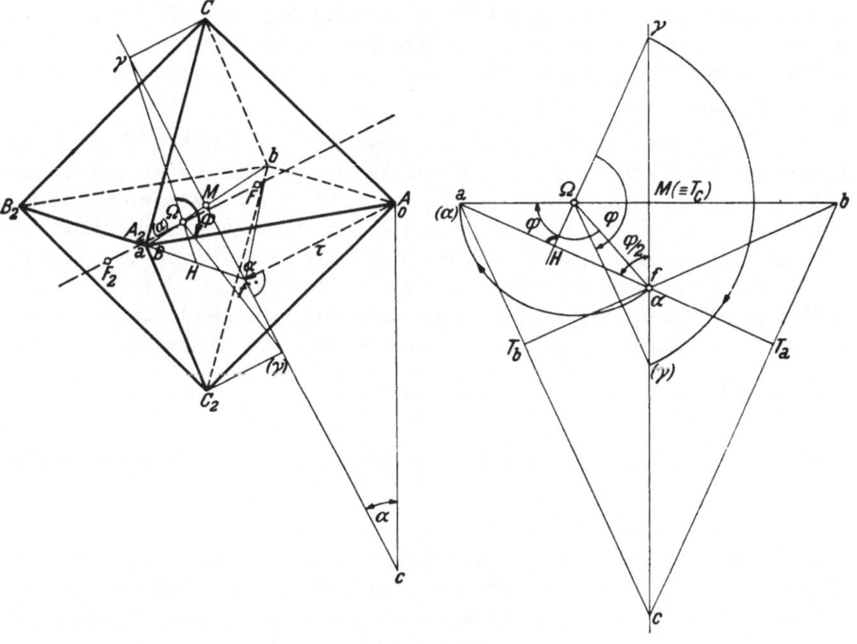

Abb. 141

Bei diesem Vorgange fällt α nach f und (α) nach a, während γ und (γ) in die Symmetrale $M\,c$ des gleichschenkligen Dreieckes $a\,b\,c$ zu liegen kommen, wobei ersichtlich $\overline{M\,\gamma} = \tfrac{1}{2}\,\overline{c\,f}$; M halbiert somit die Strecke $\overline{\gamma\,(\gamma)}$ und es schneidet die Symmetrale von $\alpha\,(\alpha)$ jene von $\gamma\,(\gamma)$ im Punkte Ω der Schraubenachse, der auf $a\,b$ liegt.

Als Drehwinkel φ ergibt sich $\sphericalangle\,\gamma\,\Omega\,(\gamma) = \alpha\,\Omega\,(\alpha)$, wonach

$$\operatorname{tg}\frac{\varphi}{2} = \frac{\overline{M\,(\alpha)}}{\overline{M\,\alpha}} = \frac{s/\sqrt{2}}{s/\sqrt{10}} = \sqrt{5}, \quad \text{somit} \quad \varphi = 131^{0}\,48'.$$

In allgemeinen Fällen wird die Lage der Schraubenachse am einfachsten nach einer Konstruktion von R. Mehmke (1883) gefunden, die darauf beruht, zur ebenen Figur $a\,b\,c\,f$ den in der Affinität $A\,B\,C\,F$ dem Punkte f entsprechenden Punkt F zu konstruieren, der ein Punkt der Schraubenachse sein muß.

Man zieht durch die Ecken des Dreieckes $A\,B\,C$ Transversalen, welche die gegenüberliegenden Seiten in denselben Verhältnissen teilen, in denen die entsprechenden Seiten des Dreieckes $a\,b\,c$ durch die nach f gezogenen Ecktransversalen geteilt werden. Die erstgenannten Transversalen schneiden sich dann im Punkte F der Schraubenachse.

(Ein gleiches gilt übrigens auch für das Dreieck $A_2 B_2 C_2$; der in obiger Art bestimmte, zu f affine Punkt F_2 gehört der Schraubenachse an, so daß die angegebene Konstruktion zu Kontrollzwecken dienen kann.)

Bei Anwendung dieser Konstruktion auf die vorliegende Aufgabe findet man leicht, daß die Transversalenschnittpunkte $T_A\,T_B\,T_C$ des Dreieckes $a\,b\,c$ in die Fußpunkte der Höhen dieses Dreieckes fallen und daß durch T_A und T_B die zugehörigen Seiten $b\,c$ und $a\,c$ im Verhältnisse $1:2$ geteilt werden; hiedurch sind die Punkte F und F_2 in den Dreiecken $A\,B\,C$ und $A_2\,B_2\,C_2$ bestimmt.

12. In Aufg. 11 ergibt sich eine sphärische Bewegung, weil die Dreiecke $A\,B\,C$ und $A_1\,B_1\,C_1$ *direkt* kongruent, demnach die drei Verschiebungsvektoren komplanar sind.

In Aufg. 12 sind die Dreiecke $A\,B\,C$ und $A_2\,B_2\,C_2$ *invers* kongruent, demnach die Verschiebungsvektoren nicht komplanar; das Tetraeder $o\,a\,b\,c$ artet daher nicht in eine Ebene aus ($\tau \neq 0$), somit liegt eine Schraubenbewegung vor.

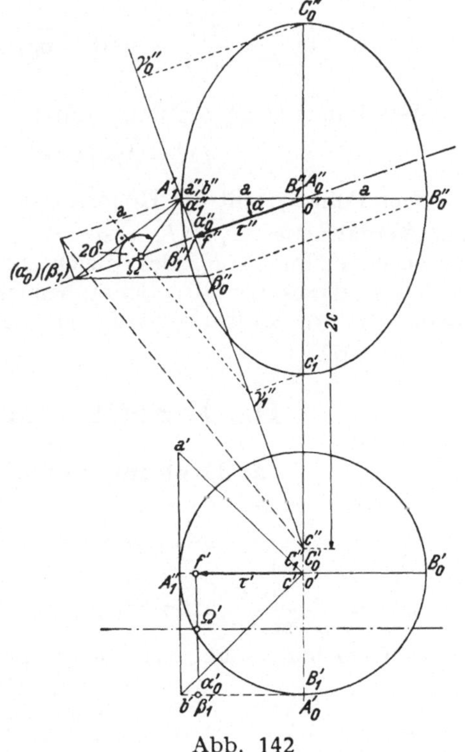

Abb. 142

13. Durch Ansetzen der drei Verschiebungsvektoren $\overrightarrow{A_0 A_1}$, $\overrightarrow{B_0 B_1}$, $\overrightarrow{C_0 C_1}$ in o (Abb. 142) ergibt sich das Tetraeder $o\,a\,b\,c$; das Lot aus o auf die Basis $a\,b\,c$ gibt den Translationsvektor $\overrightarrow{o\,f} = \vec{\tau}$ mit $\tau = a\cos\alpha =$

$= 2\,c \sin \alpha$, wo $\operatorname{tg} \alpha = \dfrac{a}{2\,c}$. Die durch $A_0\,B_0\,C_0$ und $A_1\,B_1\,C_1$ gelegten Parallelen zu τ schneiden die Ebene $a\,b\,c$ in den Punkten $\alpha_0\,\beta_0\,\gamma_0$ und $\alpha_1\,\beta_1\,\gamma_1$; hiebei wird

$$\alpha_0 \equiv \beta_1, \qquad \alpha_1 \equiv A_1, \qquad \overline{f\,\beta_0} = \overline{f\,\alpha_1}, \qquad \overline{f\,\gamma_0} = \overline{f\,\gamma_1} = \tfrac{1}{2}\overline{f\,c}.$$

Die Symmetralen von $\overline{\alpha_0\,\alpha_1}$, $\overline{\beta_0\,\beta_1}$ und $\overline{\gamma_0\,\gamma_1}$ schneiden sich in dem Punkte Ω der Schraubenachse, die parallel zu $\overset{\rightarrow}{\tau}$ läuft. Die Schraubung erfolgt um den Winkel $2\,\delta$, wo

$$\operatorname{tg} \delta = \frac{1}{\sin \alpha} = \sqrt{1 + \frac{4\,c^2}{a^2}}\,;$$

denn es ist

$$\operatorname{tg} \delta = \frac{\overline{\alpha_0\,f}}{\overline{A_1\,f}} \qquad \text{und} \qquad \overline{\alpha_0\,f} = a, \qquad \overline{A_1\,f} = a \sin \alpha.$$

Der Punkt Ω ist bestimmt durch

$$\overline{f\,\Omega} = \overline{f\,\gamma_1}\,\operatorname{ctg} \delta = c \sin \alpha \cos \alpha.$$

Der Punkt f teilt die Höhe $\overline{A\,c}$ des gleichschenkligen Dreieckes $a\,b\,c$ im Verhältnisse $\overline{A_1\,f} : \overline{f\,c} = a^2 : 4\,c^2$. Der dem Punkte f affin entsprechende Punkt F_0 des gleichschenkligen Dreieckes $A_0\,B_0\,C_0$, in welchem dieses von der Schraubenachse durchstoßen wird, teilt nach dem Satze von Mehmke (Aufg. 11) die von C gezogene Höhe im gleichen Verhältnisse.

III. Kinetik starrer Systeme

a) Drehung um eine feste Achse

1.
$$\omega^2{}_{min} = \frac{g}{l}\,\sqrt{3}\,; \qquad S = \frac{G}{2}\,\sqrt{3}.$$

2. $l = \dfrac{g}{\omega^2}\,\dfrac{\cos \alpha}{\sin^2 \alpha}$. Bei Steigerung der Drehzahl um ihre Hälfte wird $\omega_1 = 3/2\,\omega$ und es übt der Gleitkörper auf den Stellring die Kraft

$$D = \frac{G}{g}\,\omega_1{}^2\,l \sin^2 \alpha - G \cos \alpha = \frac{5}{4}\,G \cos \alpha$$

aus.

3. Wegen $\dot{\omega} = c$ ist $\omega = c\,t$. Sind $D_x\,D_y\,D_z$ die Komponenten des Gelenkdruckes D in O in den Richtungen $\mathfrak{i}$, $\mathfrak{j}$, $\mathfrak{k}$ (Abb. 143), so wird

$$D_x = \frac{m\,l}{2}\,\dot{\omega} \sin \alpha = \frac{G\,l}{2\,g}\,c \sin \alpha,$$

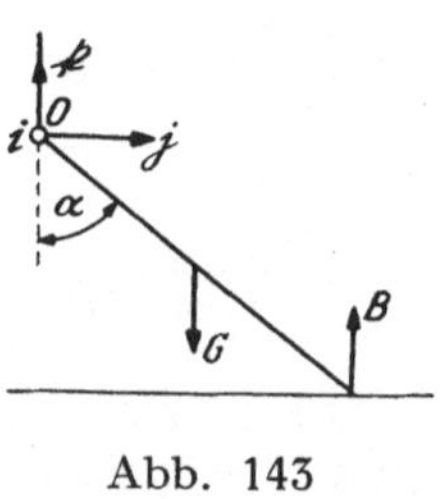

Abb. 143

$$D_y = \frac{m\,l}{2}\,\omega^2 \sin \alpha = \frac{G\,l}{2\,g}\,c^2\,t^2 \sin \alpha,$$

$$D_z = G - B.$$

Die Momentengleichung für die x-Achse lautet

$$B\,l\sin \alpha - \frac{G\,l}{2}\sin \alpha + \frac{m\,l^2}{3}\,\omega^2 \sin \alpha \cos \alpha = 0,$$

woraus

$$B = \frac{G}{6}\left(3 - \frac{2\,l}{g}c^2\,t^2 \cos \alpha\right),$$

so daß

$$D_z = \frac{G}{6}\left(3 + \frac{2\,l}{g}\,c^2\,t^2 \cos \alpha\right)$$

wird.

Abheben vom Boden tritt ein, wenn $B = 0$, das heißt zur Zeit

$$t_1 = \frac{1}{c}\sqrt{\frac{3\,g}{2\,l\cos \alpha}}.$$

Für diesen Augenblick betragen die Komponenten des Gelenkdruckes D:

$$D_x = \frac{G\,l\,c}{2\,g}\sin \alpha, \qquad D_y = \frac{3}{4}\,G\,\mathrm{tg}\,\alpha, \qquad D_z = G.$$

Aus dem Arbeitsprinzip $T - T_0 = A$ errechnet sich die bis zum Eintritte des Abhebens des Stabes vom Boden zur Aufrechterhaltung der Bewegung geleistete Arbeit wegen $T_0 = 0$ und $T = \frac{1}{2}\,J_z\,\omega^2$, wo $J_z = \frac{m\,l^2}{3}\sin^2 \alpha$ ist, zu

$$A = \frac{m\,l^2\,\omega^2}{6}\sin^2 \alpha = \frac{m\,l^2\,c^2\,t_1^{\,2}}{6}\sin^2 \alpha,$$

demnach mit Eintragung von t_1 zu $A = \frac{G\,l}{4}\sin \alpha\,\mathrm{tg}\,\alpha$.

4. Nach der vorstehenden Aufgabe ist

$$B = \frac{G}{6}\left(3 - 2\frac{l\,\omega^2}{g}\cos \alpha\right)$$

und da in der Ruhelage $B = G/2$, so ergibt sich ω aus der Forderung

$$\frac{G}{4} = \frac{G}{6}\left(3 - 2\frac{l\,\omega^2}{g}\cos \alpha\right) \quad \text{mit} \quad \omega^2 = \frac{3}{4}\frac{g}{l\cos \alpha}.$$

Die Komponenten von D sind nach Aufg. 3

$$D_x = 0, \qquad D_y = \frac{G\,l\,\omega^2}{2\,g}\sin \alpha = \frac{3}{8}\,G\,\mathrm{tg}\,\alpha, \qquad D_z = G - B = \frac{3}{4}\,G.$$

Der Gelenkdruck $D = \dfrac{3\,G}{4}\sqrt{1 + \dfrac{1}{4}\,\mathrm{tg}^2\,\alpha}$ schließt mit der nach oben positiven Lotrechten den Winkel ψ ein, für den $\mathrm{tg}\,\psi = D_y/D_z = \tfrac{1}{2}\mathrm{tg}\alpha$.

5. Das Flächenelement $dF = y\,dx = 2\sqrt{a^2 - x^2}\,dx$ erfährt den Luftwiderstand $c\,(x\,\omega)^2\,dF$, wenn c den Widerstand für die Einheit der Fläche und der Geschwindigkeit bezeichnet (Abb. 144); daher ergibt sich ein die Bewegung abbremsendes Drehmoment

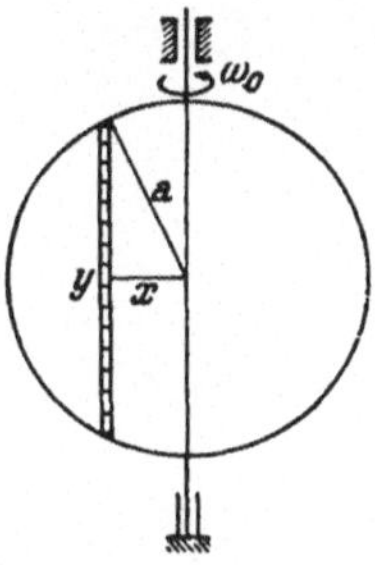

$$M = 2\,c\,\omega^2 \int_{-a}^{+a} x^3\sqrt{a^2 - x^2}\,dx = \frac{8}{15}\,c\,a^5\,\omega^2.$$

Aus $\dot\omega = -\dfrac{M}{J}$ folgt mit $J = \dfrac{G}{g}\dfrac{a^2}{4}$

$$\dot\omega = -\frac{32}{15}\frac{g\,c\,a^3}{G}\,\omega^2$$

und daher die Zeit T:

$$T = -\frac{15\,G}{32\,g\,c\,a^3}\int_{\omega_0}^{\omega_0/2}\frac{d\omega}{\omega^2} = \frac{15}{32}\frac{G}{g}\frac{1}{\omega_0\,c\,a^3}.$$

Abb. 144

6. Das Trägheitsmoment der Platte um die Achse $A\,B$ beträgt $J = \dfrac{m\,h^2}{6}$.

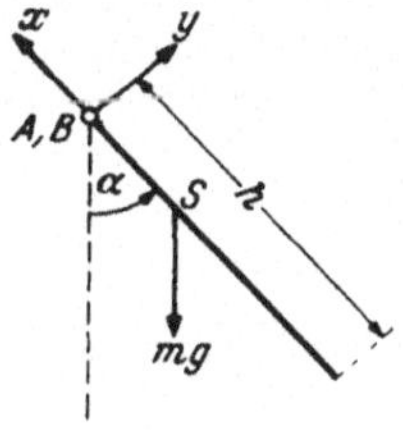

Aus

$$\dot\omega = \ddot\varphi = -\frac{m\,g\,(h/3)\sin\varphi}{J}$$

folgt

$$\dot\omega = -\frac{2\,g}{h}\sin\varphi$$

und wegen $\omega\,d\omega = \dot\omega\,d\varphi$:

$$\omega^2 = \omega_0{}^2 - \frac{4\,g}{h}\,(1 - \cos\varphi).$$

Abb. 145

Da $\omega = 0$ sein soll für $\varphi = \pi$, so folgt $\omega_0{}^2 = 8\,g/h$ und hiemit

$$v_0 = \frac{h}{2}\,\omega_0 = \sqrt{2\,g\,h}.$$

Die Lagerdrücke in A und B sind einander gleich und geben nach den Richtungen x, y (Abb. 145) die Komponenten

$$2\,A_x = G\cos\varphi + \frac{m\,h}{3}\,\omega^2 = \frac{G}{3}\,(4 + 7\cos\varphi),$$

$$2\,A_y = G\sin\varphi + \frac{m\,h}{3}\,\dot\omega = \frac{G}{3}\sin\varphi.$$

Für die waagrechte Lage $\varphi = \pi/2$ folgen hieraus die Lagerdrücke $A = B = \left(\dfrac{G}{6}\right)\sqrt{17}$, deren Wirkungslinien gegen die x-Achse unter θ geneigt sind, wo tg $\theta = \frac{1}{4}$.

7. Mit c als Reibungsmoment für die Winkelgeschwindigkeit „1", lautet die Bewegungsgleichung der Kurbel $J_0\,\dot\omega = M_d - c\,\omega$ oder

$$\ddot\varphi + b\,\dot\varphi - a = 0, \tag{a}$$

worin

$$b = \frac{c}{J_0}, \qquad a = \frac{M_d}{J_0}.$$

Bei Beachtung der Anfangsbedingungen $\varphi = 0$, $\dot\varphi = 0$ für $t = 0$ besitzt (a) die Lösung

$$\varphi = \frac{a}{b}\left[t - \frac{1}{b}(1 - e^{-bt}) \right].$$

Hienach ist zur Zeit t_1:

$$\omega_1 = \frac{a}{b}(1 - e^{-bt_1})$$

und zur Zeit $t_2 = \beta\,t_1$:

$$\omega_2 = \frac{a}{b}(1 - e^{-b\beta t_1}),$$

es besteht daher der Zusammenhang:

$$1 - \frac{\omega_2\,c}{M_d} = \left(1 - \frac{\omega_1\,c}{M_d}\right)^{\beta},$$

wodurch ω_2 bestimmt ist.

Die Reibungsarbeit A_r ergibt sich entweder aus dem Arbeitsprinzip $T - T_0 = A$, worin $T_0 = 0$, $T = \frac{1}{2} J_0\,\omega^2$, $A = M_d\,\varphi + A_r$ mit Beachtung der für φ und ω erhaltenen Lösung zu

$$A_r = -\frac{M_d{}^2}{c}\left[t_1 - \frac{J_0}{2\,c}\left(3 - 4\,e^{-\frac{c\,t_1}{J_0}} + e^{-\frac{2c\,t_1}{J_0}} \right) \right] \tag{b}$$

oder definitionsgemäß aus

$$A_r = -\int_0^{\varphi_1} c\,\omega\,d\varphi = -c\int_0^{t_1} \omega^2\,dt,$$

womit bei Benutzung der obigen Lösung für $\omega = \omega\,(t)$ wieder das Ergebnis Gl. (b) folgt.

8. Mit b als Beschleunigung des sinkenden Gewichtes Q zur Zeit t beträgt die Spannkraft des Seiles $S = Q\,(1 - b/g)$, die an der Welle das Antriebsmoment $S \cdot r$ liefert.

Ein Flächenelement $dF = h\,dx$ in der Entfernung x von der Drehachse hat die Geschwindigkeit $v = x\,\omega$ und erfährt den Luftwiderstand $c\,dF\,v^2$, wo c den Widerstand je Einheit der Fläche und Geschwindigkeit angibt.

Das die Drehung verzögernde Moment M_L des Luftwiderstandes ergibt sich daher zu

$$M_L = - c\,h\,\omega^2 \int_0^a x^3\,dx = - \frac{c\,h\,a^4}{4}\,\omega^2.$$

Mit $J = \dfrac{G}{g}\dfrac{a^2}{3}$ als Trägheitsmoment der dünnen Platte um die Drehachse lautet ihre Bewegungsgleichung

$$J\dot\omega = S\,r + M_L.$$

Die Eintragung der obigen Werte von S und M_L, wobei $b = r\,\dot\omega$ ist, liefert daher

$$\dot\omega\left(1 + \frac{Q\,r^2}{g\,J}\right) = \frac{Q\,r}{J} - \frac{c\,h\,a^4}{4\,J}\,\omega^2. \tag{a}$$

Bei Eintritt gleichförmiger Drehung ist $\dot\omega = 0$, demnach ist der Grenzwert ω_g der Winkelgeschwindigkeit bestimmt durch

$$\omega_g{}^2 = \frac{4\,Q\,r}{c\,h\,a^4}. \tag{b}$$

Hiemit geht (a) über in

$$\left(\frac{\omega}{\omega_g}\right)^{\!\cdot}\left(1 + \frac{Q\,r^2}{g\,J}\right) = \frac{Q\,r}{J\,\omega_g}\left[1 - \left(\frac{\omega}{\omega_g}\right)^2\right]$$

oder mit $\zeta = \omega/\omega_g$ und

$$\frac{1}{1 + \dfrac{Q\,r^2}{g\,J}}\,\frac{Q\,r}{J\,\omega_g} = k \tag{c}$$

in

$$\frac{d\zeta}{1 - \zeta^2} = k\,dt,$$

woraus mit der Anfangsbedingung $\omega\,(o) = \zeta\,(o) = 0$ folgt

$$\zeta = \frac{\omega}{\omega_g} = \mathrm{Tg}\,(k\,t).$$

Die Anlaufzeit τ ist durch die Forderung $\omega/\omega_g = 0{,}99$, also durch $\mathrm{Tg}\,(k\,\tau) = 0{,}99$
bestimmt; hieraus wird

$$\tau = \frac{2{,}65}{k} = 2{,}65\,\frac{J\,\omega_g}{Q\,r}\left(1 + \frac{Q\,r^2}{g\,J}\right).$$

Die zeitfreie Gleichung $\omega\,d\omega = \dot\omega\,d\varphi$ geht wegen (a) über in

$$d\left(\frac{\omega^2}{2}\right) = \frac{1}{1 + \dfrac{Q\,r^2}{g\,J}}\,\frac{Q\,r}{J}\left(1 - \frac{\omega^2}{\omega_g{}^2}\right)d\varphi,$$

oder mit $\zeta = \omega/\omega_g$ und dem Hilfswert k (Gl. c) nach Trennung der Veränderlichen in

$$\frac{d(\zeta^2)}{1 - \zeta^2} = \frac{2\,k}{\omega_g}\, d\varphi.$$

Die Integration liefert mit der Anfangsbedingung $\varphi = 0$, $\zeta = 0$

$$\varphi = \frac{\omega_g}{2\,k} \ln \frac{1}{1 - \zeta^2}.$$

Das Gewicht Q senkt sich um $r\,\varphi$ und daher nach Ablauf der Anlaufzeit, also für $\zeta = 0{,}99$ um

$$s = \frac{r\,\omega_g}{2\,k} \ln 50{,}25 = 1{,}959\,\frac{r\,\omega_g}{k}.$$

9. Bezeichnet M_{red} die auf den Radumfang reduzierte Radmasse, x den Weg der Gewichte G_1 und G_2 aus der Ruhelage, c den Widerstand des Mittels für die Einheit der Geschwindigkeit, so lautet die Bewegungsgleichung

$$(m_1 + m_2 + M_{red})\,\ddot{x} = G_1 - G_2 - 2\,c\,\dot{x}.$$

Bei Beachtung der Anfangsbedingungen $t = 0$, $x = 0$, $\dot{x} = 0$ ergibt sich die Lösung

$$x = \frac{G_1 - G_2}{2\,c}\left[t + \frac{m}{2\,c}\left(e^{-\frac{2c}{m}t} - 1 \right) \right],$$

worin $m = m_1 + m_2 + M_{red}$ gesetzt ist.

Aus $S_1 = G_1 - m_1\,\ddot{x} - c\,\dot{x}$ und $S_2 = G_2 + m_2\,\ddot{x} + c\,x$ berechnen sich die Seilkräfte zu

$$S_1 = \frac{G_1 + G_2}{2} + (G_1 - G_2)\left(\frac{1}{2} - \frac{m_1}{m} \right) e^{-\frac{2c}{m}t},$$

$$S_2 = \frac{G_1 + G_2}{2} - (G_1 - G_2)\left(\frac{1}{2} - \frac{m_2}{m} \right) e^{-\frac{2c}{m}t}.$$

10. Mit S_1 und S_2 als Seilspannungen in den lotrechten Seilen und mit x als Weg der Förderkörbe aus der Ruhelage lauten die Bewegungsgleichungen

$$M_0 + (S_2 - S_1)\,r = J_0\,\dot{\omega},$$

$$G_1 + \frac{G_1}{g}\,\ddot{x} = S_1,$$

$$G_2 - \frac{G_2}{g}\,\ddot{x} = S_2,$$

woraus wegen $r\,\dot{\omega} = \ddot{x}$ folgt

$$\ddot{x} = \frac{\dfrac{M_0}{r} + G_2 - G_1}{\dfrac{J_0}{r^2} + \dfrac{G_2 + G_1}{g}}$$

oder mit $G_1 = (1 + a)\, G_2$ und $J_0 = \frac{1}{2}\,(Q/g)\, r^2$:

$$b = \ddot{x} = g\,\frac{\dfrac{M_0}{r^2} - a\,G_2}{(2 + a)\,G_2 + \dfrac{Q}{2}} = \text{konst.} \qquad (a)$$

Die beiden gleichmäßig mit b beschleunigten Förderkörbe begegnen sich daher nach der Zeit $t_1 = \sqrt{h/b}$ mit der Geschwindigkeit $v_1 = \sqrt{b\,h}$. Seilrutsch tritt ein, wenn $S_1 = S_2\, e^{f\,\pi}$.

Da $S_1 = G_1\,(1 + b/g)$ und $S_2 = G_2\,(1 - b/g)$, so ergibt sich die Bedingung

$$(1 + a)\,\frac{g + b}{g - b} = e^{f\,\pi},$$

aus der sich nach Eintragung des Wertes b aus Gl. (a) das Antriebsmoment M_0 bei Eintritt des Seilrutsches berechnet mit

$$\frac{M_0}{r} = \frac{2\,G_1\,(e^{f\,\pi} - 1) + Q/2\,(e^{f\,\pi} - a - 1)}{e^{f\,\pi} + a + 1}.$$

Bei Vernachlässigung des Gewichtes der Seilscheibe vereinfacht sich dies zu

$$M_0 = \frac{2\,G_1\,r\,(e^{f\,\pi} - 1)}{e^{f\,\pi} + a + 1}.$$

11. Sei g die Drehachse der ebenen Platte mit dem Schwerpunkte S, deren Zentralellipsoid die Halbachsen i_1, i_2, $i_3 = 0$ besitze (Abb. 146).

Für ein Massenelement $\mu\,dF$ in der Entfernung u von der Drehachse ist die Zentrifugalkraft

$$dC = \mu\,dF\,u\,\omega^2. \qquad (a)$$

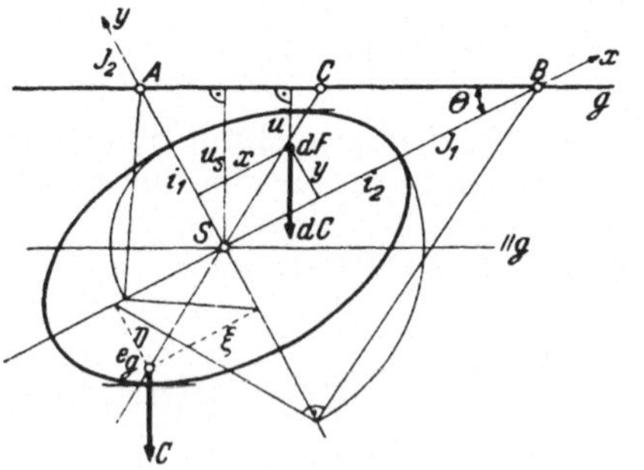

Schließt die Drehachse g mit der Hauptachse $S\,B$ den Winkel θ ein, so ist

$$u = u_s - x \sin\theta - y \cos\theta. \qquad (b)$$

Für die Koordinaten ξ, η des Mittelpunktes e_g des Parallelkraftsystems aller dC gilt

$$\xi = \frac{\displaystyle\int_F x\,dC}{\displaystyle\int_F dC}, \qquad \eta = \frac{\displaystyle\int_F y\,dC}{\displaystyle\int_F dC}. \qquad (c)$$

Abb. 146

Mit Rücksicht auf

$$\int_F x\,dF = 0 = \int_F y\,dF, \qquad \int_F x^2\,dF = F\,i_2{}^2,$$

$$\int_F y^2\, dF = F\, i_1{}^2, \qquad \int_F x\, y\, dF = 0$$

gehen die Gleichungen (c) wegen (a), (b) über in

$$\xi = -\sin\theta\,\frac{i_2{}^2}{u_s},$$

$$\eta = -\cos\theta\,\frac{i_1{}^2}{u_s},$$

dies sind die Koordinaten des Antipoles e_g der Zentralellipse für die Gerade g, der nach Abb. 146 zu konstruieren ist. Die Linie $e_g\,SC$ ist konjugiert der Geraden g.

Für die resultierende Zentrifugalkraft C ergibt sich

$$C = \mu\,F\,u_s\,\omega^2,$$

ihre Wirkungslinie geht aber nur dann durch den Schwerpunkt S, wenn die Drehachse g parallel zu einer der Hauptachsen des Querschnittes ist. Die der Winkelbeschleunigung $\dot\omega$ entsprechende elementare Trägheitskraft dN ist gleich $\mu\,dF\,u\,\dot\omega$; sie ist ebenso wie dC proportional u, wirkt aber senkrecht zur Plattenebene; der Mittelpunkt des Parallelkraftsystems aller dN fällt daher mit e_g zusammen. Die resultierende Trägheitskraft hat den Betrag

$$\sqrt{C^2 + N^2} = m\,u_s\,\sqrt{\omega^4 + \dot\omega^2}.$$

12. Für die in die Winkelhalbierende des Viertelkreises (Abb. 147) fallende Hauptträgheitsachse x ist $i_1{}^2 = \left(\dfrac{r^2}{4}\right)(1 - 2/\pi)$, für die dazu senkrechte Schwerpunktshauptachse y:

$$i_2{}^2 = \frac{r^2}{4}\left(1 + \frac{2}{\pi} - 8\,\frac{u_s{}^2}{r^2}\right), \qquad \text{wo} \qquad u_s = \frac{4}{3}\frac{r}{\pi}.$$

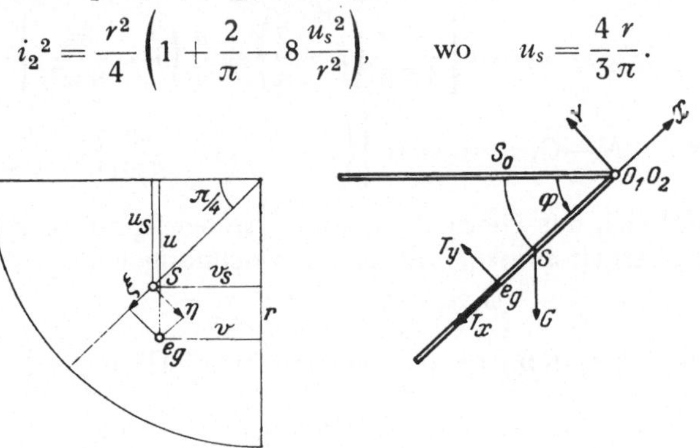

Abb. 147

Demnach sind die Koordinaten des Angriffspunktes e_g der resultierenden Trägheitskraft bezüglich der Zentralachsen

$$\xi = \frac{i_2{}^2}{u_s}\sin\theta = \frac{r^2}{4\sqrt{2}\,u_s}\left(1 + \frac{2}{\pi} - 8\,\frac{u_s{}^2}{r^2}\right),$$

$$\eta = \frac{i_1^2}{u_s}\cos\theta = \frac{r^2}{4\sqrt{2}\,u_s}\left(1 - \frac{2}{\pi}\right),$$

oder bezogen auf den waagrechten und lotrechten Kreisdurchmesser

$$u = u_s + \xi \sin\theta + \eta \cos\theta = \frac{r^2}{4\,u_s} = \frac{3\,\pi}{16}\,r,$$

$v = v_s + \xi \cos\theta - \eta \sin\theta$, somit wegen $v_s = u_s$: $v = 3\,r/8$.

Die Zentrifugalkraft ist $C = m\,u_s\,\omega^2$, die dazu normale Trägheitskraft $N = -\,m\,u_s\,\dot\omega$.

Die Momentengleichung um die Drehachse $O_1 O_2$ für das Gleichgewicht der Kräfte G, C, N und der beiden Lagerdrücke liefert

$$G\,u_s \cos\varphi = N\,u = m\,u_s\,\dot\omega\,u,$$

daher

$$\dot\omega = \frac{g\cos\varphi}{u} = \frac{16\,g}{3\,r\,\pi}\cos\varphi;$$

hiemit folgt aus $\omega\,d\omega = \dot\omega\,d\varphi$:

$$\omega^2 = \frac{32\,g}{3\,r\,\pi}\sin\varphi.$$

Die Komponenten der Lagerdrücke $O_1 O_2$ in Richtung der x-, y-Achsen berechnen sich hiemit zu

$$O_{1,x} = G\sin\varphi\left[\frac{4}{3\,\pi}\frac{r}{a}\left(1 + \frac{4}{\pi}\right) + \frac{d}{a}\left(1 + \frac{128}{9\,\pi^2}\right)\right],$$

$$O_{2,x} = G\sin\varphi + C - O_{1,x} = G\sin\varphi\left[\left(1 - \frac{d}{a}\right)\left(1 + \frac{128}{9\,\pi^2}\right) - \frac{4}{3\,\pi}\frac{r}{a}\left(1 + \frac{4}{\pi}\right)\right],$$

$$O_{1,y} = G\cos\varphi\left[\frac{4}{3\,\pi}\frac{r}{a}\left(1 - \frac{2}{\pi}\right) + \frac{d}{a}\left(1 - \frac{64}{9\,\pi^2}\right)\right],$$

$$O_{2,y} = G\cos\varphi + N - O_{1,y} = G\cos\varphi\left[\left(1 - \frac{d}{a}\right)\left(1 - \frac{64}{9\,\pi^2}\right) - \frac{4}{3\,\pi}\frac{r}{a}\left(1 - \frac{2}{\pi}\right)\right].$$

13. Senkt sich das Gewicht G_1 um x_1, wobei G_2 um x_2 gehoben wird, so liefert das Arbeitsprinzip mit den Bezeichnungen der Abbildung 148

$$G_1 x_1 - (G_2 + m\,g)\,x_2 =$$
$$= \frac{1}{2}\left[m_1 v_1^2 + (m_2 + m)\,v_2^2 + \frac{1}{2}(m'\,R^2 + m''\,r^2)\,\Omega^2 + \frac{1}{2}\,m\left(\frac{R+r}{2}\right)^2\omega^2\right].\tag{a}$$

Ist $\varphi = \dfrac{x_1}{R}$ der Drehwinkel der festen Rolle, so ist $x_2 = \dfrac{R-r}{2}\,\varphi$,

demnach $v_1 = R\,\dot\varphi = R\,\Omega$ und $v_2 = \dfrac{R-r}{2}\,\Omega$.

Die absolute Geschwindigkeit des Punktes B der mit v_2 nach aufwärts bewegten und mit ω sich drehenden Rolle ist

$$r\,\Omega = \omega\,\frac{R+r}{2} - v_2$$

und jene des Punktes C:

$$R\,\Omega = \omega\,\frac{R+r}{2} + v_2,$$

hienach ist $\omega = \Omega$.

Gl. (a) ergibt daher mit $\varrho = r/R$

$$\omega^2 = \varphi\,\frac{g}{R}\,k,$$

worin die Konstante k durch

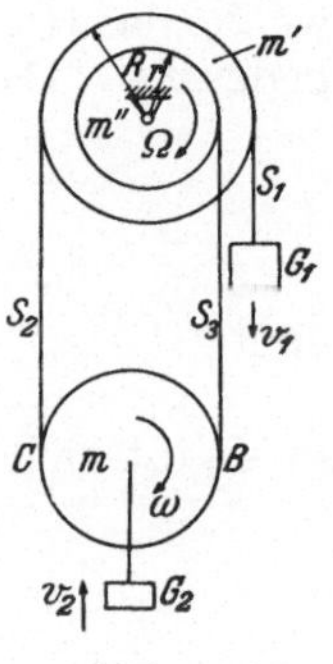

Abb. 148

$$k = \frac{m_1 - 1/2\,(1-\varrho)\,(m_2 + m)}{m_1 + 1/4\,(m_2 + m)\,(1-\varrho^2) + 1/2\,(m' + m''\,\varrho^2) + 1/8\,m\,(1+\varrho)^2}$$

bestimmt ist.

Da hienach die Winkelbeschleunigung $\dot\omega = (g/R)\,k$, so bewegt sich G_1 mit der konstanten Beschleunigung $b_1 = R\,\dot\omega = g\,k$ und G_2 mit

$$b_2 = \frac{R-r}{2}\,\dot\omega = g\,(1-\varrho)\,\frac{k}{2}.$$

Für die Seilkraft S_1 gilt $S_1 = G_1 - m_1\,b_1 = G_1\,(1-k)$.
Die Seilkräfte S_2 und S_3 ergeben sich aus

$$S_2 + S_3 = G_2 - (m_2 + m)\,b_2 = G_2 - \frac{k}{2}\,(1-\varrho)\,(G_2 + G)$$

und

$$S_2 - S_3 = \frac{m}{2}\,\frac{R+r}{2}\,\dot\omega = \frac{G}{4}\,(1+\varrho)\,k$$

mit

$$S_2 = \frac{1}{2}\left[G_2\left(1 + k\,\frac{1-\varrho}{2}\right) + G\,\frac{k}{4}\,(3-\varrho)\right],$$

$$S_3 = \frac{1}{2}\left[G_2\left(1 + k\,\frac{1-\varrho}{2}\right) + G\,\frac{k}{4}\,(1-3\varrho)\right].$$

14. Werden den Kräften G, Q, G_m, K die Fliehkräfte des Schwunggewichtes und der vier Stangen hinzugefügt, so entsteht ein Gleichgewichtssystem. Für eine virtuelle Winkeländerung $\delta\varphi$ muß die virtuelle Arbeit der angegebenen Kräfte verschwinden; demnach ist

$$-2\,(Q + 2G + G_m + K)\,l\sin\varphi\,\delta\varphi + 2\,\frac{Q}{g}\,(a + l\sin\varphi)\,\omega^2 l\cos\varphi\,\delta\varphi +$$

$$+4\,\omega^2\cos\varphi\,\delta\varphi\int_{u=0}^{l} u\,(a + u\sin\varphi)\,dm = 0,$$

wo dm das Massenelement eines Stabes in der Entfernung u von A (oder C) bedeutet. Da

$$\int_{u=0}^{l} u\,(a + u\sin\varphi)\,dm = a\,m\,\frac{l}{2} + \sin\varphi\,\frac{m\,l^2}{3}$$

und

$$K = c\,(h_0 - 2\,l\cos\varphi),$$

so ergibt sich

$$\frac{\omega^2}{g} = \operatorname{tg}\varphi\,\frac{Q + 2G + G_m + c\,(h_0 - 2\,l\cos\varphi)}{Q\,(a + l\sin\varphi) + G\,(a + 2/3\,l\sin\varphi)}.$$

b) Drehung um einen festen Punkt (Kreisel)

1. Drehbewegungen um einen festen Punkt (Kreiselbewegungen) werden beherrscht durch den Satz vom Drall

$$\frac{d\mathfrak{D}}{dt} = \mathfrak{M},\tag{1}$$

worin die Änderungsgeschwindigkeit des Dralles $\mathfrak{D}$ des Kreisels für den festen Drehpunkt auf ein raumfestes, also ruhendes System bezogen ist. Für ein solches System sind dann die Trägheits- und Deviationsmomente variabel.

Es ist daher zweckmäßig, die Momentengleichung (1) so umzuformen, daß darin die Änderungsgeschwindigkeit des Dralles bezüglich eines *körperfesten* Systems steht, weil dann die angegebenen Massenmomente zweiter Ordnung konstant sind.

Die absolute und die relative Änderungsgeschwindigkeit ein und desselben Vektors (also auch des Drallvektors $\mathfrak{D}$) stehen aber bei Drehung des Bezugssystems mit $\mathfrak{w}$ in der Beziehung

$$\frac{d\mathfrak{D}}{dt} = \left(\frac{d\mathfrak{D}}{dt}\right)_{rel} + \mathfrak{w} \times \mathfrak{D},$$

so daß sich die mit (1) gleichwertige aber bequemere Gleichung

$$\left(\frac{d\mathfrak{D}}{dt}\right)_{rel} + \mathfrak{w} \times \mathfrak{D} = \mathfrak{M}\tag{2}$$

ergibt.

Wählt man im Besonderen die *Hauptachsen* $(x\,y\,z)$ des Kreisels als körperfeste Achsen, für welche die Deviationsmomente verschwinden, so zerfällt Gl. (2) zufolge

$$
\begin{aligned}
D_x &= J_1\,\omega_x, \\
D_y &= J_2\,\omega_y, \\
D_z &= J_3\,\omega_z,
\end{aligned}
\qquad
\mathfrak{w} \times \mathfrak{D} =
\begin{vmatrix}
\mathfrak{i} & \mathfrak{j} & \mathfrak{k} \\
\omega_x & \omega_y & \omega_z \\
D_x & D_y & D_z
\end{vmatrix}
$$

in die folgenden drei Eulerschen Gleichungen:

$$\left.
\begin{aligned}
J_1\,\dot{\omega}_x + (J_3 - J_2)\,\omega_y\,\omega_z &= M_x, \\
J_2\,\dot{\omega}_y + (J_1 - J_3)\,\omega_x\,\omega_z &= M_y, \\
J_3\,\dot{\omega}_z + (J_2 - J_1)\,\omega_x\,\omega_y &= M_z.
\end{aligned}
\right\}\tag{3}$$

2. In bezug auf das durch O gelegte Hauptachsenkreuz $x\,y\,z$ (Abb. 149) hat der Kegel die Trägheitsmomente

$$J_1 = \frac{3}{10}\,m\,r^2, \qquad J_2 = J_3 = \frac{3}{5}\,m\left(h^2 + \frac{r^2}{4}\right),$$

womit sich jenes für die momentane Drehachse OA aus

$$J = J_1 \cos^2 \alpha + J_2 \cos^2\left(\frac{\pi}{2} + \alpha\right) + J_3 \cos^2\frac{\pi}{2}$$

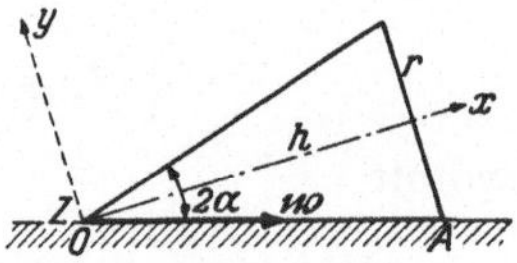

zu

$$J = \frac{3}{20}\,m\,r^2\,\frac{r^2 + 6\,h^2}{r^2 + h^2}$$

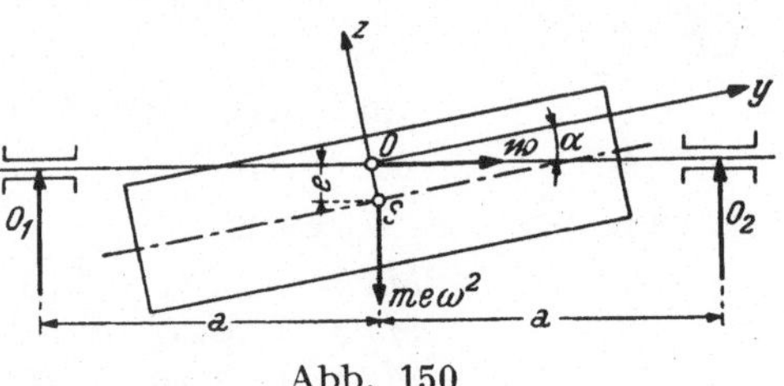

Abb. 149

ergibt.

Der Kegel dreht sich um OA mit $\omega = (2\,\pi/\tau)\,\operatorname{ctg}\alpha$ und besitzt daher die kinetische Energie

$$T = \frac{1}{2}\,J\,\omega^2 = \frac{3\,\pi^2}{10\,\tau^2}\,m\,h^2\,\frac{r^2 + 6\,h^2}{r^2 + h^2}.$$

Wegen $\omega_z = 0$ liegt der Drallvektor $\mathfrak{D}_0$ in der x-, y-Ebene und hat die Komponenten

$$D_x = \; J_1 \omega_x = \frac{3}{10}\,m\,r^2\,\omega\,\cos\alpha,$$

$$D_y = \; J_2 \omega_y = -\,\frac{3}{5}\,m\left(h^2 + \frac{r^2}{4}\right)\omega\,\sin\alpha,$$

somit ist

$$|\mathfrak{D}_0| = \frac{3\,\pi}{5\,\tau}\,m\,r^2\,\frac{\cos^2\alpha}{\sin\alpha}\sqrt{3 + \frac{1}{4}\,\operatorname{tg}^2\alpha + 4\,\operatorname{ctg}^2\alpha}.$$

Der Winkel θ des Vektors $\mathfrak{D}_0$ mit der x-Achse ist durch

$$\operatorname{tg}\theta = \frac{D_y}{D_x} = -\left(2\,\operatorname{ctg}\alpha + \frac{1}{2}\,\operatorname{tg}\alpha\right)$$

bestimmt.

$\mathfrak{D}_0$ wirft in die Drehachse die Komponente $D_0 \cos(\theta + \alpha)$, die auch gleich sein muß

$$J\,\omega = \frac{3\,\pi}{10\,\tau}\,m\,r^2\,\operatorname{ctg}\alpha\,(1 + 5\cos^2\alpha),$$

was als Kontrolle der Rechnung dient.

3. Der Zylinder führt um die Drehachse O_1O_2 eine Präzessionsbewegung mit dem Drehvektor $\mathfrak{w}$ aus (Abb. 150). In bezug auf das durch den Punkt O (Schnittpunkt der

Abb. 150

Hauptträgheitsachse z mit der Drehachse) gelegte körperfeste Koordinatensystem $x\,y\,z$, für welches $\omega_x = 0$, $\omega_y = \omega \cos a$, $\omega_z = -\omega \sin a$, liefern die Eulerschen Gleichungen

$$M_x = -\omega^2 \sin a \cos a \,(J_z - J_y),$$
$$M_y = M_z = 0.$$

Es ist

$$J_z = m\left(\frac{r^2}{4} + \frac{l^2}{12}\right), \quad J_y = \frac{m\,r^2}{2} + \frac{m\,e^2}{\cos^2 a},$$

womit

$$M_x = m\,\omega^2\,\frac{\sin 2\,a}{8}\left(r^2 - \frac{l^2}{3}\right) + m\,e^2\,\omega^2\,\mathrm{tg}\,a.$$

Aus

$$M_x = O_2\,(a + e\,\mathrm{tg}\,a) - O_1\,(a - e\,\mathrm{tg}\,a)$$

und $O_1 + O_2 = $ Fliehkraft $= m\,e\,\omega^2$ folgen die Lagerdrücke

$$O_1 = \frac{G}{g}\,\omega^2\left[\frac{e}{2} + \frac{\sin 2\,a}{16\,a}\left(\frac{l^2}{3} - r^2\right)\right],$$
$$O_2 = \frac{G}{g}\,\omega^2\left[\frac{e}{2} - \frac{\sin 2\,a}{16\,a}\left(\frac{l^2}{3} - r^2\right)\right].$$

4. Für die körperfesten xyz-Achsen (Abb. 151) sind die Hauptträgheitsmomente

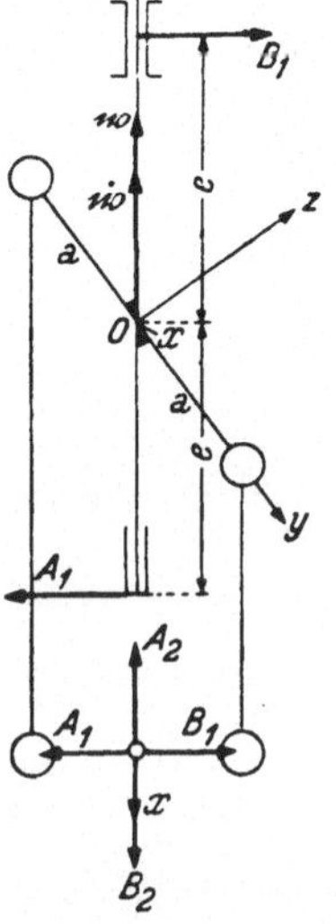

$$J_1 = J_3 = 2\,m\,a^2, \quad J_2 = 0, \quad \left(m = \frac{G}{g}\right)$$

der Drehvektor $\mathfrak{w}$ und der Vektor der Winkelbeschleunigung $\dot{\mathfrak{w}}$ haben die Komponenten

$$\omega\,.\left\{\begin{matrix}0 \\ -\cos a, \\ \sin a\end{matrix}\right. \qquad \dot{\omega}\,.\left\{\begin{matrix}0 \\ -\cos a. \\ \sin a\end{matrix}\right.$$

Hiemit liefern die Eulerschen Gleichungen

$$M_x = -m\,a^2\,\omega^2 \sin 2\,a,$$
$$M_y = 0,$$
$$M_z = 2\,m\,a^2\,\dot{\omega}\,\sin a.$$

Der Lagerdruck $\mathfrak{A}$ des Spurlagers wird zerlegt in $\left\{\begin{matrix}A_1 \\ A_2 \\ A_3\end{matrix}\right.$, jener $\mathfrak{B}$ des Halslagers in $\left\{\begin{matrix}B_1 \\ B_2 \\ O\end{matrix}\right.$.

Abb. 151

Es ist

$$M_x = -e\,(A_1 + B_1), \tag{a}$$
$$M_y = -M_a \cos a + e \sin a\,(A_2 + B_2), \tag{b}$$
$$M_z = M_a \sin a + e \cos a\,(A_2 + B_2). \tag{c}$$

Da $A_1 = B_1$ sein muß, so liefert (a):

$$A_1 = B_1 = \frac{m\,a^2\,\omega^2}{2\,e}\,\sin 2\,\alpha; \qquad (d)$$

aus (b) und (c) folgt

$$\dot{\omega} = \frac{M_a}{2\,m\,a^2\,\sin^2 \alpha} = \text{konst.} = c \qquad (e)$$

(was sich auch unmittelbar aus der Grundgleichung für Drehung um eine feste Achse ergibt) und

$$A_2 + B_2 = \frac{M_a}{e}\,\text{ctg}\,\alpha.$$

Wegen $A_2 = B_2$ wird $A_2 = B_2 = \dfrac{M_a}{2\,e}\,\text{ctg}\,\alpha$ (Betrag konstant, Richtung entsprechend der Drehung der Ebene $x\,A\,B$ zeitlich veränderlich) und zufolge $\omega = c\,t$:

$$A_1 = B_1 = \frac{m\,a^2\,c^2}{2\,e}\,t^2 \sin 2\,\alpha,$$

(Betrag und Richtung ändern sich mit t); schließlich $A_3 = 2\,G$.

5. Das Gewicht G des Läufers hat bezüglich des Gelenkes O das Moment

$$M_0 = G\,s\,\sin\vartheta.$$

Sind J_2 und J_1 die Trägheitsmomente des Läufers für seine Figurenachse SO und für eine in O darauf senkrechtstehende Achse, so besteht die Kreiselwirkung in dem Momente

$$K = [J_2\,\omega_2 + (J_2 - J_1)\,\omega_1 \cos\vartheta]\,\omega_1 \sin\vartheta,$$

welches sich mit dem Schweremoment M_0 zum gesamten Pressungsmomente $M = M_0 + K$ vereinigt, wofür sich wegen

$$\omega_2 \sin\alpha = \omega_1 \sin(\vartheta - \alpha)$$

ergibt

$$M = G\,s\,\sin\vartheta + \omega_1{}^2 (J_2\,\text{ctg}\,\alpha\,\sin\vartheta - J_1 \cos\vartheta)\,\sin\vartheta.$$

Aus $\partial M/\partial\vartheta = 0$ folgt

$$0 = G\,s\,\cos\vartheta + \omega_1{}^2 (J_2\,\text{ctg}\,\alpha\,\sin 2\vartheta - J_1 \cos 2\vartheta), \qquad (a)$$

woraus der Winkel ϑ für stärkste Preßwirkung zu berechnen ist. Setzt man hiezu

$$\omega_1{}^2\,J_2\,\text{ctg}\,\alpha = 2\,H\,\sin\beta,$$
$$\omega_1{}^2\,J_1 = 2\,H\,\cos\beta,$$

so daß

$$\text{tg}\,\beta = \frac{J_2}{J_1}\,\text{ctg}\,\alpha, \qquad 2\,H = \omega_1{}^2\,\sqrt{J_2{}^2\,\text{ctg}^2\,\alpha + J_1{}^2},$$

so geht (a) über in

$$\cos\vartheta = \frac{2H}{G\,s}\,\cos(2\,\vartheta + \beta).$$

Da hienach der dem Größtwert von M entsprechende Winkel ϑ^* jedenfalls größer als 90^0 und kleiner als $135^0 - \beta/2$ ist, insoferne H als positiv und β als spitzer Winkel vorauszusetzen ist, so ist der günstigste Winkel ϑ^* ein stumpfer Winkel mit gehobener Mittelachse.

6. Sind ω_e und ω_0 die Winkelgeschwindigkeiten der Eigendrehung des Kreisels und seiner Präzessionsbewegung und J_3, J_1 die Hauptträgheitsmomente um die Figurenachse und die dazu senkrechte Schwerachse, so ist allgemein

$$M = \omega_0 \sin \delta \left[J_3 \omega_e + (J_3 - J_1)\, \omega_0 \cos \delta \right].$$

Für das Rotationsellipsoid ist $J_3 = m/5\,(a^2 + b^2)$ und $J_1 = 2/5\, m\, a^2$, somit wegen $b = a\,\sqrt{3}$: $J_3 = 2\, J_1$, womit für das Moment folgt

$$M = \frac{2}{5}\frac{G}{g}\, a^2 \left(\frac{\pi}{30}\right)^2 n_0 \sin \delta\, (2\, n_e + n_0 \cos \delta) = 9{,}33\ \text{kg cm}.$$

Der Momentenvektor steht senkrecht auf der Präzessionsebene (Ebene der Präzessionsachse und Figurenachse); sein Drehsinn stimmt überein mit dem Sinne der Drehung, durch welche die Präzessionsachse auf kürzestem Wege in die Figurenachse gebracht wird.

7. Die beiden einander entgegengesetzt gleichen Lagerreaktionen H in O_1 und O_2 bilden ein in der Ebene der Platte drehendes Kraftpaar vom Betrage

$$H \cdot h = \frac{G}{g}\frac{e^2 \omega^2}{h} \sin 4\,\alpha.$$

(Benutze die Eulerschen Gleichungen in bezug auf das durch S gelegte körperfeste Hauptachsensystem und beachte, daß $\dot{\omega} = 0$.)

8. Sind $J_1 J_2 J_3$ die Hauptträgheitsmomente der Platte bezüglich der Schwerpunktsachsen $x\, y\, z$ ($z = $ Plattennormale n), so ist für die beliebig umrandete Platte $J_3 = J_1 + J_2$ und es lauten die Eulerschen Gleichungen mit $J_1 < J_2$:

$$\dot{\omega}_x + \omega_y \omega_z = 0, \tag{a}$$

$$\dot{\omega}_y - \omega_x \omega_z = 0, \tag{b}$$

$$(J_1 + J_2)\, \dot{\omega}_z + (J_2 - J_1)\, \omega_x \omega_y = 0. \tag{c}$$

Aus (a) und (b) folgt

$$\omega_x \dot{\omega}_x + \omega_y \dot{\omega}_y = 0,$$

demnach

$$\omega_x{}^2 + \omega_y{}^2 = \text{konst.} = \Omega^2$$

und man kann daher setzen

$$\omega_x = \Omega \cos \theta, \qquad \omega_y = \Omega \sin \theta.$$

Hiemit liefern (a) oder (b): $\omega_z = \dot{\theta}$, so daß Gl. (c) übergeht in

$$\ddot{\theta} + \frac{J_2 - J_1}{2\,(J_2 + J_1)}\, \Omega^2 \sin 2\,\theta = 0. \tag{d}$$

Ist für den Beginn der Bewegung θ_0 der Winkel der Drehachse g mit der x-Achse (Abb. 152), so lautet das erste Integral von (d), da für den Anfang $\omega_z = \dot{\theta} = 0$ ist:

$$\dot{\theta}^2 = \frac{J_2 - J_1}{2\,(J_2 + J_1)}\,\Omega^2\,(\cos 2\,\theta - \cos 2\,\theta_0) = \frac{J_2 - J_1}{J_2 + J_1}\,\Omega^2\,(\sin^2 \theta_0 - \sin^2 \theta)\,;$$

die Ebene ε schwingt hienach zwischen den Lagen $\theta = \pm\,\theta_0$ mit der Schwingungsdauer

$$T = \frac{4}{\Omega}\,\sqrt{\frac{J_2 + J_1}{J_2 - J_1}}\,\int_0^{\theta_0} \frac{d\theta}{\sqrt{\sin^2 \theta_0 - \sin^2 \theta}}. \qquad (e)$$

Mit φ als Schwingungsausschlag eines mathematischen Pendels von der Länge l ist dessen Bewegungsgleichung

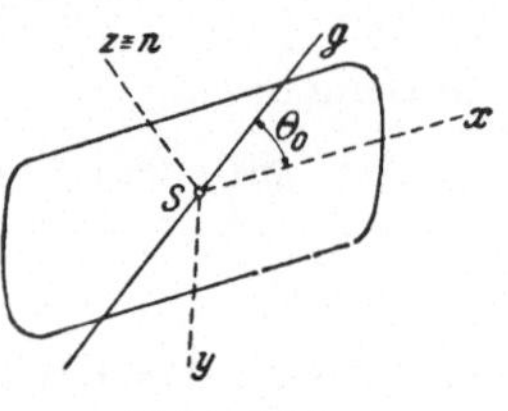

Abb. 152

$$\ddot{\varphi} + \frac{g}{l}\,\sin \varphi = 0$$

und diese geht mit $\varphi = 2\,\theta$, $l = \dfrac{J_2 + J_1}{J_2 - J_1}\dfrac{g}{\Omega^2}$ über in die Gl. (d).

Das Pendel schwingt dann zwischen den Lagen $\pm\,2\,\theta_0$ und besitzt die Schwingungsdauer

$$2\,\sqrt{\frac{l}{g}}\,\int_0^{\varphi_0} \frac{d\varphi}{\sqrt{\sin^2 \varphi_0/2 - \sin^2 \varphi/2}}.$$

Mit $\varphi = 2\,\theta$ und dem obigen Wert für die Pendellänge l ergibt sich hieraus für die Schwingungsdauer das Ergebnis (e).

9. Sei J_1 das Trägheitsmoment des Rahmens samt Schwungrad für die Achse $A\,B$, J_2 jene des Schwungrades für seine Achse $C\,D$. Dann besitzt das Schwungrad einen mit $C\,D$ zusammenfallenden Drallvektor $\mathfrak{D}_2$ vom Betrage $D_2 = J_2\dfrac{n\,\pi}{30}$. Da $\mathfrak{D}_2 \perp A\,B$, so liefert $\mathfrak{D}_2$ zu der auf die Achse $A\,B$ bezogenen Momentengleichung für den Gesamtverband

$$\frac{d}{dt}\,(J_1\,\dot{\varphi}) = -\,Q\,s\,\sin \varphi \qquad (1)$$

keinen Beitrag; demnach schwingt das Kreiselpendel genau so, als wenn das Schwungrad nicht rotierte.

Die Kreiselwirkung äußert sich nur in der Übertragung eines in der Rahmenebene wirkenden Kraftpaares vom Betrage $P\,l = J_2\dfrac{n\,\pi}{30}\,\dot{\varphi}$, wobei die Winkelgeschwindigkeit $\dot{\varphi} = |\mathfrak{w}|$ aus Gl. (1) durch

$$\dot{\varphi} = \sqrt{\frac{2\,Q\,s}{J_1}\,(\cos \varphi - \cos \alpha)}$$

bestimmt ist. Der Drehsinn des Kraftpaares $P\,l$ ist durch jenen des Kreiselmomentes $-(\mathfrak{w}_2 \times \mathfrak{D}_2)$ bestimmt.

Außer den Kräften $\pm P$ hat jedes Lager noch die auch bei nicht rotierendem Schwungrade vorhandenen Kräfte

$$\frac{Q}{2}\left(\cos\varphi + \frac{s\,\dot\varphi^2}{g}\right) \perp A\,B \quad \text{in der Rahmenebene und}$$

$$\frac{Q}{2}\sin\varphi\left(1 - \frac{Q\,s^2}{g\,J_1}\right) \perp A\,B \text{ und } \perp \text{ Rahmenebene}$$

aufzunehmen.

10. Mit dem Stampfwinkel

$$\theta = a\sin\left(\frac{2\,\pi}{T}t\right)$$

ergibt sich das Kreiselmoment der rotierenden Schraube zu

$$M = \frac{G}{g}\,i^2\,\frac{n\,\pi}{30}\,\dot\theta;$$

sein Größtwert ist

$$M_{max} = \frac{G\,i^2\,a\,n\,\pi^2}{15\,g\,T}\ [\text{tm}].$$

Das Kreiselmoment dreht um eine im Schiff feste Achse, die normalerweise vertikal steht. Außerdem haben die Lager das auch bei ruhender Schraube entstehende, um die Querachse des Schiffes drehende Moment $\ddot J_q\,\theta = -\,J_q\,a\,v^2\sin v\,t$ aufzunehmen, wo J_q das Trägheitsmoment des Schiffes um die Querachse und $v = 2\,\pi/T$ bedeutet.

11. Die Winkelgeschwindigkeit des Radsatzes um seine Achse ist $\omega_1 = v/r$, womit sich in der Radachse der Drallvektor $\mathfrak{D}$ mit dem Betrage $D = J\,\omega_1 = 2\,(G/g)\,r\,v$ ergibt.

Bei Drehung der Achse um $d\varphi$ erfährt $\mathfrak{D}$ einen in der Drehebene gelegenen Zuwachs $d\mathfrak{D}$, der durch ein von den Schienen ausgeübtes Kraftpaar $P\,s = M$ erzeugt wird.

Es ist $dD = D\,d\varphi = M\,dt$, somit $M = P\,s = D\,\dot\varphi$ oder wegen $\dot\varphi = v/R$:

$$P = G\,\frac{2\,v^2\,r}{g\,s\,R}.$$

Die vom Räderpaare ausgeübte Gegenwirkung $-M$ wirkt daher mit $-P$ entlastend auf die Innenschiene und mit $+P$ belastend auf die äußere Schiene; $-M$ wirkt im gleichen Sinne auf Kippen des Radsatzes wie die Zentrifugalkraft (Abb. 153).

12. In dem Übergangsbereiche, in welchem der äußere Gleisstrang aus der waagrechten Lage mit gleichförmiger Neigungszunahme in die überhöhte Lage h übergeführt wird, dreht sich das Räderpaar in *lotrechter* Ebene um den Winkel θ mit der Winkelgeschwindigkeit

$$\omega = \dot\theta = \frac{d}{dt}\left(\frac{y}{s}\right),$$

wo y die Überhöhung an beliebiger Zwischenlage σ des Übergangsbogens von der Länge l bedeutet (Abb. 153).

Bei gleichförmiger Neigungszunahme ist $y/h = \sigma/l$ und es wird damit wegen $\dot{\sigma} = v$:

$$\omega = \frac{h\,v}{s\,l}.$$

Dieser Drehung des Radsatzes in lotrechter Ebene entspricht ein Zuwachs des Drallvektors $\mathfrak{D}$ in lotrechter Richtung um den Betrag $dD = D\,\omega\,dt$, der durch ein Moment M hervorgerufen wird, wobei

$$M = \frac{dD}{dt} = G\,\frac{2\,v^2\,r\,h}{g\,s\,l}.$$

Demnach muß in der Ebene der beiden Gleisstränge auf die Laufräder ein von Reibungskräften geliefertes Kraftpaar M übertragen werden, auf welches letztere mit $-M$ reagieren.

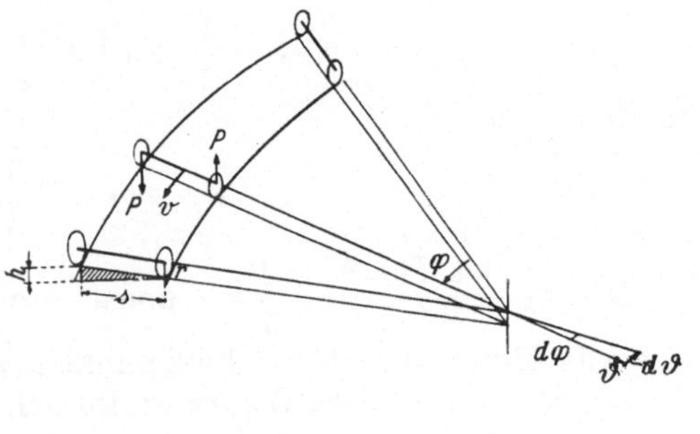

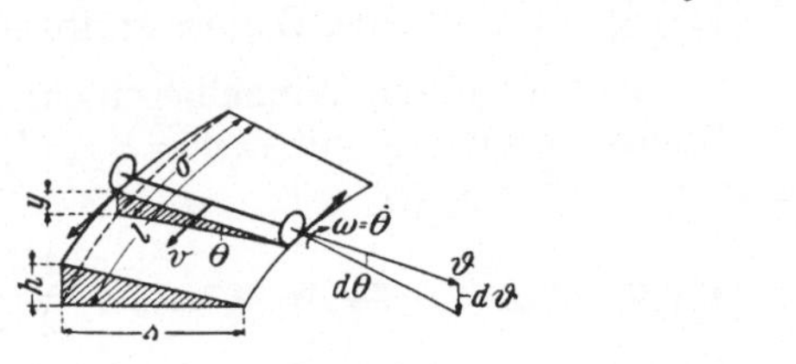

Abb. 153

13. Mit G als Gewicht des Kreisels ist der Betrag des Drallvektors $D = \dfrac{G}{g}\dfrac{a^2\,n\,\pi}{60}$. Entsprechend dem Einheitsgewicht $7{,}8 \cdot 10^{-3}$ kg/cm³ wird $G = 0{,}613$ kg und $D = 1{,}226$ kg cm sek.

Das Moment des Kraftantriebes um die Figurenachse beträgt $M\,\Delta t = 0{,}15$ kg cm sek. Da $\Delta \overline{D} = \overline{M}\,\Delta t$, so reagiert der Kreisel auf das Moment $\overline{M}$ mit einem Ausweichen der Spitze des Drallvektors $\mathfrak{D}$ in der Richtung $\overline{M}$ (also senkrecht zur Momentenebene) um das Maß ΔD; der Drallvektor ist daher nach dem Stoße gegen die Figurenachse um einen Winkel δ geneigt, für den

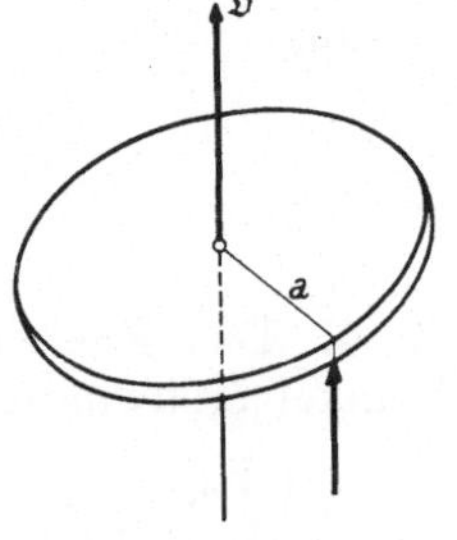

Abb. 154

$$\mathrm{tg}\,\delta = \frac{\Delta D}{D} = 0{,}12233, \quad \text{also} \quad \delta = 6^0\,58'\,27''.$$

Die Figurenachse rotiert dann um diese neue Richtung von $\mathfrak{D}$ auf einem Kreiskegel vom Öffnungswinkel $2\,\delta$.

c) Ebene Bewegung

1. Nach dem Schwerpunktssatze bewegt sich der Schwerpunkt S geradlinig in lotrechter Richtung und das Band bleibt lotrecht. Der Zylinder rollt auf der durch B gelegten vertikalen Ebene nach abwärts.

Aus

$$G s = \frac{1}{2} J_B \omega^2 = \frac{1}{2} \frac{3}{2} \frac{G}{g} a^2 \omega^2$$

folgt

$$v_S = a \omega = 2 \sqrt{\frac{g s}{3}}.$$

Da $b_S = \frac{1}{2} \frac{d (v_S{}^2)}{ds} = \frac{2}{3} g = $ konst., so ist die Drehung des Zylinders und die Bewegung des Schwerpunktes gleichmäßig beschleunigt.

Die Spannkraft S des Bandes ergibt sich aus $S = G - (G/g) b_S$ mit $S = G/3$.

2. Sind $\ddot\varphi$, $\ddot\varphi_1$ die Winkelbeschleunigungen der beiden Walzen und S die Bandspannung, so gilt $J_0 \ddot\varphi = S r$, $J_1 \ddot\varphi_1 = S r_1$, ferner $(G_1/g)\, b_1 = G_1 - S$ und $b_1 = r \ddot\varphi + r_1 \ddot\varphi_1$.

Hiemit ergibt sich wegen $J_0 = \frac{1}{2} \frac{G}{g} r^2$, $J_1 = \frac{1}{2} \frac{G_1}{g} r_1{}^2$:

$$S = \frac{G G_1}{3 G + 2 G_1} = \text{konst.}, \qquad b_1 = 2 g \frac{G + G_1}{3 G + 2 G_1} = \text{konst.}$$

und $v_1{}^2 = 2 b_1 s$, wenn die Walze G_1 aus der Ruhelage um s gesunken ist.

3. Mit ω und ω_1 als Winkelgeschwindigkeiten des Stabes und der Walze liefert das Energieprinzip:

$$\frac{1}{2} \frac{G}{g} \frac{l^2}{3} \omega^2 + \frac{1}{2} \frac{3}{2} \frac{Q}{g} a^2 \omega_1{}^2 = G \frac{l}{2} (1 - \cos \alpha);$$

da

$$a \omega_1 = (h - a)\, \omega,$$

so folgt

$$v_A{}^2 = l^2 \omega^2 = 6 g l \frac{1 - \cos \alpha}{2 + 9 \dfrac{Q}{G} \left(\dfrac{a}{l}\right)^2 \left(\dfrac{h}{a} - 1\right)^2}.$$

4. Das Energieprinzip $T - T_0 = A$ liefert mit $T_0 = 0$ und ω als Winkelgeschwindigkeit des Stabes OA:

$$\frac{1}{2} \left[\frac{m\, l^2}{3} \omega^2 + m\, l^2 \omega^2 \right] = G \frac{l}{2} (1 - \cos \alpha) + G \frac{l}{2} (\sin \beta - \sin \beta_1). \qquad \text{(a)}$$

Befindet sich der obere Stab in lotrechter Lage, so führt der untere eine momentane Schiebungsbewegung mit der Geschwindigkeit $l \omega$ aus.

Da nach Abb. 155:

$$h = l (\cos \alpha + \sin \beta) = l (1 + \sin \beta_1),$$

so folgt

$$\sin\beta - \sin\beta_1 = 1 - \cos\alpha,$$

daher aus (a)

$$v_B - l\,\omega = \sqrt{3\,g\,l}\,\sin\frac{\alpha}{2}\,.$$

Die Trägheitskräfte des mit ω und $\dot\omega$ rotierenden Stabes OA bestehen aus der Fliehkraft $m\,(l/2)\,\omega^2$ und der dazu senkrechten Kraft $m\,(l/2)\,\dot\omega$, deren Wirkungslinie den Abstand $2/3\,l$ von O hat.

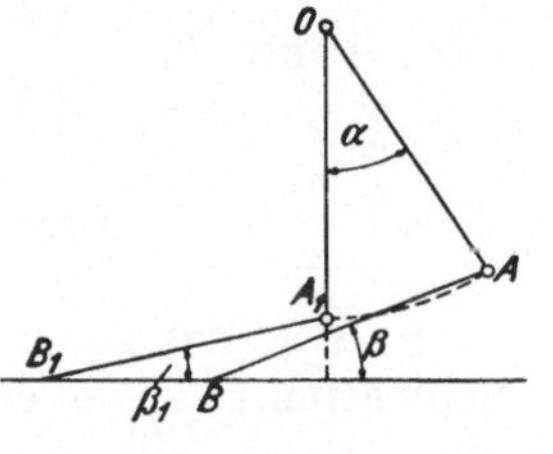

Abb. 155

Der Schiebungsbewegung des unteren Stabes entspricht die waagrechte Trägheitskraft $m\,l\,\dot\omega$. Nach dem d'Alembertschen Prinzipe ist

$$-m\frac{l}{2}\dot\omega\cdot\frac{2}{3}l - m\,l\,\dot\omega\cdot l\left(1+\frac{1}{2}\sin\beta_1\right) - G\frac{l}{2}\cos\beta_1 + B\,l\cos\beta_1 = 0$$

(Momente der am Stäbepaar wirkenden Kräfte um O gleich Null) und

$$-m\,l\,\dot\omega\cdot\frac{l}{2}\sin\beta_1 - G\frac{l}{2}\cos\beta_1 + B\,l\cos\beta_1 = 0$$

(Momente des unteren Stabes um A gleich Null), woraus folgt

$$\dot\omega = 0 \quad\text{und}\quad B = \frac{G}{2}\,.$$

Der Gelenkdruck in O wirkt daher lotrecht nach aufwärts mit dem Betrage

$$D_0 = G + \frac{G}{2} + \frac{G}{g}\frac{l}{2}\omega^2 = \frac{3}{2}\,G\left(1+\sin^2\frac{\alpha}{2}\right).$$

5. Im Augenblicke des Freimachens der Drehachse hat der Stabschwerpunkt S die Geschwindigkeit $(l/2)\,\omega$ nach oben. Da auf den nun freien Stab nur sein Gewicht wirkt, so bewegt sich S auf einer Lotrechten. Ist t die Zeit zwischen Freimachen und Auftreffen am Boden und ω die Winkelgeschwindigkeit in der waagrechten Stablage, so gilt

$$\frac{l}{2} = \frac{g}{2}\,t^2 - \left(\frac{l}{2}\,\omega\right)t$$

und

$$\omega\,t = \frac{\pi}{2} + n\,\pi = v \quad (n\ldots\text{ ganze Zahl}),$$

woraus

$$\omega^2 = \frac{g\,v^2}{l\,(1+v)}\,. \tag{1}$$

Mit ω_0 als anfänglicher Winkelgeschwindigkeit liefert das Arbeitsprinzip

$$\frac{1}{2}\,J_A\,(\omega^2 - \omega_0{}^2) = -G\frac{l}{2}\,,$$

woraus mit $J_A = \dfrac{1}{3}\dfrac{G}{g}l^2$ und wegen (1) folgt

$$v_B = l\,\omega_0 = \sqrt{g\,l\left[3 + \frac{\pi^2\,(0{,}5 + n)^2}{1 + \pi\,(0{,}5 + n)}\right]}.$$

6. War das ganze System am Anfang in Ruhe, so bewegt sich dessen Schwerpunkt in einer Vertikalen, da keine horizontalen Kräfte wirken. Sind x_1, x_2 die waagrechten Entfernungen des Schwerpunktes des Zylinders und des Stabes von dieser Vertikalen zur Zeit t, so ist

$$G_1\,x_1 = G_2\,x_2; \tag{1}$$

außerdem besteht die Berührungsbedingung

$$x_1 + x_2 = a\operatorname{ctg}\frac{\varphi}{2} - l\cos\varphi. \tag{2}$$

Aus (1) und (2) folgt

$$\dot{x}_1 = \frac{G_2\,\dot\varphi}{G_1 + G_2}\,\Gamma, \qquad \dot{x}_2 = \frac{G_1\,\dot\varphi}{G_1 + G_2}\,\Gamma, \quad \text{wo} \quad \Gamma(\varphi) = l\sin\varphi - \frac{a}{1 - \cos\varphi}.$$

Der Energiesatz liefert

$$\frac{1}{2}\frac{G_1}{g}\,\dot{x}_1^{\,2} + \frac{1}{2}\frac{G_2}{g}\,v_{S,2}^{\,2} + \frac{1}{2}\frac{G_2}{g}\frac{(2\,l)^2}{12}\,\dot\varphi^2 = G_2\,l\,(\sin\alpha - \sin\varphi), \tag{3}$$

mit $v_{S,2}$ als Geschwindigkeit des Stabschwerpunktes S_2.

Da $y_2 = l\sin\varphi$, demnach $\dot{y}_2 = l\,\dot\varphi\cos\varphi$, so wird

$$v_{S,2}^{\,2} = \dot{x}_2^{\,2} + \dot{y}_2^{\,2} = \dot\varphi^2\left[\left(\frac{G_1}{G_1 + G_2}\right)^2\Gamma^2 + l^2\cos^2\varphi\right]$$

und hiemit aus (3)

$$\dot\varphi^2 = \frac{2\,g\,l\,(\sin\alpha - \sin\varphi)}{\left(l\sin\varphi - \dfrac{a}{1 - \cos\varphi}\right)^2\dfrac{G_1}{G_1 + G_2} + l^2\left(\dfrac{1}{3} + \cos^2\varphi\right)}.$$

7. Sei φ der Drehwinkel zur Zeit t. Um die für eine feste Drehachse gültige Gleichung $J_A\,\ddot\varphi = M_A$ anwenden zu können, füge man der bewegten Achse A die Beschleunigung $-b$ hinzu; dann muß auch jedem Massenteilchen der Türe die Beschleunigung $-b$ zusätzlich erteilt werden, das heißt es wirkt im Schwerpunkte der Tür die Kraft $-m\,b$ mit dem Drehmomente

$$M_A = m\,b\,\frac{l}{2}\cos\varphi.$$

Da $J_A = \dfrac{m\,l^2}{3}$, so ergibt sich die Bewegungsgleichung $\ddot\varphi = \dfrac{3}{2}\dfrac{b}{l}\cos\varphi$,

woraus $\dot\varphi^2 = \dfrac{3}{l}\,b\,\sin\varphi$.

Die Türe schlägt hienach mit der Winkelgeschwindigkeit $\sqrt{3\,b/l}$ zu.

Aus

$$\dot\varphi = \sqrt{\frac{3\,b}{l}}\,\sqrt{\sin\varphi} \quad \text{folgt} \quad t = \sqrt{\frac{l}{3\,b}}\int_0^\varphi \frac{d\varphi}{\sqrt{\sin\varphi}}$$

oder mit der Substitution $\operatorname{tg}\varphi/2 = \tau$:

$$t = \sqrt{\frac{2\,l}{3\,b}}\int_0^\tau \frac{d\tau}{\sqrt{\tau\,(\tau^2+1)}}.$$

wonach für $\tau = 1$:

$$T = 1{,}85407\,\sqrt{\frac{2\,l}{3\,b}}.$$

8. Die anfängliche kinetische Energie ist $T_0 = \dfrac{1}{2}\,J\,\dfrac{v_0{}^2}{r^2}$, wo

$$J = \frac{3}{2}\,m_1\,r^2 + m\,(R^2 + 2\,r^2).$$

Sei s_1 der bis zur Bewegungsumkehr zurückgelegte Weg, so beträgt die Arbeit der Gewichte und des Rollreibungsmomentes

$$A = -\,(G_1 + 2\,G)\left(s_1 \sin\alpha + \frac{q}{r}\,s_1 \cos\alpha\right).$$

Aus $T - T_0 = A$ folgt daher mit $T = 0$:

$$s_1 = \frac{v_0{}^2}{4\,g}\,\frac{3\,G_1 + 2\,G\,(2 + R^2/r^2)}{(G_1 + 2\,G)\,[\sin\alpha + (q/r)\cos\alpha]}.$$

Aus $\dfrac{J}{2\,r^2}\,(v^2 - v_0{}^2) = A$ ergibt sich die Schwerpunktsgeschwindigkeit v bei einem Wege $s < s_1$:

$$v^2 = v_0{}^2 - \frac{2\,r^2}{J}\,(G_1 + 2\,G)\,s\left(\sin\alpha + \frac{q}{r}\cos\alpha\right),$$

woraus für die Beschleunigung

$$\dot v = -\frac{r^2}{J}\,(G_1 + 2\,G)\left(\sin\alpha + \frac{q}{r}\cos\alpha\right)$$

folgt. Bezeichnet R die Reibung der schiefen Ebene, so ist

$$R = (G_1 + 2\,G)\left(\sin\alpha + \frac{\dot v}{g}\right).$$

Sind i und i_S die Trägheitshalbmesser für die momentane Drehachse und die dazu parallele Schwerachse, also

$$J = i^2\frac{G_1 + 2\,G}{g} \quad \text{und} \quad J_S = \frac{1}{2}\,m_1\,r^2 + m\,R^2 = i_S{}^2\frac{G_1 + 2\,G}{g},$$

so ergibt sich

$$R = (G_1 + 2\,G)\left(\frac{i_S{}^2}{i^2}\sin\alpha - \frac{q\,r}{i^2}\cos\alpha\right).$$

Der Normaldruck auf die schiefe Ebene beträgt $D = (G_1 + 2\,G)\cos\alpha$, somit die Haftreibung $f\,D$. Aus der Bedingung $f\,D \lessgtr R$ folgt

$$f \lessgtr \frac{i_S{}^2}{i^2}\,\mathrm{tg}\,\alpha - \frac{q\,r}{i^2}.$$

9. Der Schwerpunkt des Gesamtsystems kann sich nach dem Schwerpunktprinzipe nur in einer Lotrechten bewegen.

Befindet sich die Kugel an der Stelle φ, wo $\varphi = \sphericalangle A_0 O A$, dann hat sich m in der Waagrechten um $a\,(1 - \cos\varphi)$ nach rechts relativ zum Würfel bewegt, daher bewegt sich letzterer um ξ nach links, wobei $m\,[a\,(1 - \cos\varphi) - \xi] = M\,\xi$ sein muß.

Hienach ist

$$\xi = \frac{m}{M + m}\,a\,(1 - \cos\varphi). \tag{a}$$

Mit $v_r = a\,\dot\varphi$ als Relativgeschwindigkeit der Kugel mit den Komponenten $v_{r,x} = v_r\sin\varphi$, $v_{r,y} = v_r\cos\varphi$ liefert (a)

$$\dot\xi = \frac{m}{m + M}\,v_{r,x};$$

aus

$$v_{a,x} = v_{r,x} - \dot\xi, \qquad v_{a,y} = v_{r,y}$$

ergibt sich die Absolutgeschwindigkeit v_a der Kugel mit

$$v_a{}^2 = v_r{}^2\left[\left(\frac{M}{M + m}\right)^2\sin^2\varphi + \cos^2\varphi\right]. \tag{b}$$

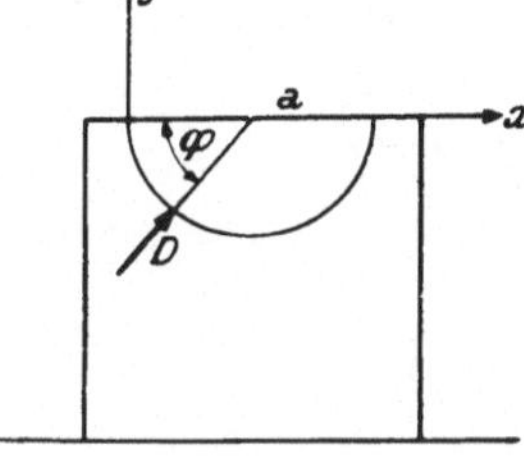

Abb. 156

Nach dem Arbeitsprinzipe ist

$$\frac{1}{2}\,m\,v_a{}^2 + \frac{1}{2}\,M\,\dot\xi^2 = m\,g\,a\sin\varphi$$

und daraus wegen (b):

$$v_r{}^2 = 2\,g\,a\sin\varphi\,\frac{M + m}{M + m\cos^2\varphi},$$

womit auch v_a bestimmt ist.

Aus $\mathfrak{b}_a = \mathfrak{b}_r + \mathfrak{b}_s$ ergeben sich mit D als Druck an der Stelle φ (Abb. 156) die skalaren Gleichungen:

$$-g + \frac{D}{m}\sin\varphi = \frac{v_r{}^2}{a}\sin\varphi - b_{r,t}\cos\varphi \qquad (x\text{-Richtung}),$$

$$\frac{D}{m}\cos\varphi = \frac{v_r{}^2}{a}\cos\varphi + b_{r,t}\sin\varphi - \frac{D}{M}\cos\varphi \qquad (y\text{-Richtung}),$$

woraus durch Beseitigung von $b_{r,t}$ folgt

$$D = \frac{Mm}{M + m\cos^2\varphi}\left(\frac{v_r^2}{a} + g\sin\varphi\right)$$

oder

$$D = m\,g\sin\varphi\,\frac{M}{M + m\cos^2\varphi}\left[1 \mid \frac{2(M + m)}{M + m\cos^2\varphi}\right].$$

10. Der Keil gleitet auf der Ebene E gleichmäßig beschleunigt mit der Beschleunigung

$$b = g\,\frac{24}{9 + 64\,Q/G}.$$

Das Stabende B erreicht die Ebene E nach Ablauf der Zeit $t_1 = \sqrt{\dfrac{8a}{3b}}$

mit der Geschwindigkeit $\sqrt{\dfrac{3}{8}ab}$.

Die Lage $\dfrac{a}{4}$ wird erreicht zur Zeit $\sqrt{\dfrac{4}{3}\dfrac{a}{b}}$ und es sind dann die Drücke

$$\text{in } F_1\colon \quad D_1 = Q\,\frac{b}{g}\left(v - \frac{1}{4}\right),$$

$$\text{in } F_2\colon \quad D_2 = Q\,\frac{b}{g}\left(\frac{3}{4} + v\right).$$

11. Sind S_1 und S_2 die Spannkräfte in den lotrechten Seilstücken, so gilt für die Beschleunigung b der Aufwärtsbewegung der Rolle

$$\frac{G}{g}\,b = P - (S_1 + S_2) \tag{a}$$

und für ihre Winkelbeschleunigung $\dot\omega$

$$\frac{G}{2\,g}\,r^2\,\dot\omega = (S_2 - S_1)\,r. \tag{b}$$

Die Beschleunigung b_2 des Gewichtes G_2 ist einerseits gleich $b - r\,\dot\omega$, andererseits gleich Null, denn die Bewegung ist als eine gleichförmige gefordert, somit ist $b = r\,\dot\omega$; für die Bewegung von G_1 gilt

$$b_1 = b + r\,\dot\omega = 2\,r\,\omega.$$

Aus

$$S_1 = G_1\left(1 + \frac{b_1}{g}\right) = G_1\left(1 + \frac{2\,r\,\dot\omega}{g}\right) \quad \text{und} \quad S_2 = G_2$$

folgt wegen (b):

$$r\,\dot\omega = b = 2\,g\,\frac{G_2 - G_1}{G + 4\,G_1}, \quad \text{daher} \quad S_1 = G_1\,\frac{G + 4\,G_2}{G + 4\,G_1}$$

und hiemit aus (a) die gesuchte Kraft

$$P = G_1 + G_2 + 2\,(G_2 - G_1)\,\frac{G + 2\,G_1}{G + 4\,G_1}.$$

Nach Ablauf der Zeit t ist das Gewicht G_2 um $s_2 = c\,t$ gesunken, das Gewicht G_1 wurde um $s_1 = c\,t + (b_1/2)\,t^2$ gehoben, somit ist

$$\frac{s_1}{s_2} = 1 + \frac{b_1}{2\,c}\,t = 1 + \frac{b}{c}\,t.$$

12. Da auf das Gesamtsystem nur lotrechte Kräfte wirken, so bewegt sich sein Schwerpunkt S auf einer Lotrechten (Abb. 157).

Es ist mit $\xi = \overline{SO}$:

$$2\,G\,\xi = Q\left(\frac{l}{2} - \xi\right), \quad \text{somit} \quad \xi = \frac{l}{2\,(1 + \nu)}, \quad \text{wo} \quad \nu = \frac{2\,G}{Q}.$$

Das Stabpendel dreht sich momentan um den Drehpol P mit $\dot{\varphi}$. Das Arbeitsprinzip liefert

$$\frac{1}{2}\,J_P\,\dot{\varphi}^2 + \frac{1}{2}\,\frac{2\,G}{g}\,v_0{}^2 = Q\,\frac{l}{2}\,(\cos\varphi - \cos\alpha). \tag{a}$$

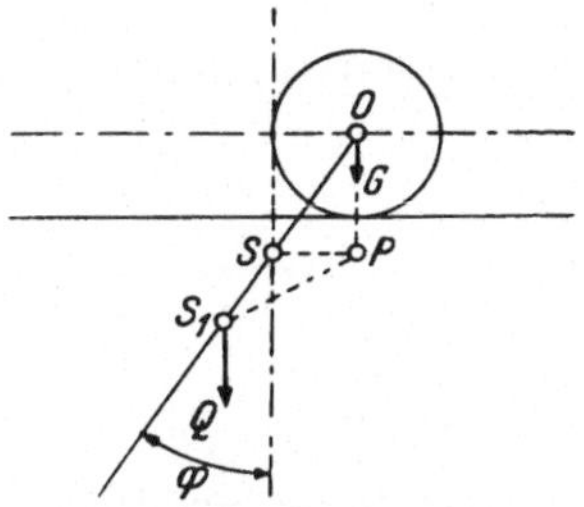

Hierin ist

$$J_P = \frac{Q}{g}\left(\frac{l^2}{12} + \overline{P\,S_1}^2\right),$$

oder wegen

$$\overline{P\,S_1}^2 = \overline{P\,S}^2 + \overline{S\,S_1}^2 - $$

$$- 2\,\overline{P\,S} \cdot \overline{S\,S_1}\cos\left(\frac{\pi}{2} + \varphi\right)$$

Abb. 157

und $\overline{P\,S} = \xi\sin\varphi, \quad \overline{S\,S_1} = \frac{l}{2} - \xi$:

$$J_P = \frac{Q\,l^2}{g}\left[\frac{1}{12} + \frac{3}{(1 + \nu)^2}\,\{\nu^2 + (1 + 2\,\nu)\sin^2\varphi\}\right].$$

Da $v_0 = \overline{P\,O}\cdot\dot{\varphi} = \xi\cos\varphi\,\dot{\varphi}$, so folgt aus (a)

$$\dot{\varphi}^2 = 12\,(1 + \nu)\,\frac{g}{l}\,\frac{\cos\varphi - \cos\alpha}{1 + 4\,\nu + 3\sin^2\varphi}. \tag{b}$$

Die größte Geschwindigkeit $v_{0,max}$ der Rollen ergibt sich hienach für $\varphi = 0$ mit

$$v_{0,max}{}^2 = 3\,g\,l\,\frac{1 - \cos\alpha}{(1 + \nu)\,(1 + 4\,\nu)}.$$

Mit $\dfrac{1 + 4\,\nu}{3} = k^2$ ist nach (b):

$$\dot{\varphi} = -2\,\sqrt{\frac{g}{l}(1 + \nu)}\,\sqrt{\frac{\cos\varphi - \cos\alpha}{k^2 + \sin^2\varphi}}$$

und daher die Schwingungsdauer

$$T = 2\,\sqrt{\frac{l}{g\,(1 + \nu)}}\int_0^a \sqrt{\frac{k^2 + \sin^2\varphi}{\cos\varphi - \cos\alpha}}\,d\varphi \qquad \text{(Hyperelliptisches Integral).}$$

Durch Differentiation von (b) ergibt sich

$$\ddot{\varphi}\,(1 + 4\,\nu + 3\,\varphi^2) + 3 \sin\varphi \cos\varphi \,\dot{\varphi}^2 = -\,6\,(1 + \nu)\,\frac{g}{l}\,\varphi,$$

somit bei Annahme sehr kleiner Schwingungsausschläge φ

$$\ddot{\varphi} + \frac{6\,(1 + \nu)}{1 + 4\,\nu}\,\frac{g}{l}\,\varphi = 0$$

mit einer Schwingungsdauer

$$T = 2\,\pi\,\sqrt{\frac{l}{g}\,\frac{1 + 4\,\nu}{6\,(1 + \nu)}}\;.$$

Für $\nu \to \infty$ folgt hieraus die Schwingungsdauer des gleichen Stabpendels mit *fester* Aufhängung, nämlich

$$T_1 = 2\,\pi\,\sqrt{\frac{2\,l}{3\,g}}\,,$$

somit ist

$$\frac{T}{T_1} = \sqrt{\frac{1 + 1/4\,\nu}{1 + 1/\nu}} = \sqrt{\frac{1 + Q/8\,G}{1 + Q/2\,G}}\;.$$

Da der Rollenmittelpunkt O und der Gesamtschwerpunkt S gerade Linien beschreiben und $\overline{OS} = $ konst. bleibt, so ist die Bahn des unteren Endpunktes des Stabes eine Ellipse. (Kreuzschieberbewegung.)

13. Nach dem Schwerpunktsprinzipe ist $M\,x_1 = m\,x_2$ und der Gesamtschwerpunkt S bewegt sich auf einer Lotrechten.

Sei $m/M = \mu$ gesetzt, so ist $x_1 = \mu\,x_2$.

Da $(x_1 + x_2)^2 + y_2{}^2 = (a + r)^2$, so gilt hienach für die Koordinaten $x_2\,y_2$ des Kugelmittelpunktes S_2:
$x_2{}^2\,(1 + \mu)^2 + y_2{}^2 = (a + r)^2$.

Die Bahn von S_2 ist daher eine Ellipse.

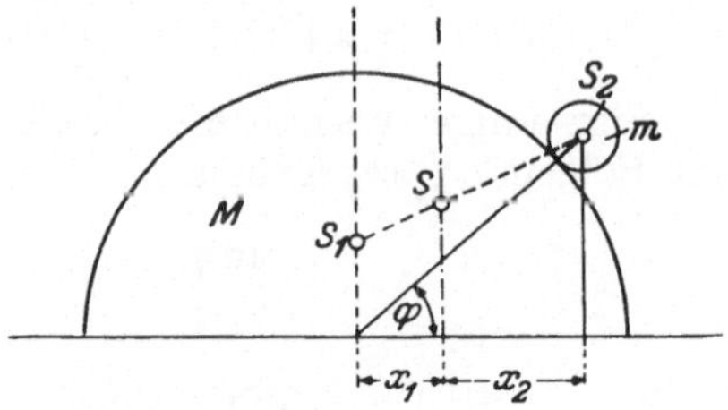

Ist D der Druck des Zylinders auf die Kugel in der durch φ gekennzeichneten Lage, so ist die krummlinige Schiebung der Kugel beschrieben durch

Abb. 158

$$D \cos\varphi = m\,\ddot{x}_2, \qquad D \sin\varphi - m\,g = m\,\ddot{y}_2, \tag{a}$$

wonach

$$\sin\varphi\,\ddot{x}_2 - \cos\varphi\,\ddot{y}_2 = g \cos\varphi. \tag{b}$$

Aus $x_2\,(1 + \mu) = (a + r) \cos\varphi$ und $y_2 = (a + r) \sin\varphi$ folgt

$$\left.\begin{aligned} \ddot{x}_2\,(1 + \mu) &= -\,(a + r)\,(\dot{\varphi}^2 \cos\varphi + \ddot{\varphi} \sin\varphi), \\ \ddot{y}_2 &= (a + r)\,(-\,\dot{\varphi}^2 \sin\varphi + \ddot{\varphi} \cos\varphi). \end{aligned}\right\} \tag{c}$$

Hiemit geht (b) über in

$$\ddot{\varphi}\,(1 + \mu \cos^2\varphi) - \mu \sin\varphi \cos\varphi\,\dot{\varphi}^2 + C \cos\varphi = 0, \tag{d}$$

wo

$$C = g\,\frac{1+\mu}{a+r}\,.$$

Setzt man $1 + \mu \cos^2 \varphi = u\,(\varphi)$, $\dot{\varphi}^2 = z$, so läßt sich (d) überführen in

$$\frac{1}{2}\,\frac{d\,(u\,z)}{d\varphi} + C \cos \varphi = 0.$$

Die Integration liefert mit der Anfangsbedingung $\varphi = \pi/2$, $u = 1$, $\dot{\varphi} = 0$:

$$\dot{\varphi}^2 = 2\,C\,\frac{1 - \sin \varphi}{1 + \mu \cos^2 \varphi}\,. \tag{e}$$

Hiemit ergibt die Gl. (d)

$$\ddot{\varphi} = \frac{C \cos \varphi}{(1 + \mu \cos^2 \varphi)^2}\,[-(1 + \mu) + 2\,\mu \sin \varphi - \mu \sin^2 \varphi].$$

Mit $\dot{\varphi}^2$ und $\ddot{\varphi}$ ist aus der ersten der Gln. (c) auch $\ddot{x}_2$ bestimmt und damit erhält man für den Druck

$$D = \frac{m\,\ddot{x}_2}{\cos \varphi} = \frac{m\,g}{(1 + \mu \cos^2 \varphi)^2}\,[(1 + \mu)\,(3 \sin \varphi - 2) - \mu \sin^3 \varphi].$$

Die Kugel verläßt den Halbzylinder an jener Stelle φ_1, wo $D = 0$; somit

$$\mu \sin^3 \varphi_1 = (1 + \mu)\,(3 \sin \varphi_1 - 2). \tag{f}$$

An dieser Stelle φ_1 ergibt sich die Geschwindigkeit des Halbzylinders aus

$$v_{zyl} = \dot{x}_1 = \mu\,\dot{x}_2 \quad \text{zu} \quad v_{zyl} = -(a + r) \sin \varphi_1\,\dot{\varphi}_1$$

oder mit Benutzung von (e):

$$v_{zyl} = \mu\,\sqrt{2\,g\,(a + r)}\,\sin \varphi_1\,\sqrt{\frac{1 - \sin \varphi_1}{(1+\mu)\,(1 + \mu \cos^2 \varphi_1)}}\,.$$

Für einige Verhältnisse $\mu = m/M$ sind die numerischen Lösungen im Folgenden angegeben.

μ	$\sin \varphi_1$	φ_1	$\dfrac{v_{zyl}}{\sqrt{2\,g\,(a+r)}}$
0	$2/3 = 0{,}\dot{6}$	$38^0\,11'$	0
1/2	0,706	$44^0\,53'$	0,14
1	0,732	$47^0\,3'$	0,22
3/2	0,752	$48^0\,44'$	0,28

14. Stab und Block trennen sich, wenn der Druck zwischen beiden und damit auch die Beschleunigung $\ddot{x}$ des Blockes verschwindet. Aus $x = l \cos \varphi$ folgt

$$\ddot{x} = -l\,(\cos \varphi\,\dot{\varphi}^2 + \sin \varphi\,\ddot{\varphi}) = 0. \tag{a}$$

Das Arbeitsprinzip liefert

$$\frac{G}{2\,g}\left(\ddot{x}^2 + \frac{l^2}{3}\,\dot{\varphi}^2\right) = G\,\frac{l}{2}\,(\sin \alpha - \sin \varphi),$$

woraus

$$\frac{\dot\varphi^2}{2} = \frac{g}{2l}\,\frac{\sin\alpha - \sin\varphi}{\frac{1}{3} + \sin^2\varphi}.$$

Bildet man

$$\ddot\varphi = \frac{d}{d\varphi}\left(\frac{\dot\varphi^2}{2}\right) = -\frac{g}{2l}\,\frac{\cos\varphi}{[(1/3) + \sin^2\varphi]^2}\left(\frac{1}{3} + 2\sin\alpha\sin\varphi - \sin^2\varphi\right)$$

und geht hiemit in Gl. (a), so ergibt sich die behauptete Beziehung.

15. Bei waagrechter Lage der Durchmesser OA und OB fällt der Drehpol der ebenen Bewegung jeder Zylinderhälfte in ihren Mittelpunkt M.

Das Arbeitsprinzip ergibt

$$G\frac{4}{3}\frac{a}{\pi}(1 - \cos\alpha) = \frac{1}{2}\frac{G}{g}\frac{a^2}{2}\omega^2.$$

Daraus folgt

$$v_0 = a\,\omega = 4\sqrt{\frac{g\,a}{3\pi}(1 - \cos\alpha)}.$$

Der Druck auf die Unterlage ist $D = G\,(1 - b_{S,y}/g)$, wo $b_{S,y}$ die Beschleunigung des Schwerpunktes S einer Zylinderhälfte in lotrechter Richtung bedeutet.

Da sich der Mittelpunkt M auf einer Waagrechten bewegt, demnach $b_{M,y}=0$, so ergibt sich aus $b_{S,y}=b_{M,y}+\overline{MS}\,\omega^2$: $\ b_{S,y} = \dfrac{4}{3}\dfrac{a}{\pi}\omega^2$ und hiemit

$$D = G\left[1 - \frac{64}{9\pi^2}(1 - \cos\alpha)\right].$$

16. Der Schwerpunkt S des gesamten Systems bewegt sich auf einer Lotrechten; es ist

$$s_1 = \overline{S_1 S} = \frac{G}{G+Q}\frac{l}{2},\qquad s_2 = \overline{S_2 S} = \frac{Q}{G+Q}\frac{l}{2}.$$

Das Arbeitsprinzip liefert mit den Bezeichnungen der Abbildung 159

$$G\frac{l}{2}(\sin\alpha - \sin\varphi) = \frac{1}{2}\frac{Q}{g}\dot{x}_1^2 + \frac{1}{2}\frac{G}{g}\left[\frac{l^2}{12}\dot\varphi^2 + \dot{x}_2^2 + \dot{y}_2^2\right]. \qquad (a)$$

Aus $x_1 = -s_1\cos\varphi,\ x_2 = s_2\cos\varphi,\ y_2 = (l/2)\sin\varphi$ folgt

$$\dot{x}_1 = s_1\sin\varphi\,\dot\varphi,\qquad \dot{x}_2 = -s_2\sin\varphi\,\dot\varphi,\qquad \dot{y}_2 = \frac{l}{2}\cos\varphi\,\dot\varphi$$

und hiemit aus (a)

$$\dot\varphi^2 = \frac{4g}{l}\,\frac{\sin\alpha - \sin\varphi}{\frac{4}{3} - \frac{G}{G+Q}\sin^2\varphi}. \qquad (b)$$

Für die waagrechte Endlage ($\varphi = 0$) des Stabes wird $\dot{x}_1 = \dot{x}_2 = 0$; dabei hat sich der untere Stab nach links hin um die Strecke $s_1\,(1 - \cos\alpha)$ verschoben. Die Komponenten des Gelenkdruckes O in den Richtungen x, y sind zu berechnen aus

$$O_x = \frac{G}{g}\,\ddot{x}_2, \qquad O_y - G = \frac{G}{g}\,\ddot{y}_2,$$

wo

$$\ddot{x}_2 = - s_2\,(\sin\varphi\,\ddot{\varphi} + \cos\varphi\,\dot{\varphi}^2),$$

$$\ddot{y}_2 = \frac{l}{2}\,(\cos\varphi\,\ddot{\varphi} - \sin\varphi\,\dot{\varphi}^2);$$

unmittelbar vor dem Aufschlagen eines Stabes auf den anderen, also mit $\varphi = 0$ ergibt sich

$$O_x = -\frac{G}{g}\,s_2\,\dot{\varphi}^2, \quad O_y = G + \frac{G}{g}\,\frac{l}{2}\,\ddot{\varphi},$$

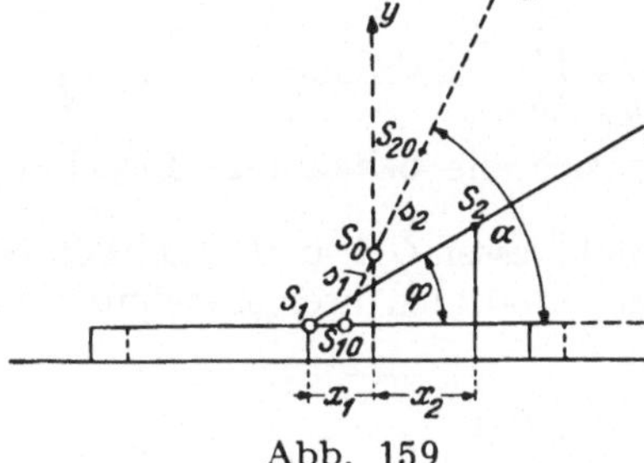

Abb. 159

oder wegen (b)

$$O_x = -\frac{GQ}{G+Q}\,\frac{3}{2}\,\sin\alpha \quad \text{und} \quad O_y = \frac{G}{4}.$$

Der Endpunkt E des Stabes hat die Koordinaten

$$x_E = \left(s_2 + \frac{l}{2}\right)\cos\varphi, \qquad y_E = l\sin\varphi,$$

er beschreibt daher eine Ellipse.

17. Bedeutet $z = l\sin\varphi$ die Hebung des Gelenkes C aus der Lage $\varphi = 0$, ω_2 die Winkelgeschwindigkeit der Rolle, $\omega_1 = \dot{\varphi}$ jene des Stabes, so ergibt das Arbeitsprinzip:

$$\frac{1}{2}\frac{G_3}{g}\,\dot{z}^2 + \frac{1}{2}\left(\frac{1}{2}\frac{G_2}{g}\,r^2\right)\omega_2{}^2 + \frac{G_1}{g}\frac{l^2\omega_1{}^2}{3} = (G_3 - G_1)\,z.$$

Im Vereine mit den kinematischen Gleichungen $\dot{z} = l\cos\varphi\,\omega_1 = r\,\omega_2$ folgt bei Benutzung der Abkürzungen

$$c_1 = \frac{2\,g\,l\,(G_3 - G_1)}{2\,G_3 + G_2}, \qquad c_2 = \frac{4\,G_1}{3\,(2\,G_3 + G_2)} :$$

$$\dot{z}^2 = 2\,c_1\,\frac{\sin\varphi\,\cos^2\varphi}{c_2 + \cos^2\varphi} \tag{a}$$

und hiemit die Geschwindigkeit der Stützpunkte A und B

$$v_A = v_B = l\sin\varphi\,\omega_1 = \dot{z}\,\operatorname{tg}\varphi.$$

Das Gewicht G_3 sinkt mit der Beschleunigung

$$\ddot{z} = \frac{c_1\,c_2\,(1 - 3\sin^2\varphi) + \cos^4\varphi}{(c_2 + \cos^2\varphi)^2} \tag{b}$$

und spannt den Faden mit

$$S_1 = G_3 \left(1 - \frac{\ddot{z}}{g}\right).$$

Bedeutet S die Fadenspannung in dem an das Gelenk C anschließenden Fadenstück, so ist

$$(S_1 - S)\, r = \frac{1}{2} \frac{G_2}{g}\, r^2\, \dot{\omega}_2,$$

woraus wegen $\dot{\omega}_2 = \ddot{z}/r$:

$$S = G_3 - \frac{\ddot{z}}{2g}\,(2G_3 + G_2).$$

Da $\ddot{z}$ die Beschleunigung des Gelenkes C ist, so hat der Schwerpunkt jedes Stabes in lotrechter Richtung die Beschleunigungskomponente $\frac{1}{2}\ddot{z}$, wonach sich der Stützdruck bei A aus $\dfrac{G_1}{g}\dfrac{\ddot{z}}{2} = D_A + \dfrac{S}{2} - G_1$ berechnet zu

$$D_A = \frac{\ddot{z}}{4g}\,(2G_1 + G_2 + 2G_3) + G_1 - \frac{G_3}{2}.$$

Aus $D_A = 0$ läßt sich mit Benutzung der Gl. (b) die Stellung φ^* berechnen, bei welcher die Stäbe den Boden verlassen.

18. Die kinetische Energie eines unteren Stabes ist $\frac{1}{2}\,J_0\,\dot{\varphi}^2$, jene eines oberen Stabes, der sich um den Pol P (Abb. 160) mit $\dot{\varphi}$ dreht, ist $\frac{1}{2}\,J_P\,\dot{\varphi}^2$.

Hiebei ist $J_P = m \left(\dfrac{l^2}{12} + \overline{PS}^2\right)$ oder wegen $\overline{PS}^2 = l^2 \left(\dfrac{5}{4} - \cos 2\varphi\right)$:

$$J_P = \frac{m\,l^2}{3}\,(4 - 3\cos 2\varphi).$$

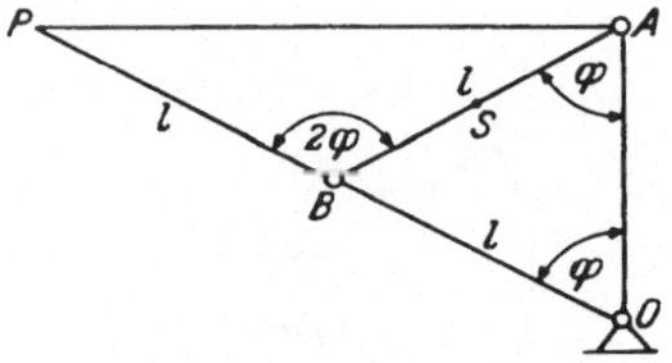

Das Arbeitsprinzip liefert daher

$$\frac{\dot{\varphi}^2}{2} \left[\frac{m\,l^2}{3} + \frac{m\,l^2}{3}\,(4 - 3\cos 2\varphi)\right] =$$
$$= 2\,m\,g\,l \left(\frac{1}{\sqrt{2}} - \cos\varphi\right),$$

Abb. 160

woraus

$$\dot{\varphi}^2 = 3\,\frac{g}{l}\,\frac{\sqrt{2} - 2\cos\varphi}{1 + 3\sin^2\varphi} \qquad \text{und} \qquad v_A = 2\,l\sin\varphi\,\dot{\varphi}.$$

Mit $\varphi = \pi/2$ ergibt sich die Ankunftsgeschwindigkeit von A in O zu

$$v_A^2 = 3\,\sqrt{2}\,g\,l.$$

19. Ist G das Gewicht des Trägers und D der anfängliche Auflagerdruck in A bei Versagen der Stütze B, so ist die Beschleunigung des Schwerpunktes

$$b_S = \frac{G - D}{M}.$$

Der Stab beginnt sich um A zu drehen mit der Winkelbeschleunigung

$$\lambda = \frac{G}{J_A}\left(\frac{l}{2}-a\right) = \frac{G}{J_A}\frac{l}{6}, \quad \text{worin} \quad J_A = M\left(\frac{l^2}{12}+\frac{l^2}{36}\right) = \frac{M\,l^2}{9},$$

so daß $\lambda = \dfrac{3}{2}\dfrac{g}{l}$ ist.

Da $b_S = \left(\dfrac{l}{2}-a\right)\lambda = \dfrac{l}{6}\lambda$, so entsteht $\dfrac{l}{6}\dfrac{3}{2}\dfrac{g}{l} = \dfrac{G-D}{M}$,

woraus sich ergibt $D = (3/4)\,G$, während bei Vorhandensein beider Stützen $D = (3/2)\,G$ ist.

20. Ursprünglich ist jeder der drei Fäden mit $G/3$ gespannt. Wird der Faden C (Abb. 161) durchschnitten und ist dann F die Spannkraft in jedem der beiden anderen Fäden, so ist $b_S =$
$$= \frac{G-2F}{M} = e\,\lambda, \text{ wo } \lambda = \frac{G\,e}{J}.$$
Da $e = h/3$ und das Trägheitsmoment J der Platte um die Drehachse $A\,B$ gleich $\dfrac{M\,h^2}{6}$, so folgt

$$F = \frac{G}{2}\left(1-\frac{e^2}{J/M}\right) = \frac{G}{6}.$$

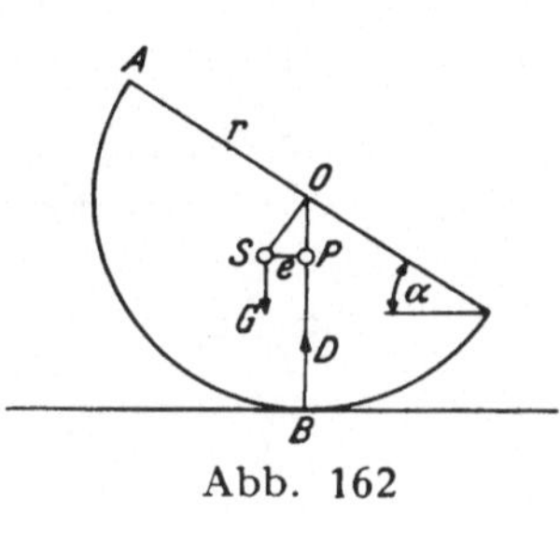

Abb. 161

21. Ist D der anfängliche Druck an der Stelle B nach Durchschneiden der Schnur, so ist die Beschleunigung des Schwerpunktes $b_S = \dfrac{G-D}{M}$. Die Halbkugel (Abb. 162) dreht sich im ersten Augenblicke um den Drehpol P (Schnittpunkt von $O\,B$ und der Waagrechten durch den Schwerpunkt S) mit der Winkelbeschleunigung $\lambda = \dfrac{G\,e}{J_P}$, wo

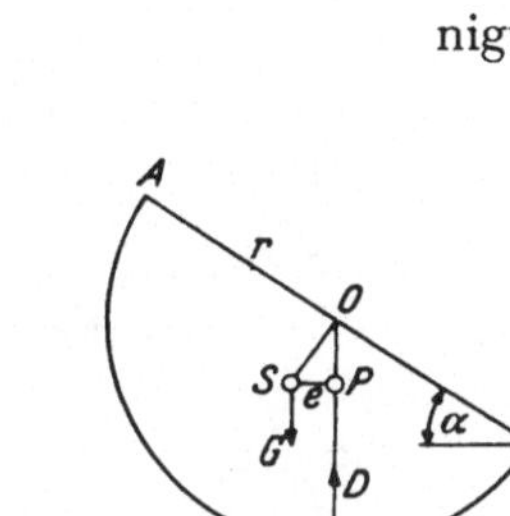

Abb. 162

$$e = \overline{S\,P} = \frac{3}{8}\,r\sin\alpha \text{ und } J_P = J_S + M\,e^2,$$

$$J_S = \frac{83}{320}\,M\,r^2.$$

Da $b_S = e\,\lambda$, so ergibt sich $\dfrac{G-D}{M} = \dfrac{G\,e^2}{J_P}$ und hieraus

$$D = \frac{G}{1+(45/83)\sin^2\alpha}.$$

Der Punkt A beginnt seine Bewegung in der Senkrechten zu $A\,P$.

22. Mit D als Druck des Zylinders auf den Stab gilt für die Drehung um O

$$J_0 \ddot{\varphi} = D\, a \operatorname{ctg} \frac{\varphi}{2} - G\, l \cos \varphi, \qquad \text{(a)} \qquad \text{wo } J_0 = \frac{4}{3}\, m\, l^2.$$

Für die Translation des Zylinders gilt

$$\frac{G_1}{g} \ddot{x}_M = D \sin \varphi. \qquad\qquad \text{(b)}$$

Aus $x_M = \overline{OB} = a \operatorname{ctg} \varphi/2$ ergibt sich für $\ddot{x}_M$, da zu Beginn $\dot{\varphi} = 0$ ist,

$$\ddot{x}_M = - \frac{a}{2 \sin^2 \varphi/2}\, \ddot{\varphi}.$$

Damit wird

$$D \sin \varphi = - \frac{G_1 a}{2\, g \sin^2 \varphi/2}\, \ddot{\varphi}$$

und mit Benutzung von (a)

$$D = \frac{G\,(l/a) \cos \varphi\, \operatorname{tg}(\varphi/2)}{1 + \dfrac{16}{3} \dfrac{G}{G_1} \dfrac{l^2}{a^2} \sin^4 \dfrac{\varphi}{2}}. \qquad\qquad \text{(c)}$$

Bei ruhendem Zylinder folgt aus (a) mit $\ddot{\varphi} = 0$:

$$D_0 = G \frac{l}{a} \cos \varphi\, \operatorname{tg} \frac{\varphi}{2}.$$

Demnach tritt eine Druckverminderung im angegebenen Verhältnisse ein.

Die Beschleunigung des Punktes M ist durch (c) und (b) bestimmt.

23. Hat der Massenpunkt m, auf den die Kraft $\Re$ wirkt, die Geschwindigkeit $\mathfrak{v}$ und sind $\mathfrak{r}$, $\mathfrak{p}$ die Ortsvektoren von m und P in bezug auf den festen Punkt O (Abb. 163), so ist der Drall $\mathfrak{D}_P = (\mathfrak{r} - \mathfrak{p}) \times m\, \mathfrak{v}$ und das Kraftmoment $\mathfrak{M}_P = (\mathfrak{r} - \mathfrak{p}) \times \Re$.

Somit ist

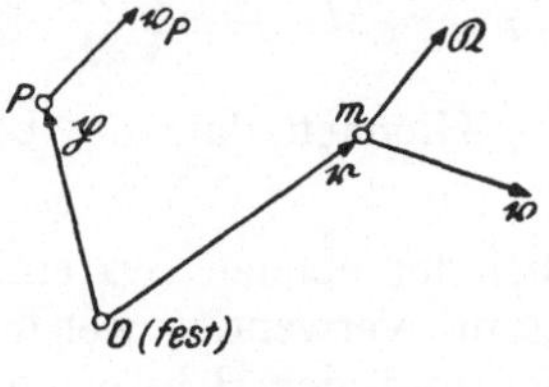

$$\dot{\mathfrak{D}}_P = (\mathfrak{r} - \mathfrak{p}) \times \frac{d}{dt}(m\,\mathfrak{v}) + (\dot{\mathfrak{r}} - \dot{\mathfrak{p}}) \times m\,\mathfrak{v}.$$

Da aber $\Re = \dfrac{d\,(m\,\mathfrak{v})}{dt}$, so entsteht mit $\dot{\mathfrak{r}} = \mathfrak{v}$, $\dot{\mathfrak{p}} = \mathfrak{v}_P$ und wegen $\dot{\mathfrak{r}} \times m\,\mathfrak{v} = 0$:

$$\dot{\mathfrak{D}}_P = \mathfrak{M}_P - \mathfrak{v}_P \times (m\,\mathfrak{v}). \qquad \text{(a)}$$

Abb. 163

Für die Bewegung eines Punkthaufens von der Gesamtmasse $M = \Sigma\, m$ liefert die Addition der für die einzelnen Punkte des Haufens angeschriebenen Gl. (a) die Formel

$$\dot{\mathfrak{D}}_P = \mathfrak{M}_P - \mathfrak{v}_P \times M\, \mathfrak{v}_S, \qquad\qquad \text{(b)}$$

denn zufolge des Wechselwirkungsgesetzes fallen die zwischen den Massenpunkten wirkenden inneren Kräfte heraus und $\Sigma\, m\, \mathfrak{v}$ ist gleichwertig mit dem im Massenmittelpunkt S angesetzten Vektor $M\,v_S$ der gesamten Bewegungsgröße.

Das in (b) stehende zusätzliche Moment verschwindet nur dann, wenn entweder der Bezugspunkt P fest ist oder wenn seine Geschwindigkeit parallel ist zu jener des Massenmittelpunktes S.

24. Die Lösung ergibt sich durch Benutzung der Gl. (b) von Aufg. 23. Mit $\mathfrak{e}$ als Einheitsvektor normal zur Scheibenebene und J_P als Trägheitsmoment der Scheibenmasse M bezüglich des Drehpoles ist der Drehvektor $\mathfrak{w} = \mathfrak{e}\,\omega$ und $\mathfrak{D}_P = \mathfrak{e}\,(J_P\,\omega)$, ferner $\mathfrak{M}_P = \mathfrak{e}\,M_P$, so daß aus Gl. (b) folgt

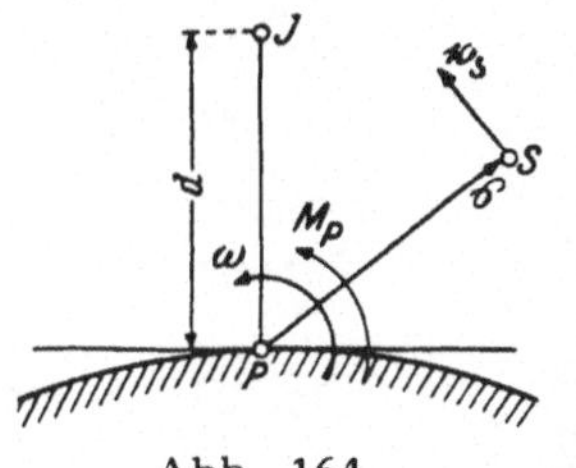

Abb. 164

$$\mathfrak{e}\,\frac{d}{dt}\,(J_P\,\omega) = \mathfrak{e}\,M_P - v_P \times M\,v_S,$$

worin v_P die Geschwindigkeit der Verschiebung des Bezugspunktes P (Wechselgeschwindigkeit des Drehpoles) bedeutet, die in die Polbahntangente fällt und den Betrag $v_P = d\,\omega$ hat mit $d = \overline{PJ}$ als Durchmesser des Wendekreises (Abb. 164).

Mit $\overrightarrow{PS} = \mathfrak{s}$ ist $v_S = \mathfrak{w} \times \mathfrak{s}$, daher

$$v_P \times v_S = v_P \times (\mathfrak{w} \times \mathfrak{s}) = \mathfrak{w}\,(v_P \cdot \mathfrak{s}) - \mathfrak{s}\,(v_P \cdot \mathfrak{w})$$

oder wegen $v_P \perp \mathfrak{w}$:

$$v_P \times v_S = \mathfrak{e}\,\omega\,(v_P \cdot \mathfrak{s});$$

hiemit entsteht die skalare Gleichung

$$\frac{d}{dt}\,(J_P\,\omega) = M_P - M\,\omega\,(v_P \cdot \mathfrak{s}), \tag{1}$$

woraus — da J_P im allgemeinen vom Drehwinkel φ abhängig ist — für die Berechnung der Winkelbeschleunigung $\dot{\omega}$ die Gleichung folgt

$$J_P\,\dot{\omega} = M_P - \omega\left(\frac{dJ_P}{dt} + v_P \cdot \mathfrak{s}\,M\right) = M_P - \omega\left(\omega\,\frac{dJ_P}{d\varphi} + M\,v_P \cdot \mathfrak{s}\right). \tag{2}$$

Hienach darf die bei Drehung um eine feste Achse gültige Formel

$$J_P\,\dot{\omega} = M_P$$

bei der ebenen Systembewegung für den Drehpol als Bezugspunkt nur dann verwendet werden, wenn J_P von φ unabhängig (also konstant) ist und der Schwerpunkt der Scheibe auf der Polbahnnormalen liegt (womit $v_P \cdot \mathfrak{s} = 0$ wird).

25. Mit ω als Winkelgeschwindigkeit des rollenden Zylinders ist dessen kinetische Energie

$$T = \frac{1}{2}\,J_P\,\omega^2 = \frac{M\,g}{2}\,(r^2 + i_S^2)\,\omega^2.$$

Das Arbeitsprinzip $T = A$ liefert sodann mit

$$A = M\,g\,(R - r)\,(\cos\varphi - \cos\varphi_0)$$

und wegen $r\,\omega = -(R-r)\,\dot{\varphi}$:

$$\dot{\varphi}^2 = \frac{2\,g\,r^2\,(\cos\varphi - \cos\varphi_0)}{(R-r)\,(r^2 + i_S^2)},$$

woraus die Bewegungsgleichung folgt

$$\ddot{\varphi} = -\frac{g\sin\varphi}{l}, \qquad \text{wo} \qquad l = (R-r)\left(1 + \frac{i_S^2}{r^2}\right).$$

Die Strecke $\overline{OS}$ schwingt demnach aus der Anfangslage $\varphi = \varphi_0$ wie ein mathematisches Pendel von der Länge l.

Da die Schwerpunktsbeschleunigung b_S die Komponenten

$$b_{S,n} = (R-r)\,\dot{\varphi}^2, \qquad b_{S,t} = -(R-r)\,\ddot{\varphi}$$

besitzt, so ergibt das d'Alembertsche Prinzip für den Normaldruck in P:

$$D = G\left[2\,(\cos\varphi - \cos\varphi_0)\,\frac{r^2}{r^2 + i_S^2} + \cos\varphi\right]$$

und für die Reibungskraft:

$$F = G\sin\varphi\,\frac{i_S^2}{r^2 + i_S^2}. \tag{a}$$

Es darf F die durch den Druck D gelieferte Reibungskraft $f\,D$ nicht überschreiten, somit muß f der Bedingung $F \leqq f\,D$ genügen.

Nach (a) entsteht F_{max} für $\varphi = \varphi_0$; in dieser Lage hat der Druck D sein D_{min}. Daher ist obige Bedingung für f während der ganzen Bewegung erfüllt, sobald sie für den Anfang zutrifft, wenn demnach

$$G\sin\varphi_0\,\frac{i_S^2}{r^2 + i_S^2} \leqq f\,G\cos\varphi_0 \qquad \text{oder} \qquad \operatorname{tg}\varphi_0 \leqq f\left(1 + \frac{r^2}{i_S^2}\right).$$

26. Durch die von der Lotrechten aus gemessenen Winkel φ, ψ (Abb. 165) sci die Lage des rollenden Zylinders und jene des Hohlzylinders zur Zeit t festgelegt.

Für die Winkelgeschwindigkeit ω des kleineren Zylinders gilt dann

$$r\,\omega = R\,\dot{\psi} - (R-r)\,\dot{\varphi}.$$

Sind D und F die Reaktionskräfte zwischen beiden Zylindern in Richtung der Normalen und Tangente, so bestehen für die Drehungen beider Zylinder die Gleichungen

$$J_0\,\ddot{\psi} = -F\,R,$$
$$m\,i_S^2\,\dot{\omega} = +F\,r,$$

woraus durch Beseitigung der Reibungskraft F entsteht

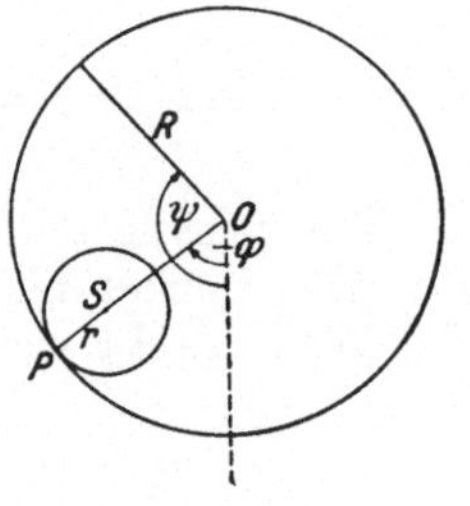

Abb. 165

$$\ddot{\psi}\,(J_0\,r^2 + m\,i_S^2\,R^2) = m\,i_S^2\,R\,(R-r)\,\ddot{\varphi}. \tag{a}$$

Das Arbeitsprinzip $\dot{T} = \dot{A}$ liefert die zweite Beziehung zwischen $\ddot{\psi}$ und $\ddot{\varphi}$. Es ist

$$T = \frac{1}{2} J_0 \dot{\psi}^2 + \frac{1}{2} m\, i_S^2 \omega^2 + \frac{1}{2} m\,(R-r)^2 \dot{\varphi}^2,$$

$$A = m\,g\,(R-r)\,(\cos\varphi - \cos\varphi_0),$$

womit entsteht

$$\dot{\psi}\,[(J_0\,r^2 + m\,i_S^2\,R^2)\,\ddot{\psi} - m\,i_S^2\,R\,(R-r)\,\ddot{\varphi}] -$$
$$- m\,(R-r)\,\dot{\varphi}\,[R\,i_S^2\,\ddot{\psi} - (R-r)\,(i_S^2 + r^2)\,\ddot{\varphi}] = - m\,g\,r^2\,(R-r)\,\sin\varphi\,\dot{\varphi}.$$

Da hierin der Faktor von $\dot{\psi}$ zufolge (a) verschwindet, so verbleibt

$$R\,i_S^2\,\ddot{\psi} = (R-r)\,(i_S^2 + r^2)\,\ddot{\varphi} + g\,r^2\sin\varphi. \tag{b}$$

Wird $\ddot{\psi}$ aus (a), (b) eliminiert, so entsteht $\ddot{\varphi} = - (g/l)\sin\varphi$, wo

$$l = (R-r)\left(1 + \frac{J_0\,i_S^2}{J_0\,r^2 + m\,i_S^2\,R^2}\right).$$

27. Mit x als Verschiebungsmaß von G_1, ω als Winkelgeschwindigkeit der Welle und S als Spannkraft des Seiles lauten die Bewegungsgleichungen der einzelnen Teile des bewegten Verbandes

$$\ddot{x}\,\frac{G+Q}{g} = S - f\,(G+Q),$$

$$\ddot{s}\,\frac{P}{g} = P - S,$$

$$\dot{\omega} = \frac{S\,r}{(1/2)\,(Q/g)\,r^2} = \frac{2\,g\,S}{Q\,r}.$$

Hiezu tritt noch die kinematische Bedingung $\ddot{s} = \ddot{x} + r\,\dot{\omega}$.

Die Gleichungen für die Unbekannten $\ddot{x}$, $\ddot{s}$, S und $\dot{\omega}$ sind linear, diese Größen sind demnach konstant, somit auch das Verhältnis s/x. Man erhält durch Auflösung

$$S = P\,\frac{1+f}{1 + \dfrac{P}{Q}\,\dfrac{2G+3Q}{G+Q}},$$

$$\frac{s}{x} = \frac{\ddot{s}}{\ddot{x}} = 1 + 2\,\frac{P}{Q}\,\frac{(1+f)\,(G+Q)}{P\,(1+f) - f\,[G+Q + (P/Q)\,(2G+3Q)]}.$$

Blockierung tritt ein, wenn $\ddot{x} < 0$; dann nimmt die Geschwindigkeit des Gleitbockes bis zum Werte Null ab, danach bleibt er stehen und die Welle dreht sich um die dann feste Achse O mit

$$\dot{\omega} = \frac{g}{1 + (Q/2\,P)} \qquad \text{und es ist} \qquad S = \frac{P\,Q}{2\,P + Q}.$$

$\ddot{x} < 0$ ergibt als notwendige Reibungsziffer

$$f > \frac{P}{(G+Q)\,(1 + 2\,P/Q)}.$$

28. Da beim Bruche keine eingeprägten Kräfte hinzutreten, so bleiben der Drall D_0 um O und die kinetische Energie T unverändert.

Nennt man ω_1, ω_2 die Winkelgeschwindigkeiten der beiden Stabstücke und m die Masse des ganzen Stabes, so ist vor dem Bruche $D_0 = (4/3)\, m\, l^2\, \omega_0$ und nach dem Bruche

$$D_0 = \frac{1}{3}\frac{m}{2} l^2 \omega_1 + \left(\frac{1}{12}\frac{m}{2} l^2 \omega_2 + \frac{m}{2}\frac{3}{2} l v_\sigma\right),$$

wo $v_\sigma = (3/2)\, l\, \omega_0$ (denn wegen $b_\sigma = 0$ bleibt v_σ konstant). Damit wird

$$5\,\omega_0 = 4\,\omega_1 + \omega_2. \tag{a}$$

Aus $T = \dfrac{1}{2}\dfrac{m\,(2\,l)^2}{3}\,\omega_0^2$ vor dem Bruche

und $T = \dfrac{1}{2}\dfrac{m}{2}\dfrac{l^2}{3}\omega_1^2 + \dfrac{1}{2}\left(\dfrac{m}{2} v_\sigma^2 + \dfrac{m}{2}\dfrac{l^2}{12}\omega_2^2\right)$ nach dem Bruche ergibt sich

$$5\,\omega_0^2 = 4\,\omega_1^2 + \omega_2^2, \tag{b}$$

so daß wegen (a) folgt: $\omega_1 = \omega_2 = \omega_0$.

Die Stabhälfte SA dreht sich mit ω_2 um ihren Schwerpunkt σ und letzterer beschreibt eine Gerade senkrecht zu SA.

d) Kinetostatik

1. Die Beschleunigung b ist gleich $\dfrac{P - R_1 - R}{m + m_1}$.

Mit S als Spannkraft der Stange an der vom linken Stangenende gemessenen Stelle x und mit $T = -(m_1 + m\,x/l)\,b$ als Trägheitskraft gilt nach dem d'Alembertschen Prinzipe im Bereiche $0 < x < a$:

$$P - R_1 + T + S = 0,$$

woraus

$$S = -\frac{1}{m + m_1}\,[\,m\,(P - R_1) + m_1\,R\,] + \frac{x}{l}\frac{m}{m + m_1}\,(P - R_1 - R),$$

im Bereiche $a < x < l$:

$$P - R_1 - R + T + S = 0,$$

woraus

$$S = -\frac{m}{m + m_1}\left(1 - \frac{x}{l}\right)(P - R_1 - R).$$

An der Stelle $x = a$ entsteht ein Spannkraftsprung von der Größe $-R$.

2. Mit f als Ziffer der Gleitreibung ist die Beschleunigung
$$b = g\,(\sin a - f \cos a). \qquad (\mathrm{tg}\, a > f).$$
Einspannungsmoment

$$M_A = \frac{G\,l}{2}\left(\sin a - \frac{b}{g}\right) = \frac{f\,G\,l}{2}\cos a.$$

Die Biegung des Stabes erfolgt in Richtung der Abwärtsbewegung der Platte.

3.
$$M_{max} = \frac{G\,h}{2\,g}\sqrt{\frac{v^4}{r^2} + b_t^2}$$

entsteht an der Einspannstelle.

Die Säule biegt sich nach außen in Richtung der resultierenden Trägheitskraft, die gegen den Halbmesser r unter β geneigt ist, wo $\operatorname{tg}\beta = \dfrac{r\,b_t}{v^2}$.

4. Für einen beliebigen Pendelausschlag φ aus der Lotrechten beträgt die Spannkraft S im Pendelfaden

$$S = G\left(\cos\varphi + \frac{v^2}{g\,l}\right),$$

wo nach dem Arbeitsprinzip $v^2/2\,g = l\,(\cos\varphi - \cos\alpha)$.

Hienach wird

$$M_A = S\,a\cos\varphi = G\,a\cos\varphi\,(3\cos\varphi - 2\cos\alpha).$$

$M_{A\,max}$ ergibt sich für $\varphi = 0$ mit $M_{A\,max} = G\,a\,(3 - 2\cos\alpha)$.

5. Die Belastung des Trägers besteht aus dem über die Länge l gleichmäßig verteilten Eigengewicht $G = q\,l$ und den mit der Entfernung vom Stützpunkte A linear zunehmenden Trägheitskräften.

Für einen Querschnitt in der Entfernung x vom rechten Ende ist daher das Biegungsmoment

$$M_x = \frac{q\,x^2}{2} - \frac{q}{g}\,\lambda\int_{\xi=0}^{x}\left(\frac{2\,l}{3} - x + \xi\right)\xi\,d\xi = \frac{q\,x^2}{2} - \frac{q}{g}\,\lambda\frac{x^2}{6}\,(2\,l - x).$$

Da die anfängliche Winkelbeschleunigung nach Aufg. (C 19) $\lambda = (3/2)\,g/l$ ist, so wird

$$M_x = \frac{q\,x^3}{4\,l} \tag{1}$$

(gültig bis zur Stützstelle A, also von $x = 0$ bis $2\,l/3$).

Für eine Trägerstelle in der Entfernung x vom linken Ende ergibt sich

$$M_x = \frac{q\,x^2}{2} + \frac{q}{g}\,\lambda\int_{\xi=0}^{x}\left(\frac{l}{3} - x + \xi\right)\xi\,d\xi = \frac{q\,x^2}{2} + \frac{q}{g}\,\lambda\frac{x^2}{6}\,(l - x),$$

daher mit $\lambda = (3/2)\,g/l$:

$$M_x = \frac{q\,x^2}{4\,l}\,(3\,l - x) \tag{2}$$

(gültig für $x = 0$ bis $l/3$).

Das größte Biegungsmoment entsteht an der Stützstelle A; es ist $M_{max} = (2/27)\,G\,l$. Mit den aus (1) und (2) zu berechnenden Querkräften ergibt sich der Stützendruck $D = 3/4\,G$ wie in Aufg. (C 19).

6. Auf das Massenelement $dm = 2\,\mu\,r\,d\psi$ an der Stelle ψ wirkt die Fliehkraft $dC = \varrho\,\omega^2\,dm$, die an der Querschnittsstelle φ (Abb. 166) das Biegungsmoment $dM_\varphi = \overline{P\,N}\,.\,dC$ liefert.

Es ist

$$\overline{PN} = 2\,r \cos\varphi \sin(\varphi - \psi),$$

womit sich ergibt

$$M_\varphi = 8\,\mu\,r^3 \cos\varphi \int_{\psi=0}^{\varphi} \sin(\varphi - \psi) \cos\psi\,d\psi = 2\,\mu\,r^3\,\omega^2\,\varphi \sin 2\,\varphi.$$

Aus $\partial M_\varphi/\partial\varphi = 0$ folgt $\operatorname{tg} 2\varphi + 2\varphi = 0$.
Hienach ergibt sich M_{max} für $\varphi = 58^0\,8'$ mit dem Werte

$$M_{max} = 0{,}579 \,\frac{G}{g}\, r^2\,\omega^2.$$

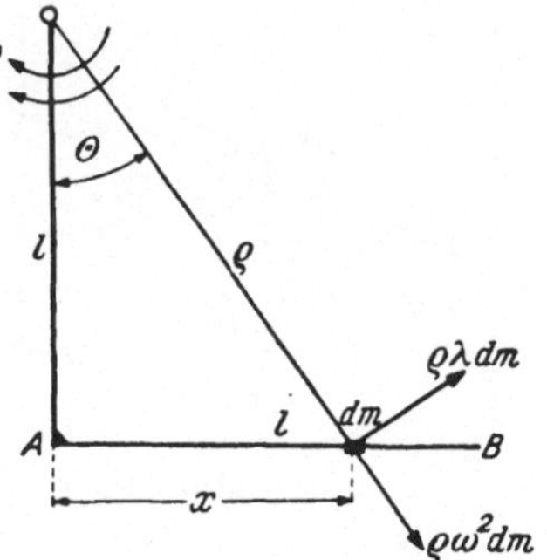

Abb. 166

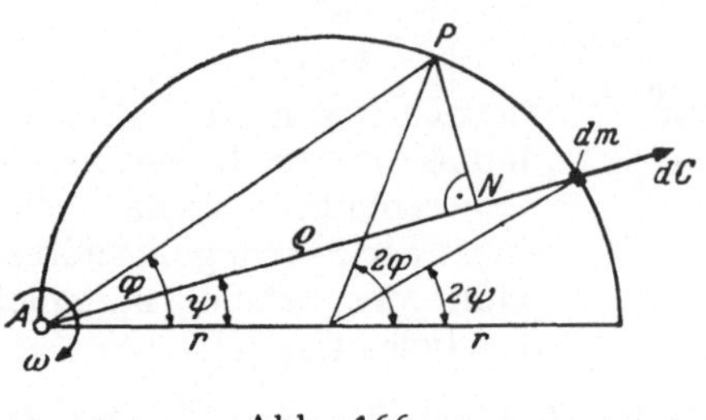

Abb. 167

7. Ist ω die Winkelgeschwindigkeit der Drehung des Hebels bei lotrechter Lage von OA, so folgt aus dem Arbeitsprinzip

$$\frac{J_0\,\omega^2}{2} = \frac{G}{2}\left(\frac{l}{2} + \frac{3\,l}{2}\right) = G\,l,$$

worin

$$J_0 = \frac{G\,l^2}{2\,g}\left[\frac{1}{3} + \frac{1}{12} + \left(1 + \frac{1}{4}\right)\right] = \frac{5}{6}\,\frac{G}{g}\,l^2.$$

Hiemit wird

$$\omega^2 = \frac{12}{5}\,\frac{g}{l},$$

während sich die Winkelbeschleunigung λ in dieser Stellung aus $\lambda = Gl/4J_0$ mit $\lambda = 0{,}3\,g/l$ ergibt.

Die am Massenelemente dm an der Stelle x des Schenkels AB anzubringenden Trägheitskräfte $\varrho\,\omega^2\,dm$, $\varrho\,\lambda\,dm$ (Abb. 167) geben in lotrechter Richtung die Komponenten

$$\varrho\,\omega^2 \cos\theta\,dm = l\,\omega^2\,dm$$

und

$$-\varrho\,\lambda\sin\theta\,dm = -\,x\,\lambda\,dm,$$

so daß sich das Einspannmoment bei A berechnet zu

$$M_A = \frac{G\,l}{4} + \frac{G\,l^2\,\omega^2}{4\,g} - \frac{G\,l^2\,\lambda}{6\,g} = 0{,}8\,G\,l.$$

8. Nach dem Schwerpunkts- und Drallsatze besteht das System der Trägheitskräfte aus einer im Schwerpunkte angreifenden Kraft $\mathfrak{T}_S = -\,m\,\mathfrak{b}_S$ (Abb. 168) und einem im Gegensinne der Winkelbeschleunigung $\overline{\dot\omega}$ um S drehenden Moment $\mathfrak{M}_S = -\,m\,i_S^2\,\overline{\dot\omega}$.

Da $\mathfrak{T}_S \perp \mathfrak{M}_S$, so wird $\mathfrak{T}_S$ aus S um das Maß $a = \dfrac{i_S^2\,\dot\omega}{\mathfrak{b}_S}$ parallel verschoben nach $\mathfrak{T}$. Ist G^* der Schnittpunkt der Wirkungslinie von $\mathfrak{T}$ mit GS, dann ist $a = e\sin\beta$; mit $s = \overline{SG}$ ist aber $\sin\beta = \dfrac{s\,\omega}{\mathfrak{b}_S}$, so daß

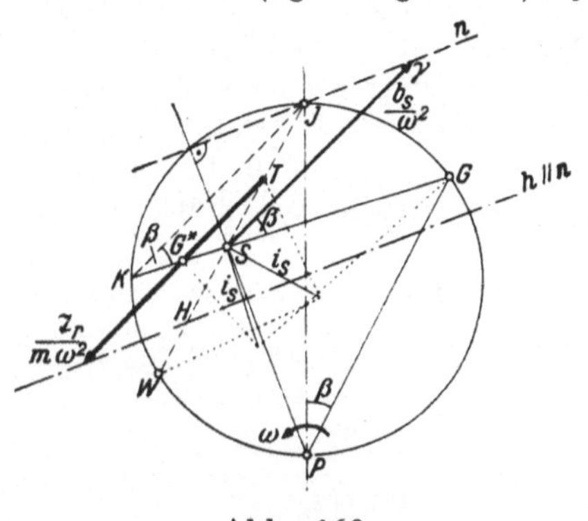

Abb. 168

$$a = \frac{e\,s\,\dot\omega}{\mathfrak{b}_S} = \frac{i_S^2\,\dot\omega}{\mathfrak{b}_S},$$

woraus folgt

$$e\,.\,s = i_S^2;$$

hienach liegen die Punkte G^* und G invers bezüglich des Schwerpunktes S, das heißt G^* ist der Schwingungsmittelpunkt der Scheibe bezüglich des Poles G.

9. Mit dem Zwanglauf der Scheibe sind der Drehpol P und der Wendepol J als gegeben anzunehmen. Den ∞^1 Beschleunigungspolen G auf dem Wendekreise entsprechen die ∞^1 möglichen Beschleunigungszustände der Scheibe. Mit einem beliebigen Beschleunigungspol ergibt sich die reduzierte Schwerpunktsbeschleunigung $\dfrac{\mathfrak{b}_S}{\omega^2} = \overrightarrow{S\,\gamma} \parallel KJ$, wo K den Schnittpunkt von GS mit dem Wendekreise bedeutet (Abb. 169). Für alle Lagen von G auf dem Wendekreise erfüllen die Vektorspitzen von $\mathfrak{b}_S/\omega^2$ die Normale n durch J zu PS, denn es ist $\dfrac{\mathfrak{b}_S}{\omega^2} = \overrightarrow{S\,J} + \overrightarrow{J\,\gamma}$, worin nach Grübler (vgl. Aufg. I A 9) $\overrightarrow{S\,J}$ die reduzierte Wendebeschleunigung

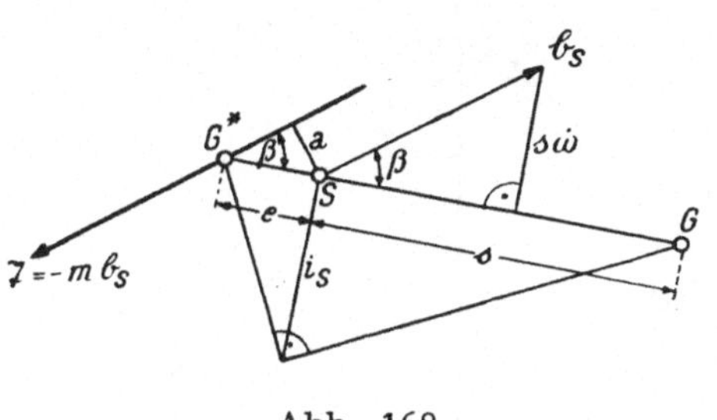

Abb. 169

und $\overrightarrow{J\,\gamma}$ die reduzierte Triebbeschleunigung angibt. Erstere bleibt aber für alle Lagen von G konstant und letztere steht immer senkrecht auf SP. Hienach ist die Gesamtheit der in S angesetzten reduzierten Beschleunigungsdrücke $\dfrac{\mathfrak{B}}{m\,\omega^2}$ durch die Normale $n \parallel v_S$ begrenzt. Hiemit ist der zweite Teil des Satzes bewiesen.

Die Existenz des Trägheitspoles T läßt sich unter anderem wie folgt beweisen: Nach Aufg. (D 8) geht die Wirkungslinie der resultierenden Trägheitskraft $\mathfrak{T}_r$, welche dem Beschleunigungspole G entspricht, durch den Schwingungsmittelpunkt G^* der in G drehbar gedachten Scheibe, so daß

$$\overline{SG} \cdot \overline{SG^*} = i_S{}^2. \tag{a}$$

Mit W als dem auf dem Wendekreise liegenden Wendepunkt des durch S gelegten Wendestrahles SJ gilt

$$\overline{SK} \cdot \overline{SG} = \overline{SW} \cdot \overline{SJ},$$

so daß wegen (a) folgt

$$\frac{\overline{SG^*}}{\overline{SK}} = \frac{i_S{}^2}{\overline{SW} \cdot \overline{SJ}} = \text{konstant},$$

das heißt der Ort aller Punkte G^* ist ein zum Wendekreis bezüglich S ähnlich liegender Kreis, es entsprechen sich in dieser Ähnlichkeit die Punkte K und G^*. Die durch G^* gehende Wirkungslinie $\mathfrak{T}_r$ und die zu ihr parallele Gerade KJ liegen ähnlich und da alle Geraden KJ sich im festen Punkte J schneiden, so schneiden sich auch die dazu durch die Punkte G^* gezogenen Parallelen in einem Punkte T, welcher in der Ähnlichkeit dem Wendepole J entspricht, so daß

$$\frac{\overline{ST}}{\overline{SJ}} = \frac{\overline{SG^*}}{\overline{SK}} = \frac{i_S{}^2}{\overline{SW} \cdot \overline{SJ}},$$

wonach

$$\overline{ST} \cdot \overline{SW} = i_S{}^2. \tag{b}$$

Hiemit ist die Lage des Trägheitspoles auf SJ bestimmt und es gilt der Satz: „Der Trägheitspol einer zwangläufigen Scheibe ist identisch mit dem Schwingungsmittelpunkt der um den Wendepunkt des Strahles SJ drehbar gedachten Scheibe."

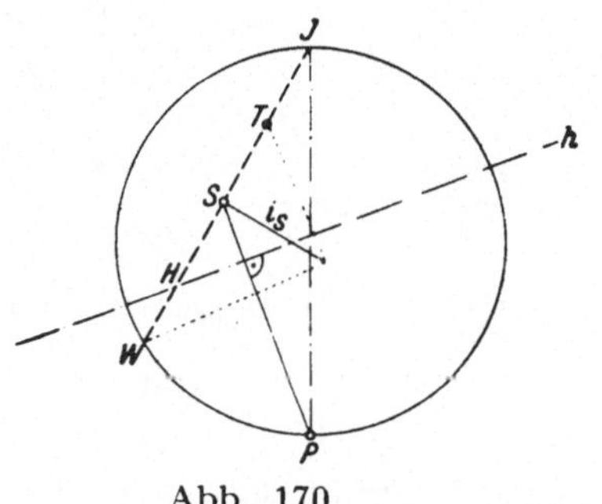

Abb. 170

Die Spitzen der in T angesetzten reduzierten resultierenden Trägheitskräfte $\dfrac{\mathfrak{T}_r}{m\,\omega^2}$ erfüllen die Gerade $h \perp PS$ (also $h \parallel v_S$), deren Schnittpunkt H mit SJ bestimmt ist durch $\overline{SJ} = \overline{TH}$ (Abb. 170).

10. Da bei rollender Scheibe kein Gleiten stattfindet, ist ihr Berührungspunkt mit der festen Scheibe der Drehpol P. Man bestimmt zunächst den Wendepol J mit Benutzung der Konstruktion von Schell (Aufg. I A 4). Nimmt man den Punkt Q willkürlich auf der Polbahntangente an, zieht $PJ' \parallel \mathfrak{A}Q$, so ist die durch J' gezogene Parallele zu PQ ein Ort für den Wendepol J und da dieser auch auf der Polbahnnormalen liegen muß, so ist er hiemit bestimmt (Abb. 171).

Der Fußpunkt der Senkrechten vom Drehpole P auf SJ gibt den Wendepunkt W; sein Antipol ist der Trägheitspol T.   Macht man $\overline{SJ} = \overline{TH}$, so begrenzt die durch H gezogene Gerade $h \perp PS$ das Büschel der in T angesetzten resultierenden Trägheitskräfte $\mathfrak{T}_r$.   Nach dem d'Alembertschen Prinzip bilden die Kräfte $\mathfrak{T}_r$, $\mathfrak{P}$ und der Gesamtwiderstand $\mathfrak{D}_P$ in P ein Gleichgewichtssystem.

Die Wirkungslinie von $\mathfrak{D}_P$ muß durch P, jene von $\mathfrak{T}_r$ durch T gehen. Hiedurch sind beide Kräfte bestimmt.

Um die Kräfte in der Zeichnung durch Strekken darzustellen, arbeitet man zweckmäßig mit „reduzierten" Kräften, indem man sie durch $m\,\omega^2$ dividiert.

Zeichnet man das zugehörige Kraftdreieck so, daß die Vektorspitze von $\mathfrak{p} = \dfrac{\mathfrak{P}}{m\,\omega^2}$ nach T zu liegen kommt und wählt den Schnittpunkt der drei Wirkungslinien zunächst willkürlich in D' auf $\mathfrak{P}$, wobei sich im Kraftdreieck der Eck-

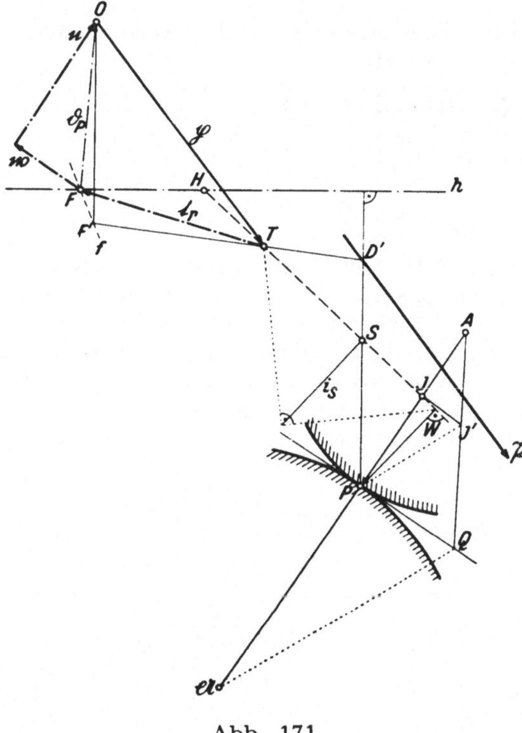

Abb. 171

punkt F' ergibt, so wandert dieser auf einer zu PT parallelen Geraden f für alle Lagen von D' auf $\mathfrak{P}$.   Der Schnittpunkt von h und f liefert daher die endgültige Lage von F und es ist

$$\mathfrak{t}_r = \overrightarrow{TF} = \frac{\mathfrak{T}_r}{m\,\omega^2} \quad \text{und} \quad \mathfrak{d}_P = \overrightarrow{FO} = \frac{\mathfrak{D}_P}{m\,\omega^2}.$$

Die Zerlegung von $\mathfrak{d}_P$ in Richtung der Polbahnnormalen und -Tangente ergibt die reduzierten Komponenten $\mathfrak{n}$ und $\mathfrak{w}$ des Gesamtwiderstandes.   Die reduzierte Schwerpunktsbeschleunigung $\mathfrak{b}_S/\omega^2$ ist gleich der gerichteten Strecke $\overrightarrow{FT}$.

11. Da die Punkte O und A gerade Bahnen beschreiben, so liegt der Wendepol J in derem Schnittpunkte (Abb. 172). Der Fußpunkt des Lotes aus dem Drehpol P auf JS gibt den Wendepunkt W des Wendestrahles JS, so daß der Trägheitspol T als Antipol von W bezüglich S kon-

struiert werden kann. Nach dem d'Alembertschen Prinzipe ist

$$\mathfrak{P} + \mathfrak{D}_A + \mathfrak{D}_B + \mathfrak{T}_r = 0;$$

die Wirkungslinie von $\mathfrak{D}_A + \mathfrak{D}_B$ geht durch P, jene von $\mathfrak{T}_r$ durch T. Die Konstruktion dieser Kräfte erfolgt analog wie in Aufg. 10. Die reduzierte Schwerpunktsbeschleunigung $\mathfrak{b}_S/\omega^2$ ist gleich $\overrightarrow{FT}$; hierin ist $\omega = \dfrac{v_A}{\overline{AP}}$.

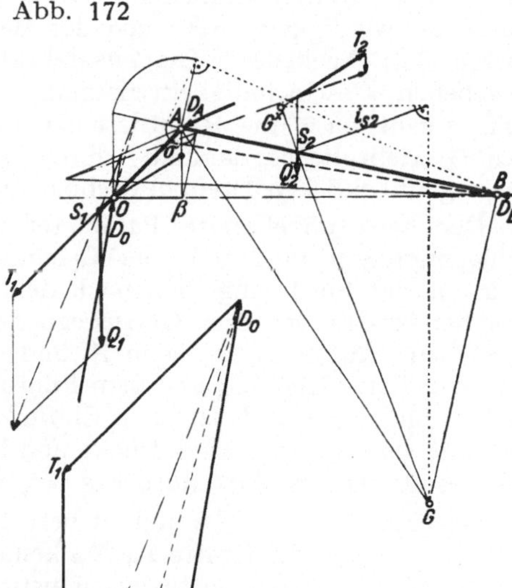

Abb. 172

12. Da ω konstant ist, so hat die Kurbelwarze A nur Normalbeschleunigung $\mathfrak{b}_A = \overrightarrow{AO} \cdot \omega^2$; man wählt den Beschleunigungsmaßstab so, daß $\mathfrak{b}_A = \overline{AO}$ wird. Damit wird in bekannter Art der Beschleunigungsplan $OA\beta$ gezeichnet, welcher in $\overrightarrow{\beta O} = \mathfrak{b}_B$ die Kreuzkopfbeschleunigung liefert (Abb. 173).

Aus $A S_2 B \sim A \sigma \beta$ ergibt sich $\mathfrak{b}_{S,2} = \overrightarrow{\sigma O}$ und aus $A \beta O \sim A B G$ der Beschleunigungspol G.

Durch $\overline{G S_2} \cdot \overline{S_2 G^*} = i_{S,2}{}^2$ ist der Antipol G^* bestimmt, in welchem die Trägheitskraft $\mathfrak{T}_2 = - m_2\, \mathfrak{b}_{S,2}$ der Pleuelstange angreift.

Die Kurbel AO ist belastet mit den bekannten

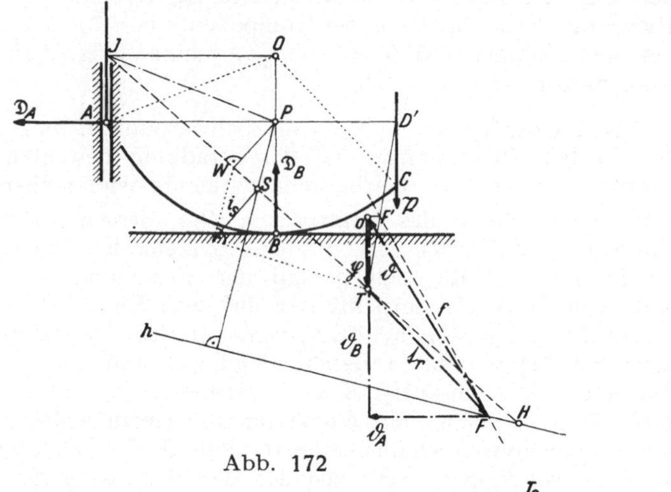

Abb. 173

Kräften: Gewicht Q_1 und $\mathfrak{X}_1 = - m_1 \overrightarrow{S_1 O} \cdot \omega^2$, die Pleuelstange mit Q_2 und $\mathfrak{X}_2$.

Um die Zapfenkräfte in O, A, B zu ermitteln, zeichnet man zu den bekannten Kräften dasjenige Seileck mit dem Pole O^*, von dem die drei entsprechenden Seiten durch die Gelenkpunkte $O\,A\,B$ gehen. Dies liefert im Kräfteplan die Zapfenkräfte $\mathfrak{D}_0$, $\mathfrak{D}_A$ und $\mathfrak{D}_B$ nach Größe und Richtung. Bezeichnet $D_B{}'$ die Komponente von $\mathfrak{D}_B$ in der Schubrichtung des Kreuzkopfes und $T_3 = - m_3\, b_B$ seine Trägheitskraft, so ist die Kolbenkraft $K = T_3 + D_B{}'$.

13. Es bezeichnen $S_1\,S_2\,S_3$ die Schwerpunkte, $m_1\,m_2\,m_3$ die Massen der Kurbel, Pleuelstange und der geradlinig bewegten Teile des Getriebes. Das an der Kurbelwelle wirkende widerstehende Moment M wird ersetzt durch das Kraftpaar $P.\overline{OA}$, dessen Kräfte in O und A senkrecht zur Kurbel wirken. Das System der Trägheitskräfte jedes Getriebegliedes läßt sich gemäß der Beziehung $b_S{}^1 = b_S{}^0 + \lambda\, v_S$ (vgl. Aufg. I B 25) zurückführen auf zwei Einzelkräfte, und zwar auf eine Kraft $\mathfrak{X}^0 = - m\, b_S{}^0$, die einem mit dem Zwanglauf verträglichen, sonst beliebig gewählten Beschleunigungszustand entspricht und deren Wirkungslinie nach Aufg. 8 zu konstruieren ist, und auf eine Zusatzkraft $\mathfrak{X}' = - m\,\lambda\,v_S$ mit einem für alle Getriebeglieder gleichen, vorläufig unbekannten Ähnlichkeitsparameter λ. Es bedeutet v_S den Vektor der Geschwindigkeit, $b_S{}^0$ jenen der Beschleunigung des Schwerpunktes dieses Getriebegliedes. Die Zusatzkraft $\mathfrak{X}'$ ist also nur abhängig vom gegebenen Geschwindigkeitszustande, ihre zu v_S parallele Wirkungslinie g geht, da $\mathfrak{X}'$ die Resultierende der elementaren Bewegungsgrößen des Getriebegliedes darstellt, durch den Schwingungsmittelpunkt des im augenblicklichen Drehpol drehbar gedachten Gliedes.

Der noch unbekannte Parameter λ, mit dessen Kenntnis der Beschleunigungszustand und die Gelenkkräfte bestimmt sind, bestimmt sich aus der Forderung, daß nach dem d'Alembertschen Prinzipe die Trägheitskräfte der drei Getriebeglieder und die eingeprägten Kräfte (bestehend aus $\mathfrak{R}$ in B, $\mathfrak{P}$ in A und den Gewichten der drei Glieder) mit dem Lagerdruck $\mathfrak{D}_0$ und dem Führungsdruck $\mathfrak{D}_B$ ein Gleichgewichtssystem bilden; P in O ist ohne Einfluß auf den Beschleunigungszustand und auf die übrigen Gelenkdrücke und braucht erst bei der Bestimmung des resultierenden Zapfendruckes $\mathfrak{Q}_0$ in O berücksichtigt zu werden.

Bei einer mit dem Zwanglauf verträglichen virtuellen Bewegung des Getriebes leisten die Kräfte $\mathfrak{D}_0$, $\mathfrak{D}_B$ keine Arbeit und es ergibt sich daher durch Nullsetzen der virtuellen Leistungen der angeführten Gleichgewichtskräfte folgende Bestimmungsgleichung für λ:

$$\mathfrak{R} \cdot v_B + \mathfrak{P} \cdot v_A + \sum_1^3 \mathfrak{G}_i \cdot v_{Si} + \sum_1^3 \mathfrak{X}_i \cdot v_{Ti} - \lambda \sum_1^3 m_i\, v_{Si} \cdot v_{Ti} = 0.$$

Es bedeutet hierin v_{Ti} die Geschwindigkeit des Trägheitspoles T_i des i-ten Gliedes.

Zeichnet man einen Plan der gedrehten Geschwindigkeiten mit dem Pole o, dann drückt obige Gleichung einfach das Momentengleichgewicht der in den Knoten dieses Joukowsky-Hebels in gleicher Größe und Richtung wie im Getriebe wirkenden Kräfte des obgenannten Kraftsystems aus. Hienach kann λ unmittelbar konstruiert werden, womit auch $\mathfrak{D}_0$, $\mathfrak{D}_B$ und der Gelenkdruck $\mathfrak{Q}_A$ bestimmt sind.

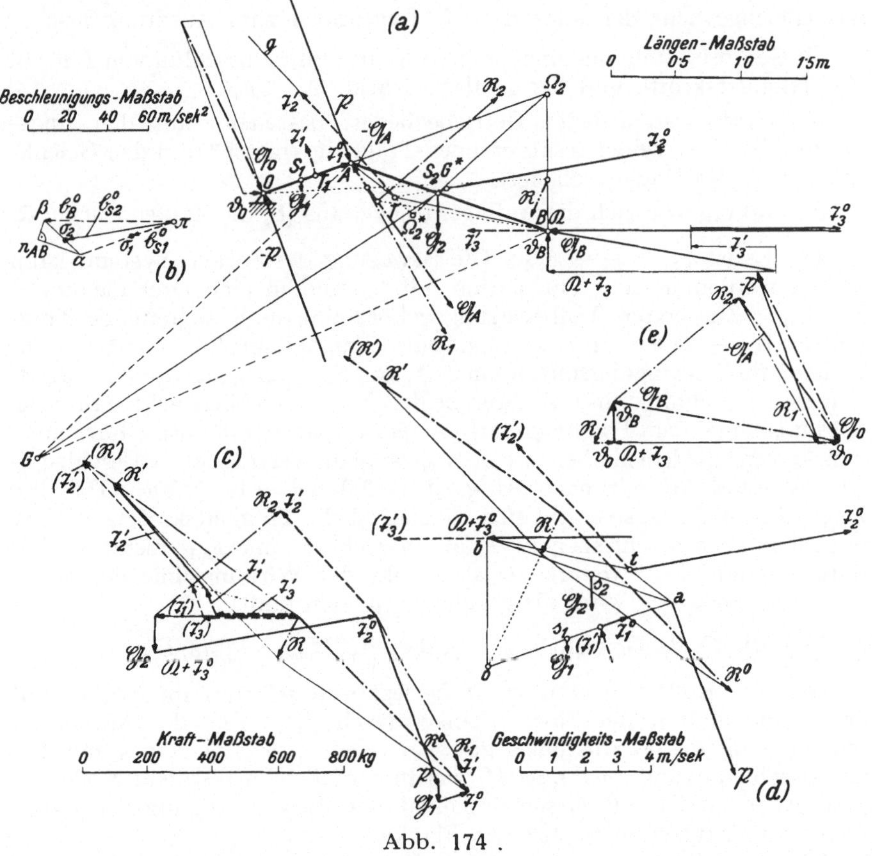

Abb. 174 .

Die Beschleunigungen $\mathfrak{b}_S{}^0$ für die drei Getriebeglieder werden zweckmäßig aus einem für $v_A = $ konst. gezeichneten Beschleunigungsplan (Abb. 174, b) entnommen, der auch die Ermittlung des Beschleunigungspoles G der Pleuelstange (nach Aufg. I A 2) gestattet.

Bestimmt man mit Kraft- und Seileck die Resultierende $\mathfrak{R}^0$ der am Joukowsky-Hebel wirkenden eingeprägten Kräfte und der Kräfte $\mathfrak{T}^0$ (Abb. c), sodann mit einer vorläufigen Annahme (λ) für λ die Resultierende $(\mathfrak{R})'$ aller zusätzlichen Trägheitskräfte $\mathfrak{T}'$, so erhält man die wahre Größe von $\mathfrak{R}'$ und damit auch den Ähnlichkeitsparameter λ aus der Bedingung, daß die Mittelkraft $\Re = \Re^0 + \Re'$ wegen des Momentengleichgewichtes durch den Nullpunkt o des Hebels (Abb. d) gehen muß. Damit ist ihre Wirkungslinie bekannt und auch die wahre Größe $\Re'$, da $\Re'$ und $(\Re)'$ gleiche Richtung haben.

Da mit $\Re'$ auch die resultierenden Trägheitskräfte $\mathfrak{T}^* = \mathfrak{T}^0 + \mathfrak{T}'$ der einzelnen Getriebeglieder bestimmt sind, so läßt sich ein dynamischer Kraftplan entwerfen (Abb. e), der durch geschlossene Kräftepolygone das Gleichgewicht der folgenden Kräftegruppen zum Ausdruck bringt:

a) Gesamtsystem der eingeprägten Kräfte (mit Ausschluß von P in O), der Trägheitskräfte und der Auflagerdrücke $\mathfrak{D}_0$, $\mathfrak{D}_B$;

b) Kräftesystem jedes Getriebegliedes, bestehend aus den eingeprägten Kräften, seiner resultierenden Trägheitskraft $\mathfrak{T}^*$ und den Gelenkdrücken $\mathfrak{Q}$ der Nachbarglieder.

Aus (a) ergeben sich die Auflagerdrücke, aus (b) die Zapfendrücke $\mathfrak{Q}$.

14. Es ist $\mathfrak{b}_S = \mathfrak{b}_A + \mathfrak{b}_{SA}$. Die Bewegung des ebenen Systems kann zerlegt werden in eine Translation mit $\mathfrak{b}_A$ und in eine Drehung um A mit $\mathfrak{b}_{SA}$. Zur ersten Teilbewegung gehört eine in S angreifende Trägheitskraft $- m\, \mathfrak{b}_A$, zur zweiten eine Trägheitskraft $- m\, \mathfrak{b}_{SA}$, angreifend im Schwingungsmittelpunkt A_1 von S bei festgedachtem Punkt A. Durch den Schnittpunkt D ihrer beiden Wirkungslinien geht daher die Wirkungslinie der Trägheitskraft $- m\, \mathfrak{b}_S$ parallel zu $\mathfrak{b}_S$. Für einen von $\mathfrak{b}_S$ verschiedenen, aber mit dem Zwanglauf verträglichen Beschleunigungszustand $\mathfrak{b}_S{}^1$ gilt nach Aufg. (I B 25) $\mathfrak{b}_S{}^1 = \mathfrak{b}_S + \lambda\, \mathfrak{v}_S$. Da aber $\lambda\, \mathfrak{v}_S = \lambda\, \mathfrak{v}_A + \lambda\, \mathfrak{v}_{SA}$, so ergibt sich die zusätzliche Trägheitskraft $- m\, \lambda\, \mathfrak{v}_S$ nach dem eben beschriebenen Verfahren, wenn $\mathfrak{b}_A$ und $\mathfrak{b}_{SA}$ ersetzt werden durch $\mathfrak{v}_A$ und $\mathfrak{v}_{SA}$, wodurch C als Punkt der Wirkungslinie der Kraft $- m\, \lambda\, \mathfrak{v}_S$ gewonnen wird, die parallel zu $\mathfrak{v}_S$ sein muß.

15. Mit G als Gewicht eines Stabes ist $M_{max} = (3/8)\, G\, a$.

16. Der Rollenmittelpunkt M bewegt sich relativ zum Nocken auf der Äquidistanten der Nockenflanke durch M. Für die Absolutbeschleunigung des Ventilstößels gilt $\mathfrak{b}_{Ma} = \mathfrak{b}_{Ms} + \mathfrak{b}_r + 2\,\mathfrak{w} \times \mathfrak{v}_r$ mit $\mathfrak{b}_{Ms}$ als Beschleunigung des mit M zusammenfallenden System(Nocken-)punktes, $\mathfrak{v}_r$ und $\mathfrak{b}_r$ als Geschwindigkeit und Beschleunigung der geradlinigen Relativbewegung auf der Flanke.

Für den Zustand reiner Normalbeschleunigung des Nockens ist

$$b_{Ms} = \overline{MO} \cdot \omega^2 = 240 \text{ m/s}^2.$$

Hiemit liefert der mit dem Nullpunkte π gezeichnete Beschleunigungsplan (Abb. 175 b), in welchem $\mathfrak{b}_{Ms}{}^n = \overline{\pi\, \mu_s}$ ist, $\mathfrak{b}_{Ma}{}^0 = \overline{\pi\, \mu_a}{}^0$. Diesem Beschleunigungszustande entspricht die Trägheitskraft des Nockens

$$\mathfrak{T}_1{}^0 = m_1\, \omega^2 \overrightarrow{O\,S} = - m_1\, \overrightarrow{\pi\, \sigma}{}^0$$

und jene des Stößels:

$$\mathfrak{T}_2{}^0 = - m_2\, \mathfrak{b}_{Ma}{}^0 = - m_2\, \overrightarrow{\pi\, \mu_a}{}^0.$$

Nach dem d'Alembertschen Prinzipe sind sowohl der Stößel als auch der Nocken für sich allein im Gleichgewicht, wenn folgende Kräftegruppen wirken (Abb. a):

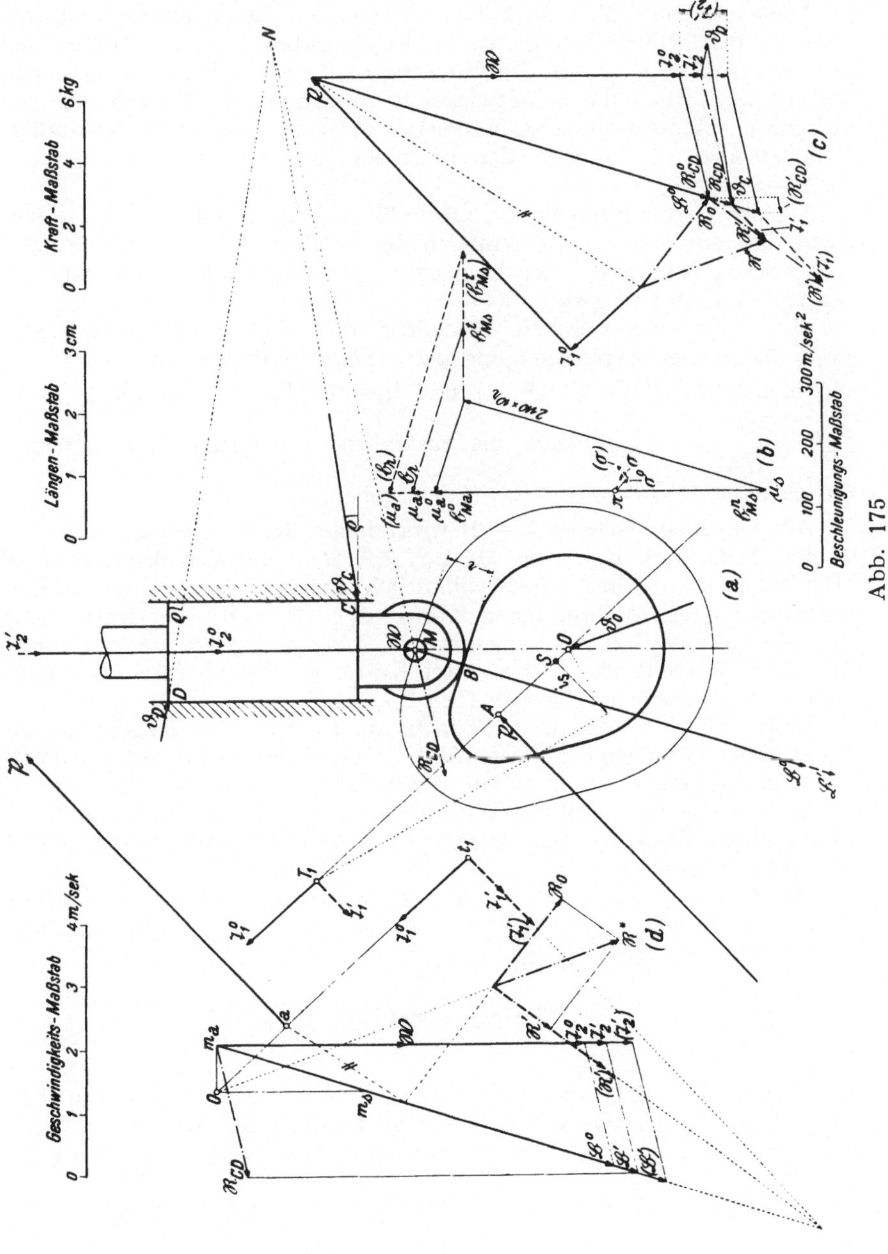

Abb. 175

Nocken (Scheibe 1): $\mathfrak{P}$, $\mathfrak{T}_1^0$, die zusätzliche Trägheitskraft $\mathfrak{T}_1'$ infolge der Winkelbeschleunigung des Nockens (angreifend im Trägheitspole T_1 und $\perp OS$), der Druck $\mathfrak{D}_0$ im Zapfen O und der senkrecht zur Flanke gerichtete Rollenanpressungsdruck $\mathfrak{B}$;

Stößel (Scheibe 2): $\mathfrak{W}$, $\mathfrak{T}_2^0$ in Stößelachse, die Reaktionskräfte $\mathfrak{D}_C$ und $\mathfrak{D}_D$ der Stößelführung, die in den Punkten C und D unter dem Reibungswinkel ϱ gegen die Führungsrichtung wirkend angenommen werden und durch die in M wirkende Resultierende $\mathfrak{R}_{CD}$ mit demnach bekannter Wirkungslinie MN ersetzt werden können, die zusätzliche Trägheitskraft $\mathfrak{T}_2'$ infolge der beschleunigten Drehung des Nockens und $-\mathfrak{B}$.

Da die Wirkungslinien der Kräfte $\mathfrak{B}$ und $\mathfrak{R}_{CD}$ bekannt sind, so sind auch ihre durch eine Längskraft in der Stößelachse erzeugten Beträge zwangläufig bestimmt; der Längskraft $\mathfrak{W} + \mathfrak{T}_2^0$ entsprechen dann die Kräfte $\mathfrak{R}_{CD}^0$ und $\mathfrak{B}^0$ (Abb. c).

Mit einer willkürlichen Annahme der Tangentialbeschleunigung $(b_{Ms}{}^t)$ liefert der Beschleunigungsplan (Abb. b) die zusätzliche Stößelbeschleunigung $(b_{Ma}') = \overline{\mu_a{}^0}\,(\mu_a)$ und hiemit $(T_2') = -\,m_2\,(b_{Ma}')$; durch

$$(b_S{}^t) = \frac{\overline{OS}}{\overline{OM}}\,(b_{Ma}{}^t)$$

ist auch die zusätzliche tangentiale Trägheitskraft der Scheibe 1: $(T_1') = -\,m_1\,(b_S{}^t)$ gegeben.

Am Getriebe (Scheibe $1 + 2$) wirkt folgendes Kräftesystem:

Die bekannten Kräfte $\mathfrak{P}$, $\mathfrak{W}$, $\mathfrak{T}_1^0$, $\mathfrak{T}_2^0$, $\mathfrak{R}_{CD}^0$ mit der Mittelkraft $\mathfrak{R}^0$ (Kraftplan c); die mit einer willkürlich angenommenen Tangentialbeschleunigung von M erhaltenen Kräfte $(\mathfrak{T}_1')$, $(\mathfrak{T}_2')$ und die Kraft $(\mathfrak{R}_{CD}')$, die durch die zusätzliche Längskraft $(\mathfrak{T}_2')$ des Stößels in der Wirkungslinie MN geweckt wird; diese drei Kräfte werden zu $(\mathfrak{R}')$ zusammengefaßt; schließlich der Lagerdruck $(\mathfrak{D}_0)$.

Läßt man die Kräfte dieses Systems am Joukowsky-Hebel [Plan der senkrechten Geschwindigkeiten, Abb. (d)] wirken, so dürfen sie, da sie ein Gleichgewichtssystem bilden, keine Drehung um den Nullpunkt o erzeugen. Hienach muß die Wirkungslinie $\mathfrak{R}^0 + (\mathfrak{R}')$ durch den Drehpunkt o des Hebels gehen, womit $\mathfrak{R}^0 + \mathfrak{R}' = \mathfrak{R}^*$ und daher auch $\mathfrak{R}'$ endgültig bestimmt ist.

Mit $\mathfrak{R}'$ kennt man auch $\mathfrak{T}_1'$ und $\mathfrak{T}_2'$ und mit diesen die Beschleunigungen des Stößels $\mathfrak{b}_{Ma} = \overleftarrow{\pi\,\mu_a}$ und des Nockenschwerpunktes $\mathfrak{b}_S = \overrightarrow{\pi\,\sigma}$.

Der Lagerdruck $\mathfrak{D}_0$ an der Nockenwelle ist gleich $-\mathfrak{R}^*$.

e) Kleine Schwingungen

1. In der Gleichgewichtslage $A_0 B_0$ ist der Stab waagrecht, sein Schwerpunkt S_0 liegt auf der Lotrechten durch O. Für die Nachbarlage $A_1 B_1$ ist φ der sehr kleine Drehwinkel und P_1 der momentane Drehpol. Da P_1 im Schnittpunkt der Normalen in A_1 und B_1 zu den Führungen liegt, so bleibt $\overline{OP_1}$ für alle Lagen von AB konstant $= \dfrac{2\,l}{\sin 2\,a}$.

Die Bewegungsgleichung des Stabes für seine Drehung um den Drehpol P lautet nach Aufg. (C 24) mit m als Masse des Stabes

$$J_P \ddot{\varphi} = M_P - |v_P \times m\, v_S|$$

und da für sehr kleinen Drehwinkel $v_P \,\|\, v_S \,(\perp O P_0)$, so gilt

$$J_P \ddot{\varphi} = M_P. \qquad \text{(a)}$$

Es ist $J_P = m \left[\dfrac{(2l)^2}{12} + \overline{P_1 S_1}^2 \right]$

oder wegen $\overline{P_1 S_1} \sim \overline{P_0 S_0} = l \operatorname{ctg} \alpha$

$$J_P = m\, l^2 \left(\frac{1}{3} + \operatorname{ctg}^2 \alpha \right),$$

ferner $M_P = - m\, g\, (\overline{P_1 P_0} - \overline{S_1 S_0})$,

worin $\overline{P_1 P_0} \doteq \dfrac{\overline{B_0 B_1}}{\cos \alpha} = \dfrac{l}{\sin \alpha} \dfrac{\varphi}{\cos \alpha}$,

$$\overline{S_1 S_0} \doteq l\, \varphi \operatorname{ctg} \alpha,$$

so daß $M_P = - m\, g\, \varphi\, l \operatorname{tg} \alpha$.

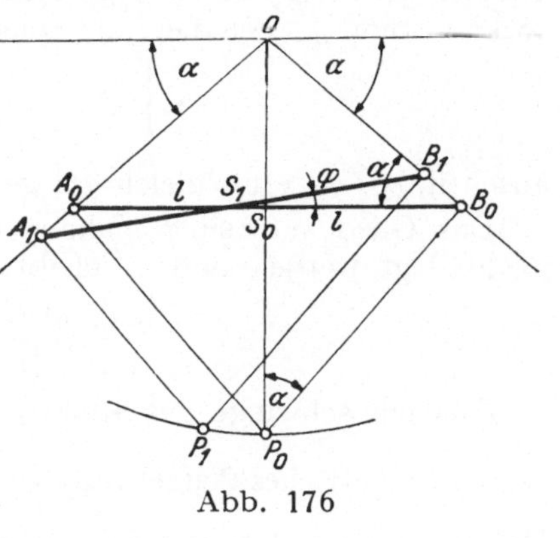

Abb. 176

Hiemit lautet Gl. (a) $J_P \ddot{\varphi} + m\, g\, \varphi\, l \operatorname{tg} \alpha = 0$ oder

$$\ddot{\varphi} + \frac{g \operatorname{tg} \alpha}{l\,(1/3 + \operatorname{ctg}^2 \alpha)}\, \varphi = 0.$$

Die kleinen Schwingungen des zwangläufig geführten Stabes sind hienach identisch mit denen eines mathematischen Pendels von der Länge $l_{red} = l \operatorname{ctg} \alpha\, [(1/3) + \operatorname{ctg}^2 \alpha]$ und der Schwingungsdauer $2\,\pi \sqrt{l_{red}/g}$.

2. Ist φ der Schwingungsausschlag zur Zeit t, α jener zu Beginn der Bewegung, ist ferner J_P das Trägheitsmoment des Pendels um die momentane Drehachse durch den Drehpol P, so liefert das Energieprinzip als erstes Integral der Bewegungsgleichung

$$\frac{1}{2} J_P \dot{\varphi}^2 = m\, g\, e\, (\cos \varphi - \cos \alpha). \qquad \text{(a)}$$

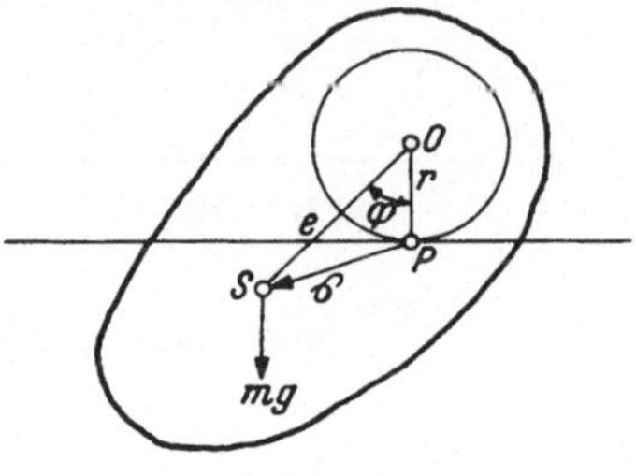

Hierin ist

$$J_P = m\, (i_S^2 + \overline{P S}^2) =$$
$$= m\, (i_S^2 + e^2 + r^2 - 2\, e\, r \cos \varphi). \quad \text{(b)}$$

Die Bewegungsgleichung des Pendels ergibt sich unmittelbar bei Anwendung des Drallsatzes für den Drehpol P, wobei zu beachten ist, daß P ein beweglicher Bezugspunkt ist; nach Gl. (1), Aufg. (C 24) ist

Abb. 177

$$\frac{d}{dt}\,(J_P \dot{\varphi}) = - m\, g\, e \sin \varphi - m\, \dot{\varphi}\,(v_P \cdot \mathfrak{s})$$

oder wegen $v_P = r\, \dot{\varphi}$:

$$\frac{d}{dt}\,(J_P \dot{\varphi}) = - m\, g\, e \sin \varphi + m\, e\, r\, \dot{\varphi}^2 \sin \varphi.$$

Hieraus entsteht bei Beachtung von (b) die Bewegungsgleichung

$$J_P \ddot{\varphi} + m\,e\,r \sin\varphi\,\dot{\varphi}^2 = - m\,g\,e \sin\varphi \qquad \text{(c)}$$

und dieselbe Gleichung liefert auch die Differentiation des Integrals (a). Da sich J_P bei größerem e und *kleinen* Ausschlägen φ nur wenig ändert, so kann man J_P genähert als konstant mit einem Mittelwert

$$J_P = m\left[i_S{}^2 + (e-r)^2 + 4\,e\,r \sin^2\frac{\varphi_m}{2} \right]$$

ansehen, wo φ_m etwa gleich $a/2$ gesetzt werden darf.

Das Glied $m\,e\,r \sin\varphi\,\dot{\varphi}^2$ kann dann als klein höherer Ordnung vernachlässigt werden und es bleibt

$$\ddot{\varphi} + \frac{m\,g\,e}{J_P} \sin\varphi = 0.$$

Hienach schwingt das Rollpendel bei sehr kleinen Ausschlägen wie ein mathematisches Pendel von der Länge $l = \dfrac{J_P}{m\,e}$ und es ist $T = 2\pi \sqrt{\dfrac{l}{g}}$. Hat man T durch einen Schwingungsversuch bestimmt, so besteht hienach die Möglichkeit der Ermittlung von J_P und daher auch von J_S.

3. Nach Durchschneiden des Fadens wirken auf die Halbkugel das Gewicht G und der Druck D. Der Schwerpunkt S bewegt sich daher auf der Lotrechten durch die Anfangslage S_0. Der Mittelpunkt M bewegt sich auf der Waagrechten durch M, demnach dreht sich die Halbkugel in der Lage φ um den Drehpol P (Abb. 178).

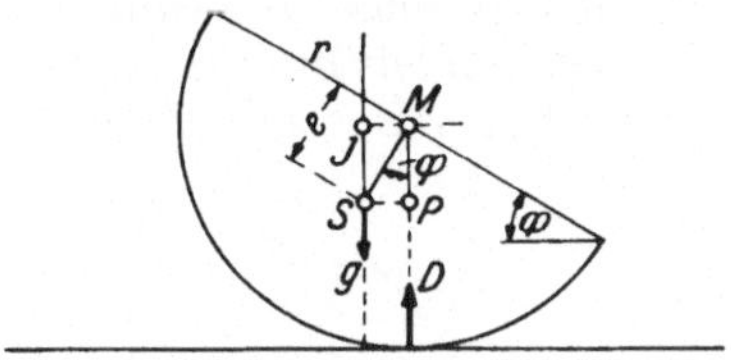

Abb. 178

Der Energiesatz liefert

$$\frac{1}{2} J_P \dot{\varphi}^2 = m\,g\,e\,(\cos\varphi - \cos a), \qquad \text{(a)}$$

wo $J_P = J_S + m\,e^2 \sin^2\varphi$.

Aus $J_S = (2/5)\,m\,r^2 - m\,e^2$ wird wegen $e = \dfrac{3}{8}\,r$:

$$J_S = \frac{83}{320}\,m\,r^2 \quad \text{und hiemit} \quad J_P = m\,e^2\,(k^2 + \sin^2\varphi), \quad \text{wo} \quad k^2 = \frac{83}{45}$$

gesetzt ist.

Demnach lautet (a)

$$\dot{\varphi}^2 = \frac{2\,g}{e} \frac{\cos\varphi - \cos a}{k^2 + \sin^2\varphi} \qquad \text{(b)}$$

und es ist

$$v_M = e \cos\varphi\,\dot{\varphi} = \frac{1}{2}\sqrt{3\,g\,r}\cos\varphi\,\sqrt{\frac{\cos\varphi - \cos a}{k^2 + \sin^2\varphi}}.$$

Der Größtwert von v_M ergibt sich für $\varphi = 0$ mit

$$v_{max} = \frac{1}{2}\sqrt{3\,g\,r}\,\sqrt{\frac{1-\cos\alpha}{k^2}} = \sqrt{\frac{135}{166}\,g\,r}\,\sin\frac{\alpha}{2}.$$

Mit $y = r - e\cos\varphi$ als Höhenlage des Schwerpunktes S über dem Boden besteht für die Y-Richtung die Bewegungsgleichung

$$m\,\ddot{y} = D - G,$$

woraus sich wegen

$$\ddot{y} = e\,(\cos\varphi\,\dot{\varphi}^2 + \sin\varphi\,\ddot{\varphi})$$

mit Benutzung der Gl. (b) ergibt

$$D = G\,\frac{J_S}{J_P{}^2}\,[J_S + m\,e^2\,(1 + \cos^2\varphi - 2\cos\varphi\cos\alpha)]. \tag{c}$$

Für $\varphi = 0$ ergibt sich hieraus

$$D_{max} = G\left(1 + \frac{4\,m\,e^2}{J_S}\sin^2\frac{\alpha}{2}\right) = G\left(1 + \frac{180}{83}\sin^2\frac{\alpha}{2}\right).$$

Bei Beginn der Bewegung (für $\varphi = \alpha$) ist nach (c):

$$D_a = G\,\frac{J_S}{J_P} = \frac{G}{1 + \dfrac{45}{83}\sin^2\alpha}.$$

Durch Differentiation von (a) folgt die Schwingungsgleichung

$$J_P\,\ddot{\varphi} + \frac{1}{2}\,\dot{\varphi}\,\frac{dJ_P}{dt} = -\,m\,g\,e\sin\varphi,$$

oder

$$J_P\,\ddot{\varphi} + m\,e^2\sin\varphi\cos\varphi\,\dot{\varphi}^2 = -\,m\,g\,e\sin\varphi, \tag{d}$$

die für sehr kleine Schwingungen übergeht in

$$J_P\,\ddot{\varphi} + m\,g\,e\sin\varphi = 0,$$

woraus sich die reduzierte Pendellänge ergibt zu $l_{red} = \dfrac{J_P}{m\,e}$ oder mit

$$J_P = m\,e^2\,k^2 \quad\text{zu}\quad l_{red} = e\,k^2 = \frac{83}{120}\,r.$$

Die Schwingungsgleichung (d) folgt auch unmittelbar bei Anwendung des Drallsatzes für den Drehpol P bei Bedachtnahme darauf, daß P ein beweglicher Bezugspunkt ist (vgl. Aufg. C 24).

Hienach ist

$$\frac{d}{dt}\,(J_P\,\dot{\varphi}) = M_P - |\mathbf{v}_P \times m\,\mathbf{v}_S|.$$

Die Polwechselgeschwindigkeit $\mathbf{v}_P$ steht senkrecht auf $\overline{JP}$, wo J den Wendepol der ebenen Systembewegung bedeutet; da M und S gerade Bahnen beschreiben, so liegt J in deren Schnittpunkt und es ist $|\mathbf{v}_P| = \overline{JP}\,.\,\dot{\varphi} = e\,\dot{\varphi}$, während $|\mathbf{v}_S| = \overline{PS}\,.\,\dot{\varphi} = e\sin\varphi\,\dot{\varphi}$.

Hiemit wird

$$\frac{d}{dt}\,(J_P\,\dot{\varphi}) = -\,m\,g\,e\sin\varphi + m\,e^2\,\dot{\varphi}^2\sin\varphi\cos\varphi$$

oder
$$J_P\,\ddot\varphi + 2\,m\,e^2\sin\varphi\cos\varphi\,\dot\varphi^2 = -\,m\,g\,e\sin\varphi + m\,e^2\,\dot\varphi^2\sin\varphi\cos\varphi,$$
übereinstimmend mit Gl. (d).

4. Sei x die Verlängerung der Feder zur Zeit t und φ der Neigungswinkel von $\overline{O\,m_2} = r$ gegen die Lotrechte, ferner D die zur zylindrischen Führung senkrechte Druckkraft (Abb. 179), so lautet mit c als Federkonstanten die Bewegungsgleichung für die Masse m_1:

$$m_1\,\ddot x = P_0\sin\omega\,t - c\,x + D\sin\varphi \qquad\text{(a)}$$

und jene für m_2:

$$m_2\,(r\,\ddot\varphi + \ddot x\cos\varphi) = -\,m_2\,g\sin\varphi \quad\text{(tangential)}, \qquad\text{(b)}$$
$$m_2\,(r\,\dot\varphi^2 - \ddot x\sin\varphi) = D - m_2\,g\cos\varphi \quad\text{(radial)}. \qquad\text{(c)}$$

Demnach müssen die Koordinaten x,φ den beiden simultanen Differentialgleichungen

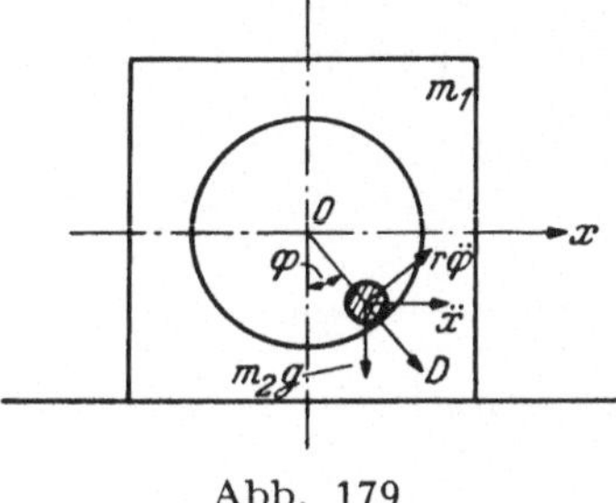

Abb. 179

$$(m_1 + m_2\sin^2\varphi)\,\ddot x + c\,x - m_2\,r\,\dot\varphi^2\sin\varphi - m_2\,g\sin\varphi\cos\varphi = P_0\sin\omega\,t,$$
$$r\,\ddot\varphi + \ddot x\cos\varphi + g\sin\varphi = 0$$

genügen. Für kleine Schwingungen vereinfachen sie sich wegen $\sin\varphi\sim\varphi$, $\cos\varphi\sim 1$ bei Unterdrückung jener Glieder, die klein von höherer als erster Ordnung sind, in

$$m_1\,\ddot x + c\,x - m_2\,g\,\varphi = P_0\sin\omega\,t,$$
$$\ddot x + r\,\ddot\varphi + g\,\varphi = 0$$

oder mit den Abkürzungen $c/m_1 = \Omega^2$, $m_2/m_1 = \mu$, $P_0/m_1 = p_0$:

$$\ddot x + \Omega^2\,x - \mu\,g\,\varphi = p_0\sin\omega\,t,$$
$$\ddot x + r\,\ddot\varphi + g\,\varphi = 0.$$

Die Ansätze

$$x = a\sin\omega\,t, \qquad \varphi = b\sin\omega\,t \qquad\text{(a)}$$

befriedigen beide Gleichungen, wenn

$$a\,(\Omega^2 - \omega^2) - b\,\mu\,g = p_0,$$
$$a\,\omega^2 + b\,(r\,\omega^2 - g) = 0,$$

woraus

$$a = \frac{p_0\,(g - r\,\omega^2)}{(\Omega^2 - \omega^2)\,(g - r\,\omega^2) - \mu\,g\,\omega^2}, \qquad\text{(b)}$$

$$b = \frac{p_0\,\omega^2}{(\Omega^2 - \omega^2)\,(g - r\,\omega^2) - \mu\,g\,\omega^2}.$$

Hienach sind die kritischen Kreisfrequenzen ω der erregenden Kraft gegeben durch die Gleichung

$$(\Omega^2 - \omega^2)\,(g - r\,\omega^2) - \mu\,g\,\omega^2 = 0.$$

Gemäß (a) schwingt der Gleitkörper m_1 in gleicher Phase mit der erregenden Kraft, die Schwingungsamplitude ist im Verhältnisse a/p_0 abgemindert gegenüber der Kraftamplitude p_0.

Für $\omega^2 = g/r$ wird nach (b): $a = 0$, der Gleitkörper bleibt in Ruhe und es schwingt nur mehr die Kugel m_2.

5. Da das Moment der eingeprägten Kräfte um die lotrechte Drehachse durch O gleich Null ist, so bleibt der Drall D um die Achse konstant.

Vor Eintritt der Störung ist $D = J_0\,\omega$, wo
$$J_0 = J + m\,(l + r)^2. \tag{a}$$

Bei Eintritt einer durch die kleinen Winkel φ und ψ gekennzeichneten Störung erfährt auch die Winkelgeschwindigkeit ω eine kleine Änderung $\dot\theta$ und es setzt sich die Geschwindigkeit des Punktes m aus den Komponenten $\hat l\,\dot\varphi$ und $\hat s\,(\omega + \dot\theta)$ vektorisch zusammen, wobei $s = \overline{O\,m}$ (Abb. 180).

Hienach ist
$$D = J\,(\omega + \dot\theta) + m\,s^2\,(\omega + \dot\theta) + m\,l\,\dot\varphi\,s\,\cos(\varphi - \psi)$$
oder mit Unterdrückung der kleinen Glieder von höherer als erster Ordnung
$$D = J\,(\omega + \dot\theta) + m\,(l + r)^2\,(\omega + \dot\theta) + m\,l\,(l + r)\,\dot\varphi. \tag{b}$$

Gleichsetzung mit (a) ergibt
$$[J + m\,(l + r)^2]\,\dot\theta + m\,l\,(l + r)\,\dot\varphi = 0,$$
oder
$$\dot\theta + \frac{m\,l\,(l + r)}{J_0}\,\dot\varphi = 0. \tag{c}$$

Die zweite Gleichung zwischen θ und φ erhält man durch Anwendung des Drallsatzes für das Pendel allein in bezug auf den Punkt A.

Hiebei ist zu beachten, daß dieser Bezugspunkt nicht fest ist, sondern sich mit der Geschwindigkeit $v_A = \hat r\,(\omega + \dot\theta)$ bewegt. Nach Gl. (1) der Aufg. (C 24) ergibt sich, da $M_A = 0$:
$$\dot D_A = -\,v_A \times m\,v_m = -\,m\,v_A \times [\hat l\,\dot\varphi + \hat s\,(\omega + \dot\theta)],$$
oder wegen $D_A = m\,[l^2\,\dot\varphi + l\,(l + r)\,(\omega + \dot\theta)]$ und bei Beschränkung auf die Glieder klein erster Ordnung
$$l^2\,\ddot\varphi + l\,(l + r)\,\ddot\theta + \omega^2\,r\,(r + l)\,\psi = 0.$$

Da $(l + r)\,\psi = l\,\varphi$, so folgt
$$l\,\ddot\varphi + (l + r)\,\ddot\theta + \omega^2\,r\,\varphi = 0 \tag{d}$$
und mit Benutzung von (c):
$$\ddot\varphi\,\frac{J}{J_0} + \frac{\omega^2\,r}{l}\,\varphi = 0,$$
wonach das Pendel harmonische Schwingungen um die Lage OA mit der Kreisfrequenz $\Omega = \omega\sqrt{\dfrac{r}{l}\dfrac{J_0}{J}}$ ausführt.

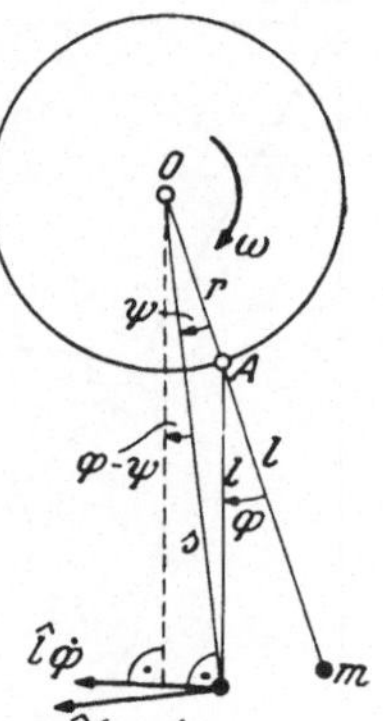

Abb. 180

6. Sei $\overline{OA} = l$, $\overline{AS} = a$; zur Zeit t sei die Stellung des Systems durch die Winkel φ, θ gekennzeichnet, die positiv gezählt werden, wenn die Drehung in dem aus der Abbildung 181 zu entnehmenden Sinne erfolgt. Bei Aufstellung der Bewegungsgleichungen nach dem d'Alembertschen Prinzipe sind die am losgelöst gedachten Körper von der Masse m angreifenden eingeprägten Kräfte (Gewicht G und Fadenspannung F) mit den Trägheitskräften ins Gleichgewicht zu setzen. Die Bewegung des Körpers kann zerlegt werden in eine krummlinige Translation (Kreisschiebung) mit der dem Aufhängepunkte A zukommenden Geschwindigkeit $l\,\dot\theta$ und in eine Drehung mit $\dot\varphi$ um A. Punkt A hat die Beschleunigungsteile $l\,\dot\theta^2$ in Richtung $\overrightarrow{AO}$, $l\,\ddot\theta \perp AO$ in Richtung zunehmenden Winkels θ, so daß dieser Translationsbewegung die im Schwerpunkte S angreifenden Trägheitskräfte $-\,m\,l\,\dot\theta^2$ und $-\,m\,l\,\ddot\theta$ entsprechen.

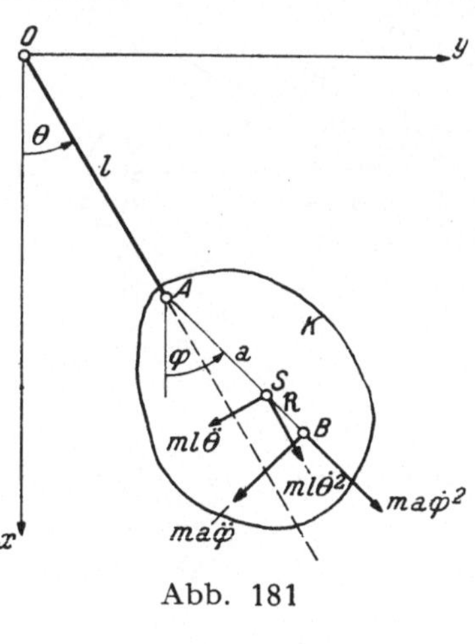

Abb. 181

Für die Drehung um A besteht das System der Trägheitskräfte aus der in $\overrightarrow{AS}$ wirkenden Zentrifugalkraft $m\,a\,\dot\varphi^2$ und aus der tangentialen Kraft $-\,m\,a\,\ddot\varphi$, deren Moment für den Punkt A gleich ist $J_A\,\ddot\varphi$, so daß ihre Wirkungslinie von A die Entfernung $\overline{AB} = \dfrac{J_A\,\ddot\varphi}{m\,a\,\ddot\varphi} = \dfrac{J_A}{m\,a}$

besitzt, wo B den Schwingungsmittelpunkt bedeutet.

Da $J_A = J_S + m\,a^2$, so wird $\overline{AB} = a + i_S^2/a$ und daher $\overline{SB} = k = i_S^2/a$.

Das Gleichgewicht aller angegebenen Kräfte verlangt das Verschwinden der Summe der Kräfte normal und parallel zum Faden, wonach

$$m\,l\,\ddot\theta + m\,a\,\ddot\varphi \cos(\varphi - \theta) - m\,a\,\dot\varphi^2 \sin(\varphi - \theta) + m\,g \sin\theta = 0, \qquad (1)$$

(die gleich Null gesetzte Summe der Kräfte in Richtung des Fadens liefert die Fadenspannung F); das Nullwerden der Momentensumme um A ergibt

$$m\,l\,a\,\ddot\theta \cos(\varphi - \theta) + m\,l\,a\,\dot\theta^2 \sin(\varphi - \theta) + m\,a\,(a + k)\,\ddot\varphi + m\,g\,a \sin\varphi = 0. \qquad (2)$$

Diese simultanen Differentialgleichungen für φ, θ beschreiben die Bewegung des vereinfachten Doppelpendels.

Unter der Voraussetzung *kleiner* Schwingungsausschläge erhält man die linearen Gleichungen zweiter Ordnung.

$$l\,\ddot\theta + a\,\ddot\varphi + g\,\theta = 0, \qquad (3)$$

$$l\,\ddot\theta + (a + k)\,\ddot\varphi + g\,\varphi = 0. \qquad (4)$$

Wird Gl. (4) zweimal differentiiert und sodann θ mit Hilfe von Gl. (3) eliminiert, so kommt

$$\ddddot{\varphi} + \frac{g}{k\,l}\,(l + a + k)\,\ddot{\varphi} + \frac{g^2}{k\,l}\,\varphi = 0;$$

derselben Differentialgleichung vierter Ordnung genügt auch θ.

Es läßt sich zeigen, daß mit dem Ansatze

$$\frac{\theta}{\varphi} = \frac{\theta_0}{\varphi_0} = \vartheta \tag{5}$$

zwei partikuläre Integrale gewonnen werden, die jene Bewegung bestimmen, bei welcher Faden und angehängter Körper gleichzeitig durch die lotrechte Lage gehen, womit sich dann die allgemeine Lösung des Systems (3, 4) als Linearkombination der beiden Sonderlösungen ergibt. Mit (5) gehen (3, 4) über in die beiden homogenen Gleichungen für φ und $\ddot{\varphi}$:

$$(\vartheta\,l + a)\,\ddot{\varphi} + \vartheta\,g\,\varphi = 0, \tag{6}$$

$$(\vartheta\,l + a + k)\,\ddot{\varphi} + g\,\varphi = 0, \tag{7}$$

die offenbar nur dann gleichzeitig bestehen können, wenn deren Koeffizientendeterminante verschwindet; das Wertepaar für ϑ entspricht daher den Wurzeln der Gleichung

$$(\vartheta\,l + a)\,g - (\vartheta\,l + a + k)\,\vartheta\,g = 0$$

oder

$$\vartheta^2 - \vartheta\left(1 - \frac{a + k}{l}\right) - \frac{a}{l} = 0,$$

woraus

$$\vartheta_{1,2} = \frac{1}{2\,l}\,[l - a - k \pm \sqrt{(l - a - k)^2 + 4\,a\,l}\,]; \tag{8}$$

hiebei ist

$$\vartheta_1 > 0 > \vartheta_2.$$

Mit (8) berechnet sich der Koeffizient von $\ddot{\varphi}$ in (7) zu

$$\vartheta_{1,2}\,l + a + k = \frac{1}{2}\,[l + a + k \pm \sqrt{(l + a + k)^2 - 4\,k\,l}\,] = l_{1,2}, \tag{9}$$

somit erhält die Schwingungsgleichung (7) für φ die einfache Gestalt

$$l_{1,2}\,\ddot{\varphi} + g\,\varphi = 0, \tag{10}$$

sie stimmt überein mit der Gleichung eines mathematischen Pendels von der Länge l_1 bzw. l_2.

Aus ihren Lösungen

$$\varphi_1 = C_1 \cos(\omega_1\,t + \alpha_1),$$
$$\varphi_2 = C_2 \cos(\omega_2\,t + \alpha_2),$$

worin $\omega_{1,2}^2 = g/l_{1,2}$ gesetzt ist und C_1, C_2, α_1, α_2 die vier Integrationskonstanten bedeuten, ergibt sich das allgemeine Integral für φ mit $\varphi = \varphi_1 + \varphi_2$ und jenes von θ mit

$$\theta = \theta_1 + \theta_2 = \vartheta_1\,C_1 \cos(\omega_1\,t + \alpha_1) + \vartheta_2\,C_2 \cos(\omega_2\,t + \alpha_2).$$

Um *reine* Schwingungen zu bekommen, hat man C_1 oder C_2 gleich Null zu setzen; dann ist aber die Anfangslage φ_0, θ_0 an die Bedingung (5) geknüpft, das heißt es muß θ_0/φ_0 gleich ϑ_1 oder ϑ_2 sein.

Diese Forderung ist gleichwertig mit $\theta_0/\varphi_0 = 1 - l_2/l$, bzw. $1 - l_1/l$. Dies folgt unmittelbar aus (8), wenn beachtet wird, daß nach (9) die Beziehungen

$$l_1 + l_2 = l + a + k,$$
$$l_1 - l_2 = \sqrt{(l + a + k)^2 - 4\,k\,l}, \tag{a}$$
$$l_1\,l_2 = k\,l$$

bestehen. Da ferner zufolge der ersten und dritten der Gln. (a)

$$a\,l = (l_1 + l_2)\,l - k\,l = (l_1 - l)\,(l - l_2),$$

so gelten für die Schwerpunktslage a ($= \overline{A\,S}$) und für jene des Punktes B ($k = \overline{S\,B}$) die Beziehungen

$$a = \frac{1}{l}\,(l_1 - l)\,(l - l_2),$$

$$k = \frac{l_1\,l_2}{l}.$$

Diese Formeln bieten die Möglichkeit, a und k durch einen Schwingungsversuch zu messen und hiemit Schwerpunkt und Trägheitsmoment des Körpers K zu bestimmen. (Methode von W. P. Wetschinkin und N. G. Tschenzof.)

Sind T, T_1, T_2 die Schwingungsdauern von mathematischen Pendeln der Längen l, l_1, l_2, so wird mit $\tau_1 = T_1/T$ und $\tau_2 = T_2/T$

$$\frac{a}{l} = (\tau_1{}^2 - 1)\,(1 - \tau_2{}^2)$$

und aus $k = \dfrac{i_S{}^2}{a}$ wegen $k = \dfrac{l_1\,l_2}{l}$

$$J_S = m\,i_S{}^2 = m\,a\,l\,\tau_1{}^2\,\tau_2{}^2.$$

7. Sind $z_1\,z_2$ die Tiefenlagen der Stabschwerpunkte $S_1\,S_2$ unter der Waagrechten $O\,B$, so ist die Neigung α der Schwinge $A\,C$ gegen die Waagrechte in der Gleichgewichtslage bestimmt durch

$$G_1\,dz_1 + G_2\,dz_2 = 0.$$

Da

$$z_1 = \frac{a}{2}\sin 2\,\alpha, \qquad z_2 = a\,(\sin 2\,\alpha - \sin \alpha),$$

so ergibt sich mit $G_2 = 2\,G_1$:

$$5\cos 2\,\alpha - 2\cos \alpha = 0 \tag{a}$$

oder

$$10\cos^2 \alpha - 2\cos \alpha - 5 = 0,$$

womit die Gleichgewichtslage α festgelegt ist.

Bezeichnet $\varphi = \alpha + \theta$ die benachbarte Schwingungslage, wo θ den kleinen Schwingungsausschlag aus der Gleichgewichtslage angibt, so beträgt die kinetische Energie des Systems

$$T = \frac{1}{2} J_1 (2\,\dot{\varphi})^2 + \frac{1}{2} J_P \dot{\varphi}^2, \qquad\qquad (b)$$

worin $J_1 = \frac{1}{3} \frac{G_1}{g} a^2$ und $J_P = \frac{G_2}{g}\left[\frac{(2a)^2}{12} + \overline{PS_2}^2\right]$. ($P$ momentaner Drehpol.)

Da $\overline{OP} = \overline{OA} = a$, mithin $\overline{AP} = 2a$ (Abb. 182), so liefert das Dreieck PAS_2:

$$\overline{PS_2}^2 = a^2 (5 - 4\cos\varphi),$$

so daß

$$J_P = \frac{4 G_2 a^2}{g}\left(\frac{4}{3} - \cos\varphi\right).$$

Hiemit ergibt sich aus (b):

$$T = \left[\frac{2}{3}\frac{G_1}{g} a^2 + \frac{2 G_2 a^2}{g}\left(\frac{4}{3} - \cos\varphi\right)\right]\dot{\varphi}^2.$$

$$(b')$$

Nach dem Arbeitsprinzip ist

$$\dot{T} = G_1 \dot{z}_1 + G_2 \dot{z}_2, \qquad\qquad (c)$$

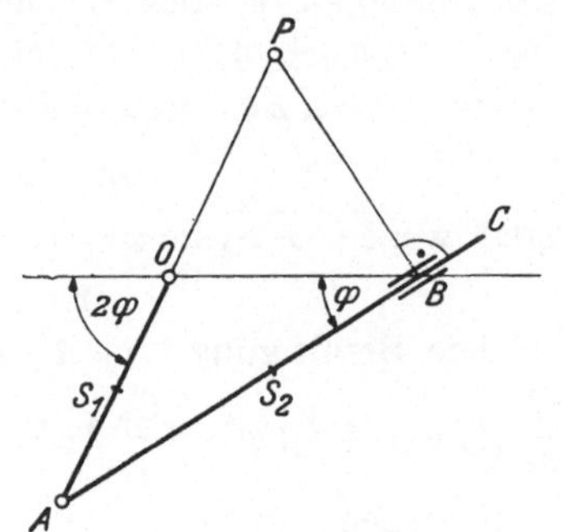

Abb. 182

somit wegen (b'):

$$2\ddot{\varphi}\frac{2 G_1 a^2}{g}(3 - 2\cos\varphi) + \dot{\varphi}^2 \frac{4 G_1 a^2}{g}\sin\varphi =$$
$$= [G_1 a \cos 2\varphi + G_2 a (2\cos 2\varphi - \cos\varphi)]. \qquad (d)$$

Da $\dot{\varphi} = \dot{\theta}$ und zufolge der Kleinheit von θ:

$$\cos\varphi \doteq \cos\alpha - \theta\sin\alpha,$$
$$\sin\varphi \doteq \sin\alpha + \theta\cos\alpha,$$

so folgt aus (d)

$$4\ddot{\theta}\frac{a}{g}[3 - 2\cos\alpha + 2\theta\sin\alpha] + \dot{\theta}^2\frac{4a}{g}(\sin\alpha + \theta\cos\alpha) =$$
$$= (5\cos 2\alpha - 2\cos\alpha) - 2\theta(5\sin 2\alpha - \sin\alpha)$$

oder mit Vernachlässigung der kleinen Glieder höherer als erster Ordnung und Beachtung von (a)

$$\ddot{\theta} + \frac{g}{2a}\frac{\sin\alpha(10\cos\alpha - 1)}{3 - 2\cos\alpha}\theta = 0.$$

Die Schwingungsdauer der kleinen Schwingungen beträgt hienach

$$T = 2\pi\sqrt{\frac{2a}{g}\frac{3 - 2\cos\alpha}{\sin\alpha(10\cos\alpha - 1)}}.$$

Eine andere Herleitung der Schwingungsgleichung dieses Getriebes besteht in der Aufstellung zweier Momentengleichungen, und zwar für die Kurbel in bezug auf den Drehpunkt O und für die Schwinge in bezug auf den Drehpol P. Sie lauten mit A_n als der zu AO normalen Komponente des Gelenkdruckes in A:

$$\frac{d}{dt}(J_1 \, 2 \, \dot{\varphi}) = G_1 \frac{a}{2} \cos 2\varphi - A_n a$$

und

$$\frac{d}{dt}(J_P \, \dot{\varphi}) = G_2 (2 \, a \cos 2\varphi - a \cos \varphi) + A_n \, 2 \, a + \frac{G_2}{g} 2 \, a^2 \, \dot{\varphi}^2 \sin \varphi. \tag{e}$$

Das letzte Glied in der zweiten Gleichung gibt den infolge der Geschwindigkeit v_P des Bezugspunktes P zu berücksichtigenden Beitrag $|v_P \times m_2 \, v_{S,2}|$ an; es ist $|v_P \times v_{S,2}| = v_P \, v_{S,2} \sin \psi$ (mit $\psi = \sphericalangle A \, P \, S_2$), worin $v_P = a \, 2 \, \dot{\varphi}$, $v_{S,2} = \overline{P \, S_2} \, \dot{\varphi}$, somit

$$|v_P \times v_{S,2}| = 2 \, a^2 \, \dot{\varphi}^2 \, \overline{P \, S_2} \sin \psi$$

oder wegen $\overline{P \, S_2} \sin \psi = \overline{A \, S_2} \sin \varphi = a \sin \varphi$:

$$|v_P \times v_{S,2}| = 2 \, a^2 \, \dot{\varphi}^2 \sin \varphi.$$

Die Beseitigung von A_n aus den Gln. (e) liefert

$$\frac{d}{dt}[(J_P + 4 \, J_1) \, \dot{\varphi}] - \frac{G_2}{g} 2 \, a^2 \, \dot{\varphi}^2 \sin \varphi = G_2 (2 a \cos 2\varphi - a \cos \varphi) + G_1 \, a \cos 2\varphi$$

oder wegen

$$\frac{dJ_P}{dt} = \frac{4 \, G_2 \, a^2}{g} \sin \varphi \, \dot{\varphi}:$$

$$(J_P + 4 \, J_1) \, \ddot{\varphi} + \dot{\varphi} \frac{1}{2} \frac{dJ_P}{dt} = G_2 (2 \, a \cos 2\varphi - a \cos \varphi) + G_1 \, a \cos 2\varphi;$$

mit den früher angegebenen Werten von J_1 und J_P geht diese Gleichung über in die aus dem Arbeitsprinzipe erhaltene Gl. (d).

f) Bewegung veränderlicher Massen

1. Infolge des gleichförmigen Massenzuflusses beträgt die bewegte Masse zur Zeit t: $m = m_0 + k \, t$.

Strömt der Regen lotrecht herab, so ist v' in Richtung der Bewegung gleich Null, so daß Gl. (a) der Aufg. (F 3) lautet

$$d \, (m \, v) = - c \, m \, g \, dt,$$

woraus

$$v = \frac{m_0 \, v_0 - \dfrac{c \, g}{2} (2 \, m_0 + k \, t) \, t}{m_0 + k \, t}.$$

Bis zum Stillstand des Wagens vergeht daher die Zeit

$$T = \frac{m_0}{k}\left[\sqrt{1 + \frac{2 \, k \, v_0}{c \, g \, m_0}} - 1\right].$$

Ohne Vermehrung der Masse (also für $k = 0$) ist $T = \dfrac{v_0}{c \, g}$.

2. Ist x der Weg zur Zeit t, so befindet sich die Masse $m = \dfrac{G + q\,x}{g}$ in Bewegung; da $v' = 0$, so lautet nach Gl. (a) der Aufg. (F 3) die Bewegungsgleichung

$$d\,(m\,v) = -\,m\,g\,dt.$$

Wird beidseits mit $m\,v$ multipliziert, so entsteht

$$m\,v\,d\,(m\,v) = -\frac{1}{g}\,(G + q\,x)^2\,dx,$$

daher nach Integration mit der Anfangsbedingung $x = 0$, $v = v_0$:

$$(m\,v)^2 - (m_0\,v_0)^2 = \frac{2}{3\,q\,g}\,[G^3 - (G + q\,x)^3].$$

Da die Geschwindigkeit v für $x = l$ gleich Null werden soll, so folgt

$$v_0{}^2 = \frac{2}{3}\,\frac{g\,G}{q}\left[\left(1 + \frac{q\,l}{G}\right)^3 - 1\right].$$

3. Tritt zu einer in Translation v begriffenen Masse m, auf welche die Kraft P wirkt, im Zeitelement dt eine kleine Masse dm mit einer Geschwindigkeit hinzu, die in Richtung von v die Komponente v' hat, so ist die Änderung der Bewegungsgröße $m\,v$

$$d\,(m\,v) = P\,dt + v'\,dm. \qquad\text{(a)}$$

In der Lage x besitzt die mit v bewegte Masse $m = M + \mu\,x$ die Bewegungsgröße $(M + \mu\,x)\,v$, zu deren zeitlichen Änderung die Kraft $P = (M - \mu\,x)\,g$ zur Verfügung steht.

Da die Geschwindigkeit v' der neuhinzukommenden Kettenglieder in Richtung der Lotrechten Null ist, so folgt aus (a) die Bewegungsgleichung

$$\frac{d}{dt}\,[(M + \mu\,x)\,v] = (M - \mu\,x)\,g.$$

Dies ergibt

$$(M + \mu\,x)\,\frac{dv}{dt} + \mu\,v\,\frac{dx}{dt} = (M - \mu\,x)\,g$$

oder wegen $v = dx/dt$:

$$(M + \mu\,x)\,v\,dv + \mu\,v^2\,dx = (M - \mu\,x)\,g\,dx.$$

Die Lösung dieser Differentialgleichung erster Ordnung für v^2 lautet mit der Anfangsbedingung $x = 0$, $v = 0$:

$$v^2 = \frac{2\,g\,x}{(M + \mu\,x)^2}\left(M^2 - \frac{\mu^2\,x^2}{3}\right). \qquad\text{(b)}$$

Wenn das letzte Glied der Kette den Boden verläßt, ist $x = l$, und da $M = \mu\,l$ sein soll, so ist in diesem Augenblicke die Geschwindigkeit von M nach (b)

$$v = \sqrt{\frac{g\,l}{3}}.$$

4. Mit v als Raketengeschwindigkeit zur Zeit t ist die absolute Austrittsgeschwindigkeit v' der Abgase gleich $w - v$, und zwar in entgegengesetzter Richtung von v. Da in der Entfernung x der Rakete von der Erdoberfläche bei Vernachlässigung des Luftwiderstandes $P = -\dfrac{G r^2}{(r + x)^2}$, so lautet mit m als Raketenmasse zur Zeit t die Bewegungsgleichung nach Gl. (a), Aufg. (F 3)

$$d\,(m\,v) = -\,\frac{m\,g\,r^2}{(r + x)^2}\,dt - dm\,(w - v)$$

oder

$$\frac{dv}{dt} = -\,\frac{g\,r^2}{(r + x)^2} - \frac{w}{m}\frac{dm}{dt}.$$

Für die vorausgesetzte gleichmäßig beschleunigte Bewegung der Rakete mit $\dfrac{dv}{dt} = a\,g$ ist $x = \dfrac{a\,g\,t^2}{2}$, so daß die Integration der vorstehenden Gleichung mit der Anfangsbedingung $t = 0$, $m = m_0$ zum Ergebnis führt

$$-w \ln \frac{G}{G_0} = a\,g\,t + g\,r^2 \left[\frac{t}{2\,r\left(r + \dfrac{a\,g}{2}\,t^2\right)} + \frac{1}{2\,r^2}\sqrt{\frac{2\,r}{a\,g}}\,\mathrm{arc\,tg}\left(\sqrt{\frac{a\,g}{2\,r}}\,t\right)\right],$$

wodurch der Bruchteil G/G_0 des ursprünglichen Raketengewichtes G_0 zur Zeit t bestimmt ist.

5. Da die Zuströmung mit lotrechter Geschwindigkeit v' erfolgt, so liefert die in der Zeiteinheit hinzutretende Bewegungsgröße $a\,v'$ kein Moment um die Drehachse, demnach bleibt der Drall $J\,\omega$ des Systems für die Achse $O\,A$ konstant.

Also ist $J\,\omega = J_0\,\omega_0$; mit (J_0) als Trägheitsmoment des leeren Gefäßes samt Arm und Welle für die Drehachse $O\,A$ ist $J_0 = (J_0) + m_0\,(k^2 + a^2)$, wo k den polaren Trägheitshalbmesser von F bezüglich seines Schwerpunktes S und $a = \overline{A\,S}$ bedeutet.

Da $m = m_0 + a\,t$, so ist zur Zeit t:

$$J = J_0 + a\,(k^2 + a^2)\,t$$

und daher die Winkelgeschwindigkeit

$$\omega = \omega_0 \frac{J_0}{J_0 + a\,(k^2 + a^2)\,t}.$$

6. Das im Zeitelement dt austretende Massenelement $dm = a\,dt$ nimmt die Bewegungsgröße $a\,a\,\omega\,dt$ mit sich, die in bezug auf die Drehachse das Moment $-\,a\,a^2\,\omega\,dt$ besitzt; demnach lautet die Bewegungsgleichung

$$d\,(J\,\omega) = -\,a\,a^2\,\omega\,dt,$$

oder mit $m = m_0 - a\,t$ und $J = J_0 - a\,(k^2 + a^2)\,t$:

$$[J_0 - \alpha\,(k^2 + a^2)\,t]\,\frac{d\omega}{dt} = \alpha\,k^2\,\omega,$$

woraus folgt

$$\omega = \omega_0 \left[\frac{J_0}{J_0 - \alpha\,(k^2 + a^2)\,t}\right]^{\frac{\alpha\,k^2}{\alpha\,(k^2 + a^2)}}.$$

Das Ergebnis ändert sich natürlich, wenn der Massenaustritt an anderer Stelle des Gefäßes erfolgt.

7. Ist S die Spannkraft des Seiles an der Ablaufstelle A der Trommel und habe sich das Seil zur Zeit t um die Länge z abgewickelt, so gilt für das lotrechte Seiltrum die Bewegungsgleichung

$$d\left(\frac{q}{g}\,h\,v\right) = (q\,h - S)\,dt; \tag{a}$$

die Masse des lotrechten Seilstückes bleibt konstant und die im Zeitelemente bei B verschwindende Bewegungsgröße $v\,dm$ wird durch die bei A hinzukommende von gleicher Größe ersetzt.

Die Bewegung der Seiltrommel mit dem aufgewickelten Seil ist eine solche mit veränderlicher Masse, denn hier vermindert sich die rotierende Masse im Zeitelement um dm und die Bewegungsgröße um $v\,dm$.

Der Drallsatz liefert die Bewegungsgleichung

$$d\,(J\,\omega) = S\,r\,dt - r\,v\,dm, \tag{b}$$

sie trägt dem Umstande Rechnung, daß der Drall $J\,\omega$ der Trommel im Zeitelement eine Verminderung um $r\,v\,dm$ erfährt.

Ist l_1 die Länge des aufgewickelten Seiles bei Beginn der Bewegung, also $l_1 = l - h$ und J_0 das Trägheitsmoment der Trommelmasse um O, so ist

$$J = J_0 + \frac{q}{g}\,r^2\,(l_1 - z).$$

Ferner ist $dm = (q/g)\,dz$ und $dz = v\,dt$; hiemit ergibt sich aus (a) und (b) durch Beseitigung von S:

$$\frac{d\,(J\,\omega)}{dt} = q\,h\,r - \frac{q}{g}\,h\,r\,\frac{dv}{dt} - \frac{q}{g}\,r\,v^2$$

oder wegen $\omega = \dfrac{v}{r}$ und $\dfrac{dJ}{dt} = -\dfrac{q}{g}\,r^2\dfrac{dz}{dt} = -\dfrac{q}{g}\,r^2\,v$:

$$\frac{1}{r}\left(J + \frac{q}{g}\,h\,r^2\right)\frac{dv}{dt} = q\,h\,r. \tag{c}$$

Demnach ist

$$\frac{dv}{dt} = \ddot{z} = \frac{q\,h\,r^2}{J_0 + (q/g)\,r^2\,(l-z)} = \frac{1}{2}\,\frac{d\,(v^2)}{dz}. \tag{d}$$

Setzt man

$$\frac{J_0}{(q/g)\,r^2} + l = L,$$

so liefert die Integration von (d) mit der Anfangsbedingung $z = 0$, $v = 0$:

$$v^2 = 2\,g\,h \ln \frac{L}{L-z}.$$

In dem Augenblicke, wo sich das Seil an der Trommel um h abgewickelt hat, ist $z = h$ und daher die Seilgeschwindigkeit

$$v_1{}^2 = 2\,g\,h \ln \frac{L}{L-h}.$$

Andere Lösung mit Hilfe des Arbeitsprinzips:

Kinetische Energie der Trommel und des Seiles $+$ Stoßverlust bei $B =$ geleistete Arbeit, demnach

$$\frac{1}{2}\,J\,\omega^2 + \frac{1}{2}\frac{q}{g}\,h\,v^2 + \frac{1}{2}\int_0^z dm\,v^2 = q\,h\,z.$$

Das bei B mit v ankommende Seilelement dm kommt plötzlich zur Ruhe, es entsteht ein unelastischer Stoß mit dem Energieverluste $\tfrac{1}{2}\,dm\,v^2$, daher bis zur Zeit t der Stoßverlust

$$\frac{1}{2}\int_0^z dm\,v^2 = \frac{1}{2}\frac{q}{g}\int_0^z v^2\,dz.$$

Das gesamte Seilgewicht hat zu Beginn der Bewegung in bezug auf die waagrechte Ebene in B die Lagenenergie $q\,l_1\,h + q\,h\,(h/2)$ und nach Abwicklung der Seillänge z: $q\,(l_1 - z)\,h + q\,h\,(h/2)$; die Differenz $q\,h\,z$ beider Beträge ist gleich der geleisteten Arbeit. Somit liefert das Arbeitsprinzip mit $r\,\omega = v$:

$$\frac{v^2}{2}\left(\frac{J}{r^2} + \frac{q}{g}\,h\right) + \frac{1}{2}\frac{q}{g}\int_0^z v^2\,dz = q\,h\,z.$$

Durch Differentiation nach t folgt wegen $\dfrac{dJ}{dt} = -\dfrac{q}{g}\,r^2\,v$:

$$\left(\frac{J}{r^2} + \frac{q}{g}\,h\right)\frac{dv}{dt} = q\,h,$$

übereinstimmend mit der Bewegungsgleichung (c).

g) Stoß und plötzliche Fixierungen

1. Bedeuten v_1, v_2 und $v_1{}'$, $v_2{}'$ die Geschwindigkeiten der beiden Massen m_1, m_2 vor und nach dem Stoß, so ist mit $\varepsilon = \dfrac{v_1{}' - v_2{}'}{v_2 - v_1}$ als Stoßzahl

und mit $\mu_1 = \dfrac{m_1}{m_1 + m_2}$, $\mu_2 = \dfrac{m_2}{m_1 + m_2}$ beim zentralen Stoße

$$v_1{}' = v_1 - \mu_2\,(v_1 - v_2)\,(1 + \varepsilon), \tag{a}$$
$$v_2{}' = v_2 + \mu_1\,(v_1 - v_2)\,(1 + \varepsilon). \tag{b}$$

Die an das Stabende reduzierte Masse des Stabes von der Länge l beträgt $m_2{}^* = J_0/l^2 = (1/3)\, m_2$.

Da $\varepsilon = 1$ und $v_2 = 0$, so liefert Gl. (a)

$$v_1{}' = v_1 - \frac{m_2{}^*}{m_1 + m_2{}^*}\, 2\, v_1 = v_1 \frac{3\, m_1 - m_2}{3\, m_1 + m_2}.$$

Mit $v_1{}' = -\dfrac{v_1}{2}$ folgt hieraus $\dfrac{m_2}{m_1} = 9$.

2. Das Stabende des in die Lotrechte schwingenden Stabes stößt das Gewicht G_2 mit der Geschwindigkeit $v_1 = \sqrt{3\, g\, l}$. Die an die Stoßstelle reduzierte Masse dieses Stabes beträgt $m_1{}^* = m_1/3$; nach Gl. (b), Aufg. 1 bewegt sich G_2 nach dem Stoße mit

$$v_2{}' = v_2 + \frac{m_1{}^*}{m_1{}^* + m_2}\, (v_1 - v_2)\, (1 + \varepsilon),$$

worin $v_2 = 0$, $m_2 = m_1$; dies gibt

$$v_2{}' = \frac{1 + \varepsilon}{4}\, \sqrt{3\, g\, l}.$$

Mit $v_2{}'$ stößt G_2 die reduzierte Masse $m/3$ des lotrecht herabhängenden Stabes, dessen Stoßpunkt hiedurch die Geschwindigkeit

$$V' = V + \frac{m_2}{m_2 + (m_1/3)}\, (v_2{}' - V)\, (1 + \varepsilon)$$

erhält.

Da $V = 0$ und $m_2 = m_1$, wird

$$V' = \frac{3}{16}\, (1 + \varepsilon)^2\, \sqrt{3\, g\, l}.$$

Der Stab schlägt um einen Winkel α aus, für den nach dem Arbeitsprinzipe gilt

$$m_1\, g\, \frac{l}{2}\, (1 - \cos \alpha) = \frac{m_1}{3}\, \frac{1}{2}\, V'^2;$$

hieraus folgt

$$\cos \alpha = 1 - 9 \left(\frac{1 + \varepsilon}{4} \right)^4.$$

3. Im Augenblicke der vollkommenen Streckung des Fadens hat m entsprechend der Falltiefe $\sqrt{l^2 - a^2}$ die Fallgeschwindigkeit $v = \sqrt{g\, l}\, \sqrt{3}$ erlangt.

Zur Tilgung der in die Fadenrichtung fallenden Komponente $v \cos \alpha$ hat der Faden eine Stoßkraft

$$N = m\, v \cos \alpha = \frac{m}{2}\, \sqrt{3\, g\, l}\, \sqrt{3}$$

aufzunehmen, die als Stoßreaktion in O auftritt.

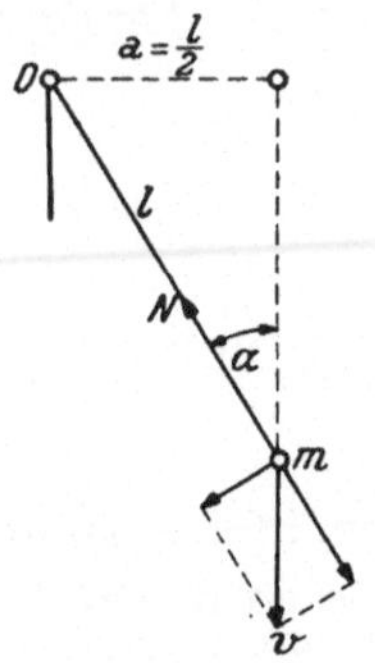

Abb. 183

Die Pendelschwingung beginnt mit der Anfangsgeschwindigkeit

$$v_0 = v \sin \alpha = \frac{1}{2} \sqrt{g\, l \sqrt{3}}\; .$$

Die Geschwindigkeit v_1 von m bei lotrechtem Faden berechnet sich aus

$$\frac{m\, v_1{}^2}{2} - \frac{m\, v_0{}^2}{2} = m\, g\, l\, (1 - \cos \alpha)$$

zu

$$v_1{}^2 = g\, l \left(2 - \frac{3\sqrt{3}}{4} \right).$$

Die Fadenspannung S beträgt

$$S = m \left(g + \frac{v_1{}^2}{l} \right) = 3\, m\, g \left(1 - \frac{\sqrt{3}}{4} \right).$$

4. Die an die Stoßstelle reduzierte Masse des Stabes beträgt

$$m_2{}^* = \frac{J_0}{a^2} = \frac{3}{4}\, m_2.$$

Aus den Gln. (a), (b) der Aufg. 1 ergibt sich

$$v_1{}' = v_1 - \frac{m_2{}^*}{m_1 + m_2{}^*}\, (v_1 + a\, \omega_2)\, (1 + \varepsilon),$$

oder

$$v_1{}' = \frac{1}{m_1 + (3/4)\, m_2} \left[v_1 \left(m_1 - \frac{3}{4}\, m_2\, \varepsilon \right) - a\, \omega_2\, (1 + \varepsilon)\, \frac{3}{4}\, m_2 \right],$$

sowie

$$-\, a\, \omega_2{}' = -\, a\, \omega_2 + \frac{m_1}{m_1 + m_2{}^*}\, (v_1 + a\, \omega_2)\, (1 + \varepsilon),$$

woraus

$$\omega_2{}' = \frac{1}{m_1 + (3/4)\, m_2} \left[\omega_2 \left(\frac{3}{4}\, m_2 - m_1\, \varepsilon \right) - \frac{v_1}{a}\, (1 + \varepsilon)\, m_1 \right].$$

Die Forderung $\omega_2{}' = 0$ ergibt mit $\varepsilon = 1$:

$$\frac{v_1}{a\, \omega_2} = \frac{1}{2} \left(\frac{3}{4}\, \frac{m_2}{m_1} - 1 \right).$$

5. Sind v_x, v_y die Komponenten der Geschwindigkeit des Mittelpunktes O nach dem Stoße, ω_1 die Winkelgeschwindigkeit, m die Masse des Balles, so gilt

$$m\, (v_x - v_0 \cos \alpha) = N_x, \qquad\qquad\text{(a)}$$

$$m\, (v_y + v_0 \sin \alpha) = N_y, \qquad\qquad\text{(b)}$$

$$\frac{2}{5}\, m\, a^2\, (\omega_1 - \omega) = N_x\, a, \qquad\qquad\text{(c)}$$

mit N_x, N_y als Komponenten des Stoßantriebes. Wenn kein Gleiten eintreten soll, dreht sich der Ball um P und es ist

$$v_x + a\,\omega_1 = 0, \tag{d}$$

ferner

$$v_y = \varepsilon\, v_0 \sin \alpha, \tag{c}$$

so daß aus (b) folgt:

$$N_y = m\,(1 + \varepsilon)\, v_0 \sin \alpha.$$

Aus (a), (c), (d) entsteht

$$\omega_1 = \frac{2}{7}\,\omega - \frac{5}{7}\,\frac{v_0}{a}\cos \alpha,$$

$$v_x = \frac{5}{7}\,v_0 \cos \alpha - \frac{2}{7}\,a\,\omega,$$

$$N_x = -\frac{2}{7}\,m\,(v_0 \cos \alpha + a\,\omega).$$

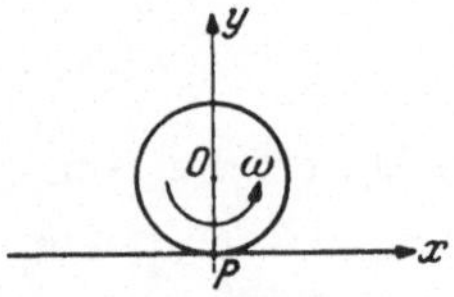

Abb. 184

Damit der Ball entgegengesetzt der Richtung von v_0 zurückspringe, muß $v_x/v_y = -\operatorname{ctg}\alpha$ sein, demnach

$$\frac{1}{7}\,(5\,v_0 \cos \alpha - 2\,a\,\omega) = -\varepsilon\, v_0 \sin \alpha \operatorname{ctg}\alpha,$$

woraus sich ergibt

$$\frac{a\,\omega}{v_0} = \frac{1}{2}\,(5 + 7\,\varepsilon)\cos \alpha. \tag{f}$$

Zur Verhinderung des Gleitens muß die Reibungsziffer f der Bedingung genügen $f > |N_x/N_y|$; daher mit obigen Werten

$$f > \frac{2}{7\,(1 + \varepsilon)}\left(\operatorname{ctg}\alpha + \frac{a\,\omega}{v_0 \sin \alpha}\right)$$

oder wegen (f): $f > \operatorname{ctg}\alpha$.

6. Für $f < \operatorname{ctg}\alpha$ tritt nach der vorstehenden Lösung Gleiten des Balles ein und es ist

$$N_x = -f\,N_y = -m\,f\,(1 + \varepsilon)\, v_0 \sin \alpha.$$

Damit liefern die Gln. (a) und (c) nach dem Stoße

$$v_x = v_0\,[\cos \alpha - f\,(1 + \varepsilon)\sin \alpha], \qquad v_y = \varepsilon\, v_0 \sin \alpha,$$

$$\omega_1 = \omega - \frac{5}{2}\,\frac{v_0}{a}\,f\,(1 + \varepsilon)\sin \alpha.$$

7. Sei $\mathfrak{N}$ der Stoß bei A und $\mathfrak{D}$ die Stoßreaktion in O, dann gelten mit den Bezeichnungen der Abbildung 185 die Bewegungsgleichungen

$$\text{für Stab } \overline{AO} \quad \begin{cases} m_1\,v_1 = \mathfrak{N} + \mathfrak{D}, \\[2mm] \mathfrak{k}\,\dfrac{m_1\,l_1^2}{3}\,\omega_1 = l_1\,\mathfrak{i} \times (\mathfrak{D} - \mathfrak{N}), \end{cases}$$

$$\text{für Stab } \overline{OB} \quad \begin{cases} m_2\,v_2 = -\mathfrak{D}, \\[2mm] \mathfrak{k}\,\dfrac{m_2\,l_2^2}{3}\,\omega_2 = -l_2\,\mathfrak{i} \times (-\mathfrak{D}) = l_2\,\mathfrak{i} \times \mathfrak{D}. \end{cases}$$

Ferner gilt für das Gelenk O:

$$\mathfrak{v}_0 = \mathfrak{v}_1 + \mathfrak{k}\,\omega_1 \times l_1\,\mathfrak{j} = \mathfrak{v}_1 - l_1\,\omega_1\,\mathfrak{i}$$

und

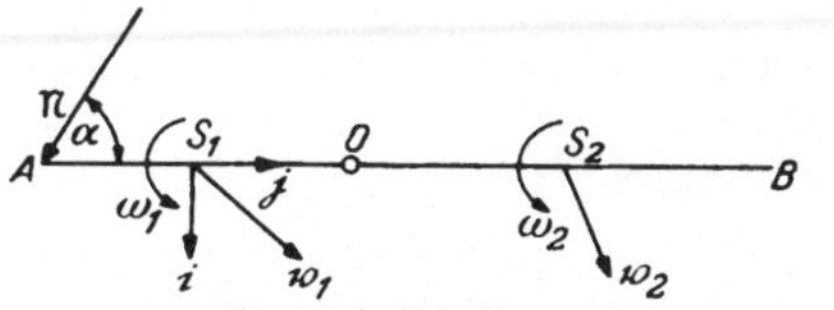

$$\mathfrak{v}_0 = \mathfrak{v}_2 + \mathfrak{k}\,\omega_2 \times (l_2\,\mathfrak{j}) = \mathfrak{v}_2 + l_2\,\omega_2\,\mathfrak{i},$$

Abb. 185

wonach

$$\mathfrak{v}_1 - \mathfrak{v}_2 = \mathfrak{i}\,(l_1\,\omega_1 + l_2\,\omega_2). \quad (2)$$

Setzt man

$$\frac{m_2}{m_1} = \mu = \frac{l_2}{l_1}, \quad \frac{\mathfrak{R}}{m_1} = \mathfrak{R}_1, \quad \frac{\mathfrak{D}}{m_1} = \mathfrak{D}_1,$$

so lauten die Gln. (1)

$$\text{Stab } \overline{AO} \begin{cases} \mathfrak{v}_1 = \mathfrak{R}_1 + \mathfrak{D}_1, \\ \dfrac{l_1\,\omega_1}{3} = \mathfrak{i}\cdot(\mathfrak{R}_1 - \mathfrak{D}_1), \end{cases} \qquad \text{Stab } \overline{OB} \begin{cases} \mu\,\mathfrak{v}_2 = -\,\mathfrak{D}_1, \\ \dfrac{l_2\,\omega_2}{3} = -\,\dfrac{\mathfrak{i}\cdot\mathfrak{D}_1}{\mu}. \end{cases} \quad (3)$$

Mit $\mathfrak{i}\cdot N_1 = N_x$ ergibt sich aus diesen vier Gleichungen im Vereine mit (2)

$$l_1\,\omega_1 = \frac{3}{2}\frac{2+\mu}{1+\mu}\,N_x, \quad \mathfrak{v}_1 = \frac{1}{1+\mu}\left(\mathfrak{R}_1 + \frac{3}{2}\mu\,N_x\,\mathfrak{i}\right), \quad \mathfrak{D}_1 = \frac{\mu}{1+\mu}\left(\frac{3}{2}N_x\,\mathfrak{i} - \mathfrak{R}_1\right).$$

$$l_2\,\omega_2 = -\frac{3}{2}\frac{N_x}{1+\mu}, \quad \mathfrak{v}_2 = \frac{1}{1+\mu}\left(\mathfrak{R}_1 - \frac{3}{2}N_x\,\mathfrak{i}\right).$$

Aus

$$\mathfrak{v}_A = \mathfrak{v}_1 + \mathfrak{k}\,\omega_1 \times l_1\,(-\mathfrak{j}) = \mathfrak{v}_1 + l_1\,\omega_1\,\mathfrak{i}$$

folgt daher mit vorstehenden Werten

$$\mathfrak{v}_A = \frac{\mathfrak{R}_1}{1+\mu} + 3\,N_x\,\mathfrak{i},$$

aus

$$\mathfrak{v}_0 = \mathfrak{v}_1 - l_1\,\omega_1\,\mathfrak{i} \quad \text{folgt} \quad \mathfrak{v}_0 = \frac{1}{1+\mu}\,(\mathfrak{R}_1 - 3\,N_x\,\mathfrak{i})$$

und aus

$$\mathfrak{v}_B = \mathfrak{v}_2 + \mathfrak{k}\,\omega_2 \times l_2\,\mathfrak{j} = \mathfrak{v}_2 - l_2\,\omega_2\,\mathfrak{i}: \quad \mathfrak{v}_B = \frac{\mathfrak{R}_1}{1+\mu}.$$

8. Ist $\mathfrak{R}$ die an der Stelle H (Abb. 186) entstehende Stoßkraft, so gelten die Gleichungen

$$m\,(\mathfrak{v}_S - \mathfrak{v}_0) = \mathfrak{R}, \qquad\qquad\qquad (a)$$

$$J_S\,\omega = N\,a. \qquad\qquad\qquad (b)$$

Ferner ist $\mathfrak{v}_H = \mathfrak{v}_S - \mathfrak{i}\,(l/4)\,\omega$; bei festem Hindernisse muß $\mathfrak{v}_H\cdot\mathfrak{i} = 0$ sein, so daß

$$\mathfrak{v}_S\cdot\mathfrak{i} = \frac{l\,\omega}{4}. \qquad\qquad\qquad (c)$$

Da $\Re = -jN$, so liefert (a):

$$v_S = v_0 - j\frac{N}{m},$$

oder wegen (b):

$$v_S = v_0 - j\frac{J_S}{m}\frac{\omega}{a} = v_0 - j\frac{l\omega}{3}.$$

Hiemit ergibt (c):

$$v_0 \cdot j - \frac{l\omega}{3} = \frac{l\omega}{4},$$

woraus $\quad \omega = \frac{12}{7}\frac{v_0}{l}\sin\alpha.$

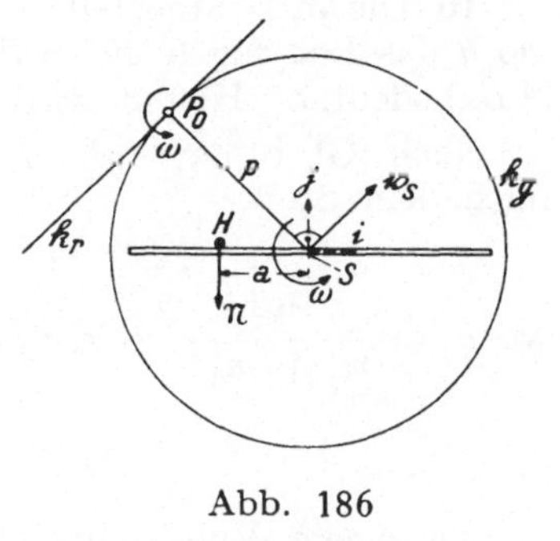
Abb. 186

Aus (b) und (a) folgt schließlich

$$N = \frac{4}{7}\,m\,v_0\sin\alpha \quad \text{und} \quad v_S = v_0\left(i\cos\alpha + j\,\frac{3}{7}\sin\alpha.\right)$$

Der Stab führt nach dem Stoße eine ebene Bewegung aus; die Entfernung p des Drehpoles von S beträgt $p = \overline{SP_0} = |v_S|/\omega$ oder mit obigen Werten

$$p = \frac{l}{4}\sqrt{1 + \left(\frac{7}{3}\operatorname{ctg}\alpha\right)^2}.$$

Da v_S und ω konstant bleiben, so bewegt sich S geradlinig und es ist $p = $ konstant.

Demnach ist die ruhende Polbahn k_r die durch P_0 gelegte Parallele zu v_S und die bewegliche Polbahn k_g der Kreis um S mit dem Halbmesser p.

9. Mit S als Schwerpunkt des Pendels ergibt sich aus

$$\overline{OS} = \frac{1}{m+M}\left[m\,\frac{l}{2} + M\left(l + \frac{a}{2}\right)\right]$$

wegen $M = 4m$ und $a = l/4$: $\overline{OS} = l.$

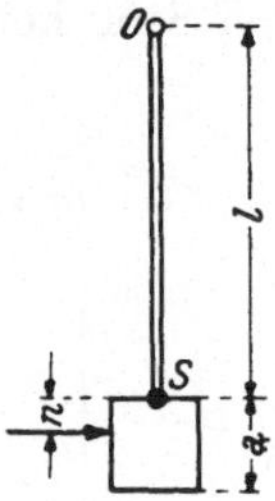

Demnach wird

$$J_S = m\,\frac{l^2}{3} + M\,a^2\left(\frac{1}{6} + \frac{1}{4}\right) = \frac{7}{16}\,m\,l^2,$$

daher

$$i_S{}^2 = \frac{J_S}{m+M} = \frac{7}{80}\,l^2.$$

Abb. 187

Die Entfernung der gesuchten Stoßstelle von S beträgt

$$n = \frac{i_S{}^2}{\overline{OS}} = \frac{7}{80}\,l = \frac{7}{20}\,a.$$

10—11 III. Kinetik starrer Systeme. g) Stoß und plötzliche Fixierungen

10. Die an die Stoßstelle reduzierte Plattenmasse beträgt $m_2^* = J/(h/2)^2$, wo h das Lot von C auf AB und $J = m_2 h^2/6$ das Trägheitsmoment um AB bedeutet. Hiemit wird $m_2^* = (2/3)\, m_2$.

Nach (Gl. b) der Aufg. 1 ist die Geschwindigkeit v_2' des Stoßpunktes nach dem Stoße:

$$v_2' = v_2 + \mu_1 (v_1 - v_2)(1 + \varepsilon),$$

wo $\mu_1 = \dfrac{m_1}{m_1 + m_2^*}$ und $v_2 = 0$, so daß

$$v_2' = \frac{m_1}{m_1 + m_2^*}\, v_1 (1 + \varepsilon).$$

Bei einem Winkelausschlag φ ergibt sich die Winkelgeschwindigkeit ω der Platte aus dem Energiesatze:

$$\frac{1}{2} J (\omega^2 - \omega_0{}^2) = - m_2\, g\, \frac{h}{3}(1 - \cos\varphi)$$

zu $\omega^2 = \omega_0{}^2 - \dfrac{4\,g}{h}(1 - \cos\varphi)$, wo $\omega_0 = \dfrac{v_2'}{h/2}$ ist; somit für $\varphi = \pi$:

$$\omega_\pi{}^2 = \omega_0{}^2 - 8\,\frac{g}{h}.$$

Daraus folgt mit $\omega_\pi = 0$:

$$\omega_0 = \frac{v_2'}{h/2} \geqq \sqrt{\frac{8\,g}{h}},$$

oder nach Einsetzung von v_2':

$$v_1 \geqq \frac{1}{1 + \varepsilon}\left(1 + \frac{2}{3}\frac{m_2}{m_1}\right)\sqrt{2\,g\,h}\ .$$

11. Da das Moment der bei plötzlicher Festhaltung von B auftretenden Stoßkraft um B verschwindet, so erfährt der Drall um B durch den Stoß keine Änderung. Er beträgt vor dem Stoße

$$D_B = D_S + m\, v_{SA}\, r \cos\alpha$$

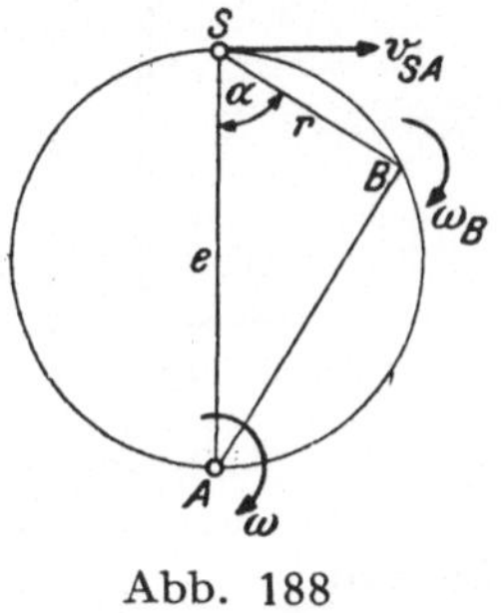

oder mit $D_S = J_S \omega_A$ und $v_{SA} = e\,\omega_A$:

$$D_B = \omega_A (J_S + m\, e\, r \cos\alpha).$$

Nach dem Stoße ist

$$D_B = J_B \omega_B = \omega_B (J_S + m\, r^2).$$

Aus der Gleichsetzung folgt

$$\omega_B = \omega_A\, \frac{J_S + m\, e\, r \cos\alpha}{J_S + m\, r^2}.$$

Da B am Kreisumfang liegt, ist $r = e \cos\alpha$, so daß $\omega_B = \omega_A$ wird. Die Stoßkraft $\Re$ ergibt sich aus der Änderung der Bewegungsgrößen der im Schwerpunkte vereinigten Masse m: $\Re = m\, (v_{SB} - v_{SA})$.

Abb. 188

Wegen $v_{SB} = \widehat{BS} \cdot \omega_B$, $v_{SA} = \widehat{AS} \cdot \omega_A$ entsteht mit $\omega_B = \omega_A$:

$$\mathfrak{N} = m\,\omega_A\,(\widehat{BS} - \widehat{AS}) = m\,\omega_A\,\widehat{BA}.$$

Hienach hat die Stoßkraft den Betrag $|\mathfrak{N}| = m\,\omega_A\,e\sin\alpha$ und die Wirkungslinie $\overrightarrow{BS}$.

12. Die bei plötzlicher Festhaltung der Achse ξ entlang dieser Achse entstehenden Stoßkräfte geben kein Moment um diese Achse, daher erfährt der Drall um ξ durch den Stoß keine Änderung.

Ein Scheibenelement $dm = \mu\,dF$ hat vor dem Stoße die Geschwindigkeit $y\,\omega_x$, daher beträgt der Drall um die Achse ξ:

$$D_\xi = \mu\,\omega_x \int\limits^F y\,\eta\,dF,$$

woraus mit $\eta = y\cos\alpha - x\sin\alpha$ und

$$J_x = \int\limits^F y^2\,dF, \qquad J_{xy} = \int\limits^F x\,y\,dF$$

folgt

$$D_\xi = \mu\,\omega_x\,(J_x\cos\alpha - J_{xy}\sin\alpha).$$

Nach dem Stoße hat das Scheibenelement die Geschwindigkeit $\eta\,\omega_\xi$, daher wird

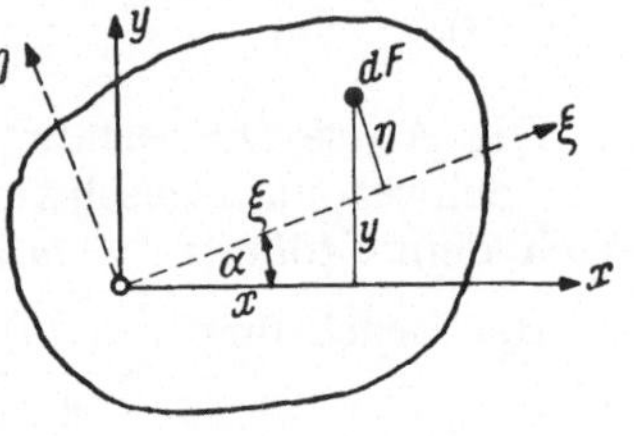

Abb. 189

$$D_\xi = \mu\,\omega_\xi \int\limits^F \eta^2\,dF,$$

worin

$$\int\limits^F \eta^2\,dF = J_\xi = J_x\cos^2\alpha + J_y\sin^2\alpha - J_{xy}\sin 2\alpha.$$

Die Gleichsetzung liefert

$$\omega_\xi = \omega_x\,\frac{J_x\cos\alpha - J_{xy}\sin\alpha}{J_x\cos^2\alpha + J_y\sin^2\alpha - J_{xy}\sin 2\alpha}.$$

13. Mit a als Seitenlänge und h als Höhe des gleichseitigen Dreieckes ist

$$J_x = \frac{a\,h^3}{12}, \qquad J_{xy} = F\,\frac{a}{2}\,\frac{h}{3} = \frac{a^2\,h^2}{12},$$

somit nach der vorstehenden Aufgabe mit $\cos\alpha = 1/2$ und $\sin\alpha = h/a$

$$\omega_\xi = \omega_x\,\frac{a\,h^3}{24\,J_\xi} \quad \text{und da} \quad J_\xi = J_x = \frac{a\,h^3}{12},$$

so folgt $\quad \omega_\xi = -\dfrac{\omega_x}{2}.$

14. Der Drall um OB vor dem Stoße ist $m\,v\,h/2$, jener nach dem Stoße $J\,\omega$, somit $\omega = \dfrac{m\,v\,h}{2\,J}$. Das Trägheitsmoment J für die Achse OB ergibt sich aus

$$J = J_S + m\,\frac{h^2 + a^2}{4} \quad \text{wegen} \quad J_S = m\,\frac{h^2 + a^2}{12} \quad \text{zu} \quad J = m\,\frac{h^2 + a^2}{3},$$

womit

$$\omega = \frac{3}{2}\frac{v\,h}{h^2 + a^2} \tag{a}$$

wird.

Umkippen tritt ein, wenn die Drehungsenergie $\lesseqgtr$ Hebungsarbeit des Gewichtes $m\,g$ ist; demnach

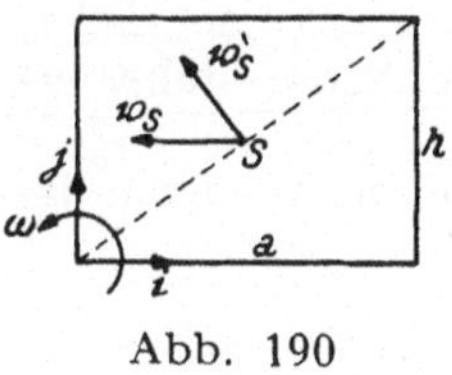

Abb. 190

$$\frac{1}{2}J\,\omega^2 \lesseqgtr \frac{m\,g}{2}(\sqrt{h^2 + a^2} - h),$$

woraus mit Benutzung von (a) folgt

$$v^2 \lesseqgtr \frac{4\,g}{3}(\sqrt{h^2 + a^2} - h)\left(1 + \frac{a^2}{h^2}\right).$$

Die Achse OB erfährt die Stoßwirkung $\mathfrak{R} = m\,(v_S' - v_S)$, worin die Schwerpunktsgeschwindigkeit vor dem Stoße $v_S = -\,i\,v$, jene nach dem Stoße $v_S' = \omega/2\,(a\,\mathfrak{j} - h\,\mathfrak{i})$.

Bei Beachtung von (a) folgt

$$\mathfrak{R} = m\,v\left[\mathfrak{i}\left(1 - \frac{3}{4}\frac{h^2}{a^2 + h^2}\right) + \mathfrak{j}\,\frac{3}{4}\frac{a\,h}{a^2 + h^2}\right].$$

15. Ist ω die Winkelgeschwindigkeit der Drehung um OA im Augenblicke, da die Erzeugende OB ihre tiefste Lage erreicht hat, so gilt

$$\frac{1}{2}J\,(\omega^2 - \omega_0^2) = G\,\frac{3}{4}\,h\,(1 - \cos 2\,\alpha).$$

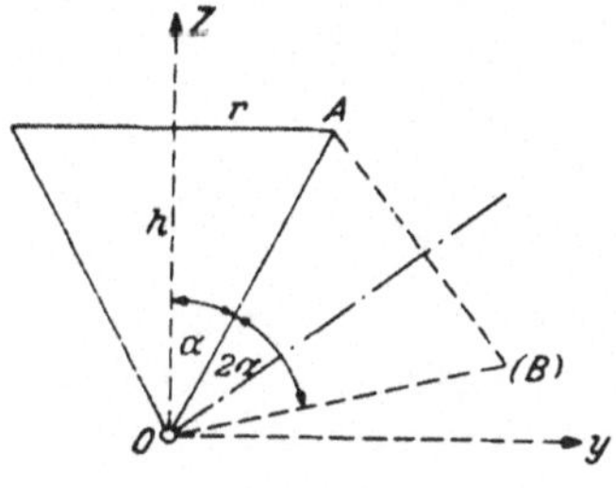

Abb. 191

Das Trägheitsmoment J um die Drehachse OA ist zu berechnen aus

$$J = J_x\,a^2 + J_y\,b^2 + J_z\,c^2, \tag{a}$$

wo J_x, J_y, J_z die Trägheitsmomente des Kegels für die Hauptachsen x, y, z und a, b, c die Richtungskosinusse von OA bezüglich der durch O gehenden xyz-Achsen sind (Abb. 191).

Da

$$J_z = \frac{3}{10}\,m\,r^2, \qquad J_y = J_x = \frac{3}{5}\,m\,r^2\left(\frac{1}{4} + \operatorname{ctg}^2 \alpha\right),$$

ferner $a = 0$, $b = \cos(\pi/2 - \alpha) = \sin\alpha$, $c = \cos\alpha$, so liefert (a):

$$J = \frac{3}{20}\,m\,r^2\,(1 + 5\cos^2\alpha).$$

Hiemit wird

$$\omega^2 = \omega_0^2 + \frac{20\,g\,h\,\sin^2\alpha}{r^2\,(1 + 5\cos^2\alpha)}.$$

Der Drallvektor $\mathfrak{D}_0$ des Kegels in bezug auf seine Spitze O hat die Komponenten

$$D_x = 0, \qquad D_y = J_y \omega \sin \alpha, \qquad D_z = J_z \omega \cos \alpha.$$

Ist $\mathfrak{e}$ der Einheitsvektor der Achse $O\,(B)$, so ist der Drall für diese Achse *vor* deren Festhaltung:

$$D = \mathfrak{D}_0 \cdot \mathfrak{e} = D_y \cos\left(\frac{\pi}{2} - 3\,\alpha\right) + D_z \cos 3\,\alpha$$

oder nach Einsetzung von D_y, D_z und J_y, J_z und nach einiger Vereinfachung

$$D = \frac{3}{20}\, m\, r^2\, \omega\, [2 \cos 2\,\alpha + (4 \operatorname{ctg}^2 \alpha - 1) \sin \alpha \sin 3\,\alpha].$$

Wird die Festhaltung bei A plötzlich gelöst und (B) festgehalten, so ist der Drall um $O\,(B)$ mit ω_1 als Winkelgeschwindigkeit um diese Achse: $D = J\,\omega_1$. Damit ergibt sich

$$\omega_1 = \omega\, \frac{14 - 35 \sin^2 \alpha + 20 \sin^4 \alpha}{1 + 5 \cos^2 \alpha}. \tag{b}$$

Der Punkt A trifft in seiner ursprünglichen Lage mit der Geschwindigkeit $v_A = p\,\omega_1$ ein, wo p das Lot von A auf $O\,(B)$ angibt. Nach (b) verschwindet ω_1, wenn $14 - 35 \sin^2 \alpha + 20 \sin^4 \alpha = 0$; hieraus ergibt sich

$$\sin^2 \alpha = \frac{1}{8}\left(7 - \sqrt{4{,}2}\right)$$

und $\alpha = 29^0\ 35'$.